高职高专“十二五”规划教材

应用型本科适用

工程力学

GONGCHENG LIXUE

主 编　于荣贤　副主编　郝宏伟　朱全志

上海科学技术出版社

图书在版编目(CIP)数据

工程力学／于荣贤主编. —上海：上海科学技术出版社,2011.7(2017.8 重印)
高职高专“十二五”规划教材
ISBN 978-7-5478-0762-0

Ⅰ.①工… Ⅱ.①于… Ⅲ.①工程力学-高等职业教育-教材 Ⅳ.①TB12

中国版本图书馆 CIP 数据核字（2011）第 055341 号

工程力学
主编/于荣贤

上海世纪出版股份有限公司
上海科学技术出版社出版
(上海钦州南路 71 号 邮政编码 200235)
上海世纪出版股份有限公司发行中心发行
200001 上海福建中路 193 号 www.ewen.co
常熟市兴达印刷有限公司印刷

开本 787×1092 1/16 印张 13.5 字数 298 千字
2011 年 7 月第 1 版 2017 年 8 月第 4 次印刷

ISBN 978-7-5478-0762-0/O·7
定价:28.00 元

内容提要

Synopsis

本书分为静力学、材料力学和运动力学三部分。静力学介绍静力学基础、平面基本力系、平面一般力系和空间力系；材料力学介绍杆件在拉伸与压缩、扭转及连接件变形、弯曲变形时的强度和变形及有关概念；运动力学介绍点、刚体的基本运动和复合运动及使刚体运动状态产生变化的因素等。各专业可根据情况进行内容选择。每章开始附有学习目标，每章后附有思考与练习，用以配合学习。

本书特点是：简化理论推导，注重实际应用，以工程实例为切入点进行讲述，突出应用型本科及专科的教学特色。

本书可作为应用型本科、各类高职高专及成人教育院校的机械类、近机械类的各专业教学用书，也可供有关工程技术人员参考。

作者名单

Authors

主　编　于荣贤

副主编　郝宏伟　朱全志

参　编　张松锋　范正刚

前　言

Preface

随着高职教育的大众化、普及化，应用型本科也应运而生。根据应用型本科及高职高专教育对工程力学课程的要求，编者结合多年的教学经验，并在上海科学技术出版社的帮助下，编写出此教材。

教材在编写过程中充分考虑应用型本科及高职高专学生的生源特点，在文字叙述上力求准确、简练和严谨。在内容安排上，着重讲述基本概念、基本原理、基本方法，简化理论推导，加强实践应用；在各章安排上，增加了学习目标，使学生更容易了解学习的重点内容和学习要求，便于掌握力学知识，为后续课程奠定基础。

本书采用国际单位制，每章后面附有思考与练习。

全书由河北工业职业技术学院于荣贤担任主编，并统稿定稿；河北工业职业技术学院郝宏伟、河南工程学院朱全志担任副主编。参加编写工作的有：周口职业技术学院张松锋（第一～三章），郝宏伟（第四、八章），张家界航空工业职业技术学院范正刚（第五～七章），于荣贤（第九～十章），朱全志（第十一～十三章）。

本书在编写过程中，有关同行提出了很多宝贵意见和建议，在此表示感谢。

由于编者水平有限，错漏之处在所难免，恳请广大读者批评指正。

编　者

目 录

Contents

第二篇　材料力学

第三篇 运动力学

绪 论

一、工程力学的任务

理论力学与材料力学总称为工程力学，它是研究物体机械运动一般规律以及工程构件强度、刚度和稳定性等计算原理的一门学科。

在工程实际中，常会遇到需要了解机器的运动规律、分析机器构件的受力情况、确定机器构件的形状和尺寸等问题，工程力学将为解决这些问题提供必要的理论基础。

二、名词解释

机械运动：指物体在空间的位置随时间变化而变化的规律。它是人们日常生活和工程实际中最普遍、最常见的一种物质运动形式，简称为运动。

平衡：指物体相对于地面静止或作匀速直线运动的状态，是机械运动的特殊情况。掌握物体机械运动的普遍规律，可以分析和解释许多发生在人们周围的机械运动的现象。应当指出：物体的运动是绝对的，而平衡则是相对的。

三、内容

本书分为静力学、材料力学和运动力学三篇。

静力学主要研究受力物体平衡时作用力所应满足的条件及在工程上的应用。

材料力学主要研究构件在外力作用下的变形和破坏规律，为合理设计构件提供有关强度、刚度和稳定性的基本理论及方法。

运动力学主要研究质点和刚体的基本运动，以及在这些运动中，受力物体的运动与作用力之间的关系。

四、学习目的

工程力学是一门理论性较强同时又与工程实际紧密结合的技术基础课。通过本课程的学习，可以培养学生分析问题和解决问题的能力，并为以后有关课程的学习打下良好的基础，指导今后的工程实践，培养辩证唯物主义的世界观。

第一篇

静力学

静力学主要研究物体在力作用下的平衡问题，即对物体受力进行分析和分析物体在力系作用下的平衡条件。

在工程实际中，平衡规律有其广泛的应用。各种机器或建筑物，在设计时首先要进行静力学分析，以便确定其各部件或零件的受力情况，从而选择合理的尺寸、形状和材料。故静力学是工程力学的基础，这里首先讨论静力学。

第一章　静力学基础

【学习目标】

1. 了解静力学基本概念、力及刚体的概念。
2. 理解静力学公理及推论。
3. 掌握常见约束的反力分析法,正确画出受力图。

第一节　静力学基本概念

一、力的概念

力是人们在长期的生活和生产实践中从感性认识到理性认识逐步形成的一个概念。即**力是物体之间的相互机械作用**,这种作用使物体的运动状态或形态发生改变。物体运动状态的改变是力的外效应;物体形态的改变是力的内效应。静力学和运动力学只研究力的外效应,而材料力学则研究力的内效应。

注1　因为力是物体间的相互机械作用,所以它不能脱离物体而单独存在。

注2　力对物体作用的效应取决于力的大小、方向和作用点,通常称为力的三要素。当这三个要素中任何一个要素有所改变时,其力的作用效果就会改变。

注3　力的国际单位制是牛[顿](N)或千牛(kN)。

注4　力是矢量。在图上它可用一有向线段(矢线)来表示,如图1-1所示。线段的长度(按一定的比例)表示力的大小,线段的箭头表示力的指向,线段的始端或末端表示力的作用点,线段所在的直线称为力的作用线。

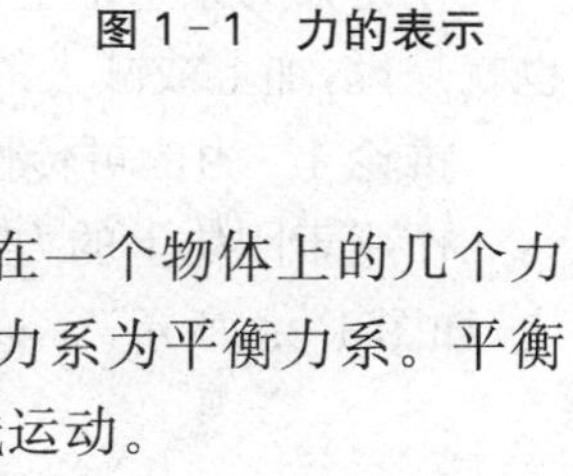

图1-1　力的表示

本书用黑体字母表示矢量,用普通字母表示矢量的大小。

二、力系

一般情况下,作用于物体上的力不是一个,而是几个,同时作用在一个物体上的几个力称为力系。如果作用于物体上的力系使物体处于平衡状态,则称该力系为平衡力系。平衡是机械运动的一种特殊形式,指物体相对于地球保持静止或匀速直线运动。

三、刚体的概念

所谓刚体,就是在任何情况下,任意两点间距离都保持不变的物体。当然,在宇宙中并无刚体存在,一切物体受力都要产生变形,刚体只是一个理想的力学模型。工程力学的静力学和运动力学部分在研究物体的平衡或运动时，将物体的微小变形忽略不计，而将物体视为刚体。在材料力学部分需研究物体的变形，故不能把物体看成刚体。

第二节　静力学公理

公理是人们通过长期的缜密观察和经验积累得到的结论，已为实践所证实，并为大家所公认。静力学公理是人们关于力的基本性质的概括和总结，是静力学理论的基础。

公理一　二力平衡公理

作用在同一刚体上的两个力，使刚体平衡的充分必要条件是：这两个力大小相等、方向相反且作用在同一直线上（简称等值、反向、共线），如图 1－2 所示。二力平衡公理总结了作用于刚体上的最简单力系平衡时必须满足的条件。

对于变形体来说，公理一给出的条件是必要的，但不是充分的。

工程上常遇到**仅受二力作用而处于平衡的物体称为二力构件或二力杆**。根据公理一，该两力必沿此二力作用点的连线。

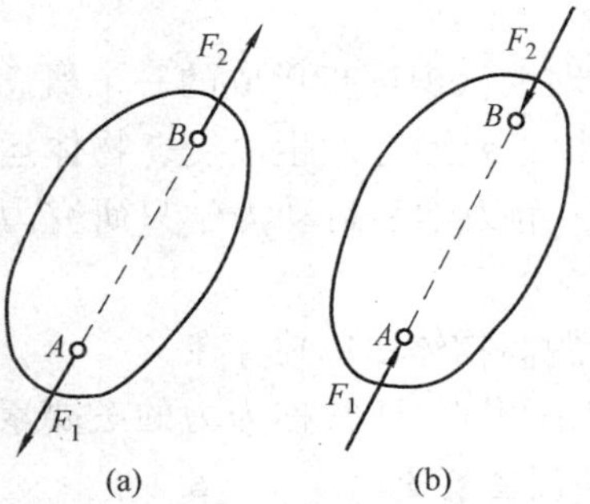

图 1－2　二力平衡条件

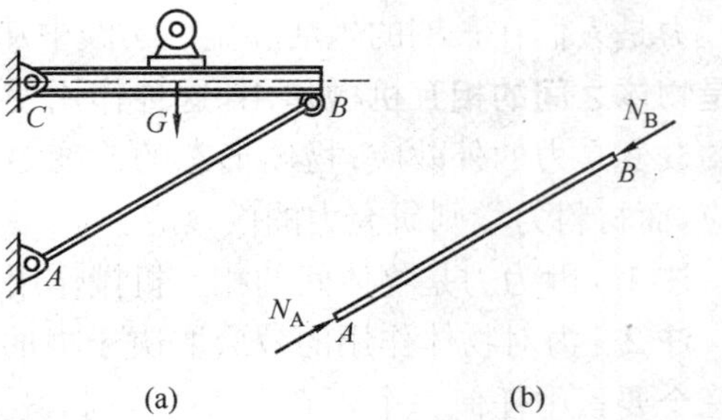

图 1－3　二力构件

如图 1－3a 所示托架，其中 AB 杆若不计自重，则仅在 A 和 B 两点受力，是一个二力构件。根据二力平衡公理可以确定，AB 杆所受的力必沿 A 和 B 两点的连线，如图 1－3b 所示。

公理二　加减平衡力系公理

在已知力系上加上或减去任意一个平衡力系，不会改变原力系对刚体作用的外效应。也就是说，加上或减去的平衡力系对刚体的平衡或运动状态毫无影响。

推论 1　力的可传性原理

作用于刚体上的力，可沿其作用线移至刚体上任意一点，而不改变它对刚体作用的外效应，如图 1－4 所示。

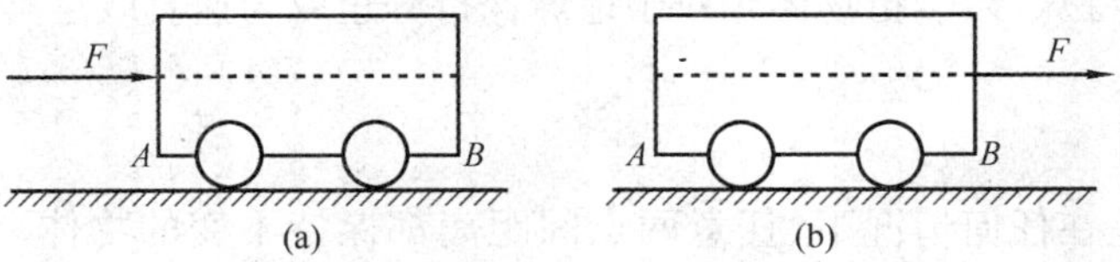

图 1－4　力的可传性

由力的可传性原理可以看出，对刚体而言，力的作用点已不再是决定其效应的要素之一，而由作用线取代。因此，作用于刚体上的力的三要素可改变为力的大小、方向和作用线。

注意：**公理二及其推论1只适用于刚体而不适用于变形体。**

公理三 力的平行四边形法则

作用于刚体上同一点的两个力，可以合成为一个合力，其作用线必通过该点，合力的大小和方位由两个力所构成的平行四边形的对角线表示。

图1-5中，设在刚体的A点作用有力$\boldsymbol{F}_1$和$\boldsymbol{F}_2$，如以$\boldsymbol{R}$表示它们的合力，则可以写成矢量表达式

$$\boldsymbol{R}=\boldsymbol{F}_1+\boldsymbol{F}_2$$

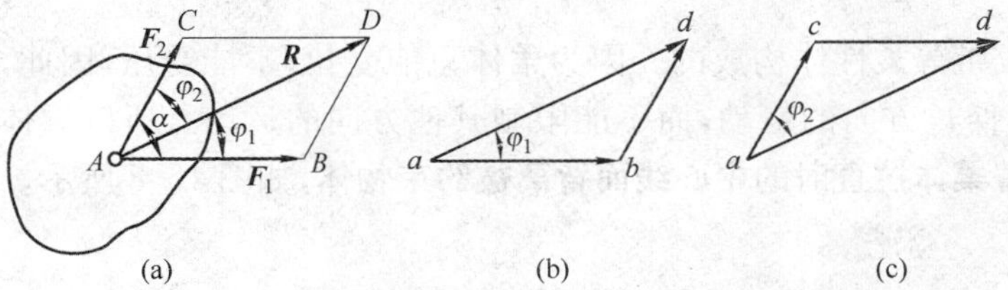

图1-5 力的合成

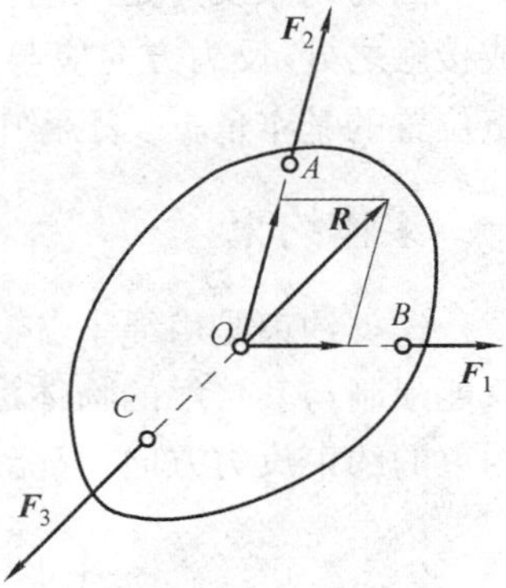

图1-6 三力平衡

推论2 三力平衡汇交定理

当刚体受到同平面内互不平行的三个力作用而平衡时，则此三力的作用线必汇交于一点。

如图1-6所示，设在刚体上A、B、C三点处，分别作用三个力$\boldsymbol{F}_1$、$\boldsymbol{F}_2$、$\boldsymbol{F}_3$。它们的作用线都在平面ABC内，但不平行，刚体处于平衡状态。根据力的可传性原理，可将$\boldsymbol{F}_1$与$\boldsymbol{F}_2$分别移至其作用线相交于点O，则此二力的合力$\boldsymbol{R}$必定在此平面内且通过O点（公理二）。由公理一知，$\boldsymbol{F}_3$与$\boldsymbol{R}$平衡，则$\boldsymbol{F}_3$与$\boldsymbol{R}$必共线。所以，$\boldsymbol{F}_3$的作用线亦必通过力$\boldsymbol{F}_1$和$\boldsymbol{F}_2$的交点O，即三个力的作用线汇交于一点。

公理四 作用与反作用定律

两物体间相互作用的力，总是同时存在，并且大小相等、方向相反，沿同一直线，分别作用在这两个物体上，如图1-7所示。

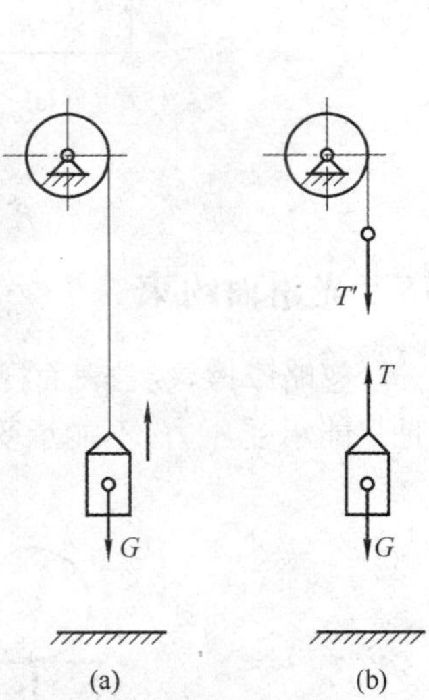

图1-7 作用与反作用力

作用与反作用定律概括了自然界中物体相互作用的关系。表明作用的力总是成对出现，有作用力就有反作用力，两者总是同时存在，又同时消失。

第三节 常见约束与约束反力

在力学中常把物体分为两大类:能在空间自由运动的物体称为自由体,例如空中漂浮的气球。受到其他物体限制而不能在空间自由运动的物体称为非自由体,例如轨道上的火车及机床的刀具等。火车只能沿轨道运动,向其他方向的运动将受到轨道的限制。

限制非自由体运动的物体,称为非自由体的约束。既然约束能阻碍物体的运动,亦即能改变物体的运动状态,因此约束对物体的作用,实际上是力的作用,约束施加给被约束物体的力叫约束反力(简称反力)。

因为约束反力是限制物体运动的力,所以它的作用点应在约束与被约束物体相互连接或接触之处,反力方向应与约束所能限制的运动方向相反。这是确定约束反力方向和作用点位置的基本依据。工程中常见的约束如下。

一、柔体约束

这类约束是由绳索、链条或胶带等柔性体构成的。因为柔体只能受拉,不能受压,因此,只能限制与其接触的物体沿柔体伸长方向的运动,而不能限制其他方向的运动。所以柔体约束的约束反力方向,只能是**沿着柔体拉直时的中心线而背离被约束物体**,如图 1-8 所示。

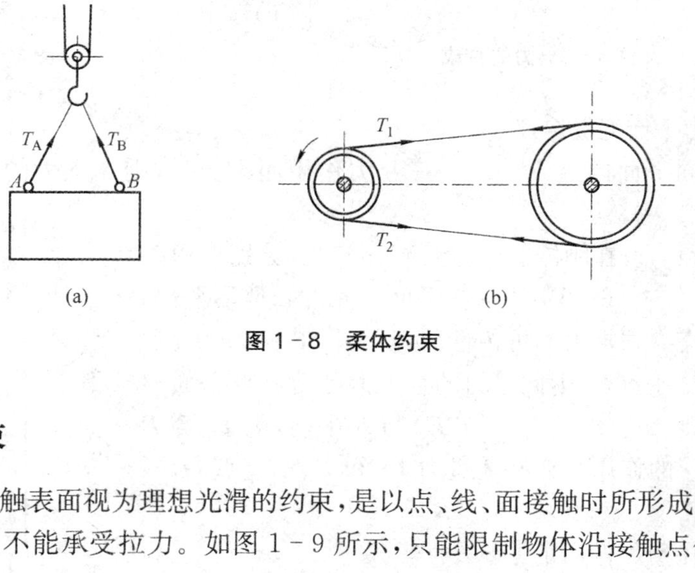

图 1-8 柔体约束

二、光滑面约束

忽略摩擦,接触表面视为理想光滑的约束,是以点、线、面接触时所形成的约束。其特点是只能承受压力,不能承受拉力。如图 1-9 所示,只能限制物体沿接触点公法线方向的运

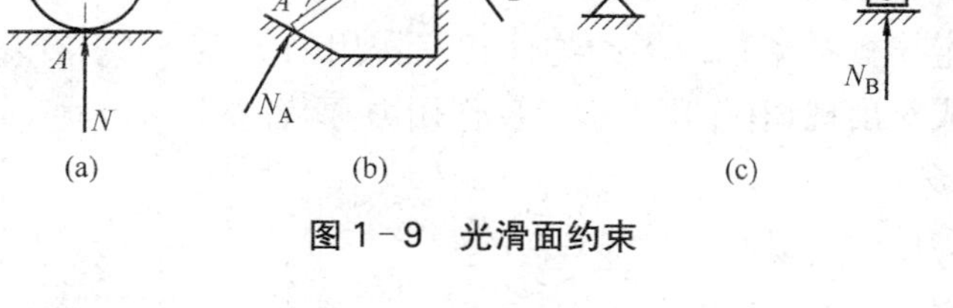

图 1-9 光滑面约束

动，而不能限制物体其他方向的运动。因此，**光滑面约束反力方向必沿接触点公法线指向被约束物体**。

三、光滑圆柱形铰链约束

凡是两个非自由体相互连接，接触处的摩擦忽略不计，只能限制两构件的任意径向相对移动，而不能限制两构件绕销钉中心轴线的相对转动的约束，都可以称为光滑圆柱形铰链约束。

光滑圆柱形铰链约束在结构上的共同点都是采用圆柱形销钉将两个物体连接在一起，如图 1－10 所示。

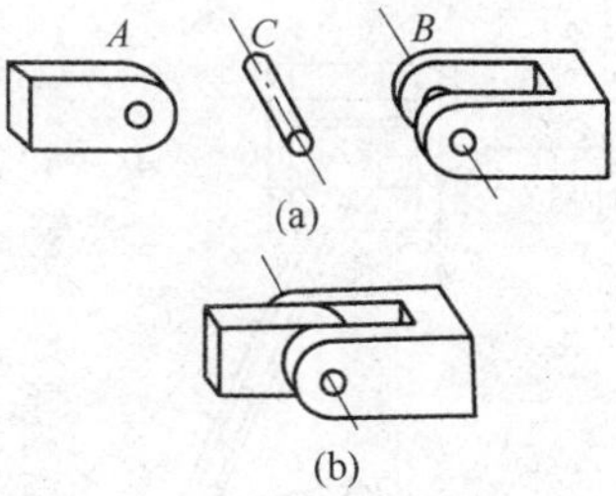

图 1－10 光滑圆柱铰链

根据圆柱销连接对象的不同，圆柱形铰链约束通常分为以下三种形式。

1. 固定铰链支座

用销钉将构件和固定的机架或支承面等连接起来，称为固定铰链支座，简称固定铰支座，如图 1－11a 所示，图 1－11b 是它的结构简图，其力学模型如图 1－11c 所示。其约束反力为**在垂直于圆柱销轴线的平面内，通过销的中心，方向不定**，通常表示为相互垂直的两个分力，如图 1－11d 所示。

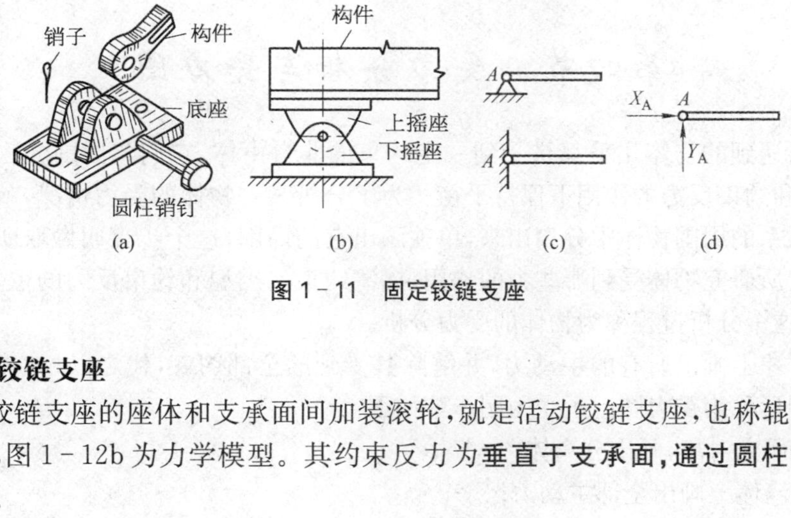

图 1－11 固定铰链支座

2. 活动铰链支座

在固定铰链支座的座体和支承面间加装滚轮，就是活动铰链支座，也称辊轴支座，如图 1－12a 所示，图 1－12b 为力学模型。其约束反力为**垂直于支承面，通过圆柱销中心**，如图 1－12c 所示。

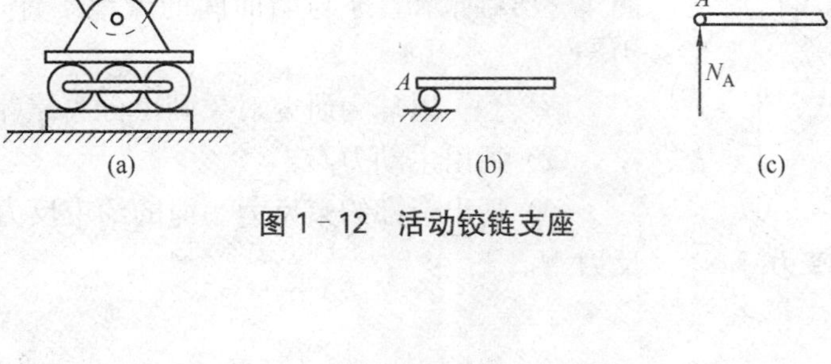

图 1－12 活动铰链支座

3. 中间铰链

用圆柱销把两个构件连接在一起，称为中间铰链约束。如图 1－13a 所示的曲柄 OA 与连杆 AB 之间的连接就是中间铰链约束。力学模型如图 1－13b 所示。工程上，中间铰链连接的两个构件受力情况是比较复杂的。一般情况下，它的约束反力也用两个正交分力表示。

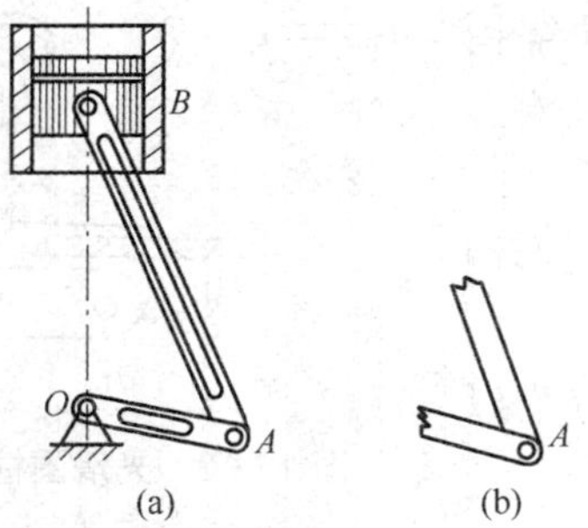

图 1－13　中间铰

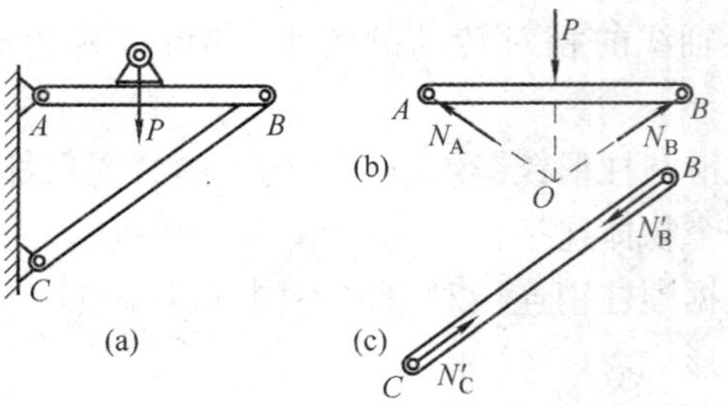

图 1－14　固定铰和中间铰的特殊情况

需要说明的是，固定铰支座约束和中间铰约束的约束反力在下面两种特殊情况下，也可以直接确定：①连接二力杆时，可根据二力平衡公理确定；②连接三力杆时，可根据三力平衡汇交定理确定，如图 1－14 所示。

第四节　受力分析与受力图

工程中所遇到的物体几乎都是受到一定约束的非自由体，它们与周围的物体相互连接着，在主动力和约束反力的作用下保持平衡。为了分析某一物体的受力情况，就需要把该物体从与它相联系的周围物体中分离出来，单独画出它的简图，这个步骤叫做取研究对象或取分离体。确定所研究物体受到哪些力的作用，搞清约束的类型和约束反力的位置，以及约束反力的方位，这个分析过程称为物体的受力分析。

在研究对象上画出所有的主动力，并解除其受到的全部约束，代之以相应的约束反力，这样得到的图形称为受力图。画受力图步骤如下：

(1) 确定研究对象，画出分离体；

(2) 在分离体上画出全部主动力；

(3) 在分离体上画出全部约束反力。

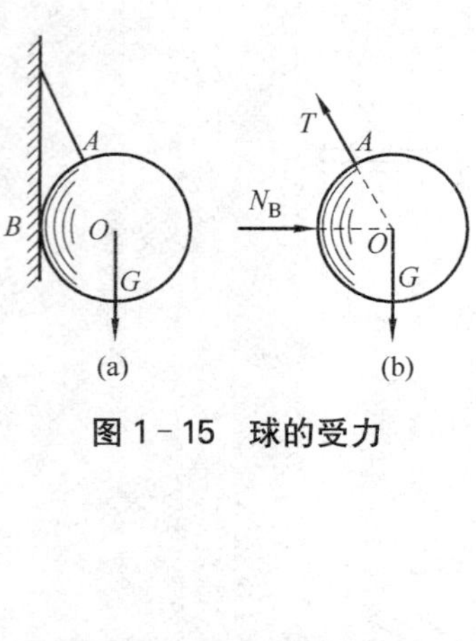

图 1－15　球的受力

下面举例说明受力图的画法。

例 1－1　小球 O 重 G，在 A 处用绳索系在铅垂墙上，如图 1－15a 所示。球与墙面间的摩擦不计，试画出小球的受力图。

解　(1) 以球为研究对象画出分离体(图 1－15b)。

(2) 画出主动力 G。

(3) 画出全部约束反力。绳的约束反力 T 和光滑面约束反力 N_B。

例 1-2 梁 AB，A 端为固定铰支座，B 端为可动铰支座，梁中点 C 受主动力 F 作用，如图 1-16a 所示，不计梁重，画出梁 AB 的受力图。

解 (1) 以梁 AB 为研究对象并画出分离体(图 1-16b、c)。

(2) 画出主动力 F。

(3) 画出约束反力。活动铰支座约束反力 N_B 铅垂向上，且通过铰链中心。固定铰支座约束反力可用正交分力 N_{Ax} 和 N_{Ay} 表示(图 1-16b)；也可根据三力平衡汇交原理确定 N_A(图 1-16c)。

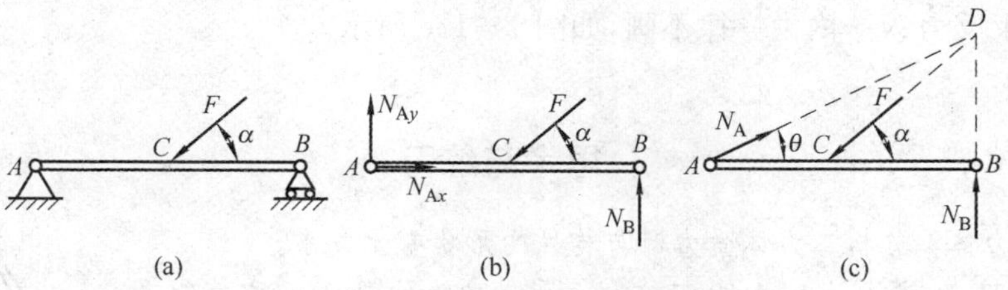

图 1-16 梁的受力

例 1-3 简易起重架如图 1-17a 所示，A、C、D 三处都是圆柱铰约束，起吊重物的重力为 G，跨过定滑轮的绳端拉力为 T，不计自重，画出下列各研究对象的受力图：①重物连同滑轮 B；②斜杆 CD；③横梁 AB；④整体。

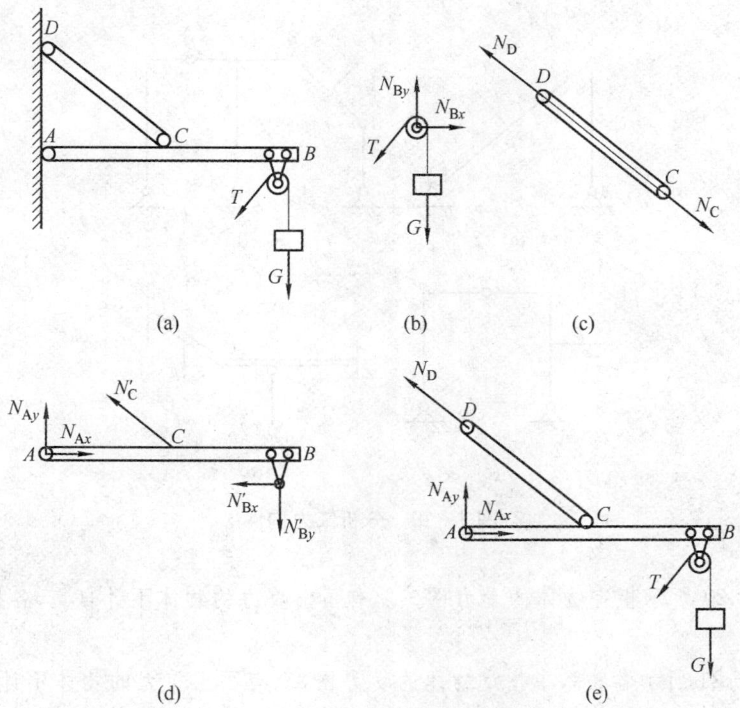

图 1-17 起重架受力

解 (1) 重物连同滑轮 B：受重力 G、拉力 T、滑轮中间铰的两个正交分力 N_{By}、N_{Bx}，如

图 1－17b 所示。

(2) 斜杆 CD：显然 CD 杆为二力杆，其两端约束反力分别沿 C、D 两点的连线，用 N_C、N_D 表示，如图 1－17c 所示。

(3) 横梁 AB：梁 AB 上有三处受力，B 端是滑轮中间铰作用的两个正交分力，与力 N_{By}、N_{Bx} 为作用与反作用的关系，用 N'_{By}、N'_{Bx} 表示；C 点受斜杆 CD 的约束，与力 N_C 为作用与反作用的关系，用 N'_C 表示，A 点为固定铰支座，其方向不定，用通过 A 点的约束反力 N_{Ay}、N_{Ax} 表示，如图 1－17d 所示。

(4) 整体：作用于整体上的力有物体的重力 G，拉力 T，铰 A 的约束反力 N_{Ay}、N_{Ax} 和铰链 D 处的约束反力 N_D，内力一律不画，如图 1－17e 所示。

思考与练习

1. 什么是二力体？分析二力体受力时与构件的形状有无关系。

2. 如果作用于刚体上的三个力汇交于一点，该物体是否一定平衡？

3. 如图 1－18 所示，能否根据力的可传性原理，将作用于杆 AC 上的力 P 沿作用线移至 BC 杆上？

4. 指出图 1－19 中哪些构件是二力构件（未画出重力的物体，都不计重力）。

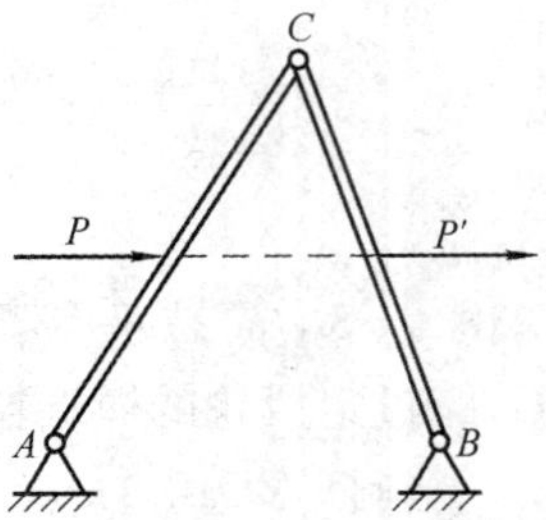

图 1－18 力的可传性

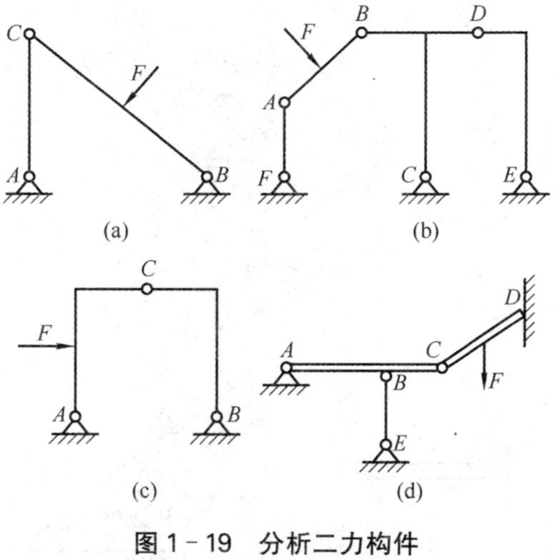

图 1－19 分析二力构件

5. 画出如图 1－20 所示指定物体的受力图。没有画出重力的物体不计自重，各接触处的摩擦均不计。

6. 画出如图 1－21 所示各物系中指定物体的受力图，没有画出重力的物体不计自重，各接触处的摩擦均不计。

7. 如图 1－22 所示为一油压夹紧装置。油压通过活塞、连杆和杠杆从而增大对工件的压力。试分别画出活塞、滚子和杠杆的受力图。

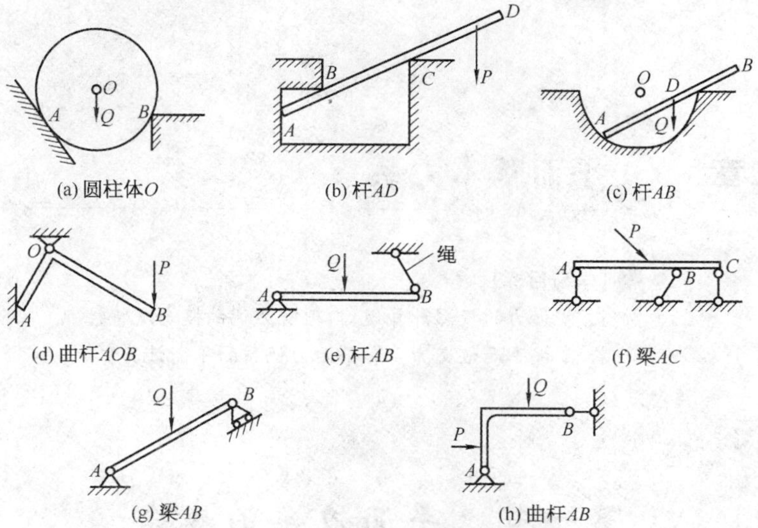

(a) 圆柱体O　(b) 杆AD　(c) 杆AB

(d) 曲杆AOB　(e) 杆AB　(f) 梁AC

(g) 梁AB　(h) 曲杆AB

图 1-20　分析单一物体受力

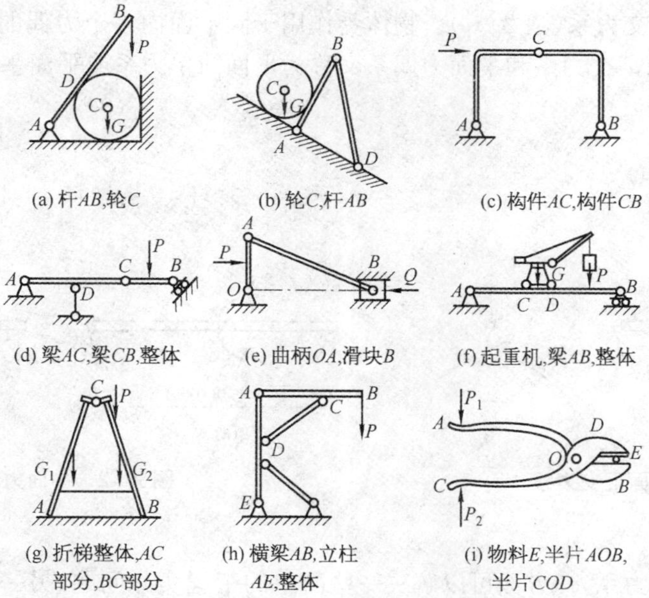

(a) 杆AB,轮C　(b) 轮C,杆AB　(c) 构件AC,构件CB

(d) 梁AC,梁CB,整体　(e) 曲柄OA,滑块B　(f) 起重机,梁AB,整体

(g) 折梯整体,AC部分,BC部分　(h) 横梁AB,立柱AE,整体　(i) 物料E,半片AOB,半片COD

图 1-21　分析物系受力

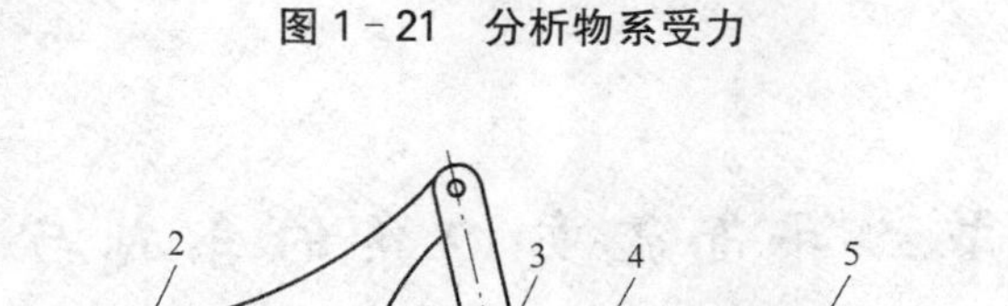

图 1-22　油压夹紧装置

1—工件；2—杠杆；3—连杆；4—滚子；5—活塞

第二章　平面基本力系

【学习目标】

1. 掌握力的投影计算规律，理解力偶的概念及特性。
2. 掌握平面汇交力系和平面力偶系的平衡计算。

第一节　平面力系的概念

各力的作用线在同一平面内的力系称为平面力系。平面力系中各力作用线汇交于一点的力系称为平面汇交力系（图 2－1）。物体受作用于同平面内多个力偶的作用称为平面力偶系（图 2－2）。平面汇交力系和平面力偶系又称为平面简单力系或平面基本力系。

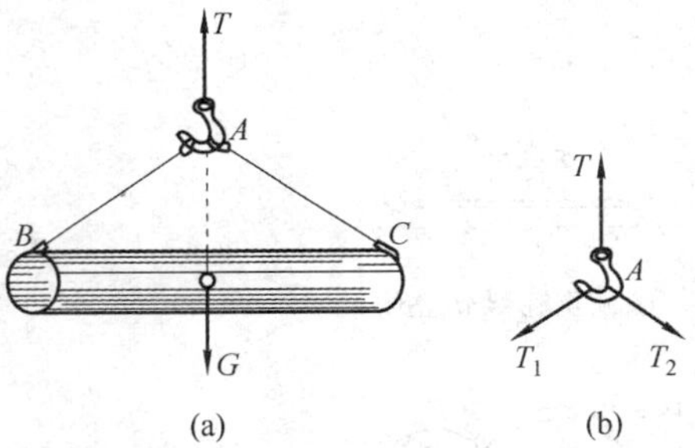

图 2－1　平面汇交力系

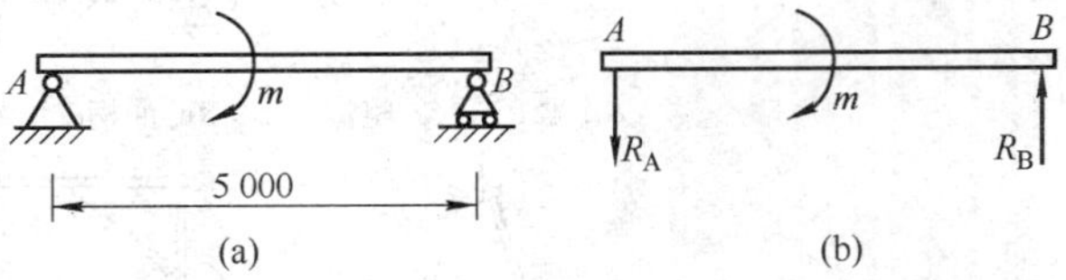

图 2－2　平面力偶系

研究平面简单力系，一方面可以解决一些简单的工程实际问题，另一方面也为研究更复杂的力系奠定基础。

第二节　平面汇交力系的合成与平衡

一、力在坐标轴上的投影

如图 2－3 所示，力 $\boldsymbol{F}$ 作用在物体上的 A 点，在力 $\boldsymbol{F}$ 作用线所在的平面内取直角坐标系 Oxy，从力 $\boldsymbol{F}$ 的两端点 A 和 B 分别向 x 轴和 y 轴作垂线，得垂足 ab 和 $a'b'$，线段 ab 称为力

F 在 x 轴上的投影,用 F_x 表示。线段 $a'b'$ 称为力 **F** 在 y 轴上的投影,用 F_y 表示。

若已知力的大小为 F,它和 x 轴的夹角为 α(取锐角),则力在轴上的投影 F_x 和 F_y 可按下式计算

$$\left.\begin{aligned} F_x &= \pm F\cos\alpha \\ F_y &= \pm F\sin\alpha \end{aligned}\right\} \tag{2-1}$$

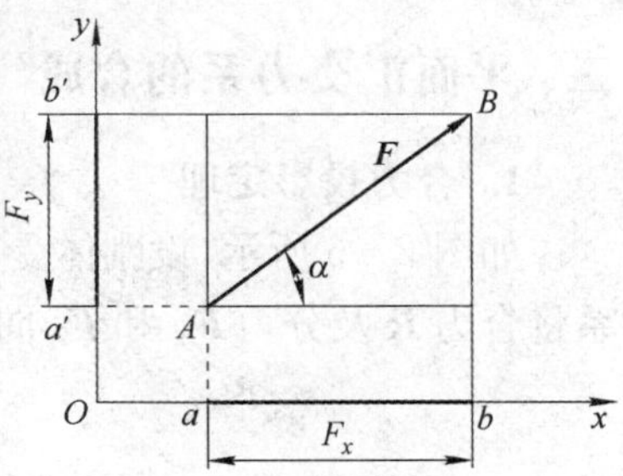

图 2-3 力的投影

投影的正负号规定如下:若由 a 到 b(或由 a' 到 b')的指向与坐标轴正向一致时,力的投影取正值;反之取负值。

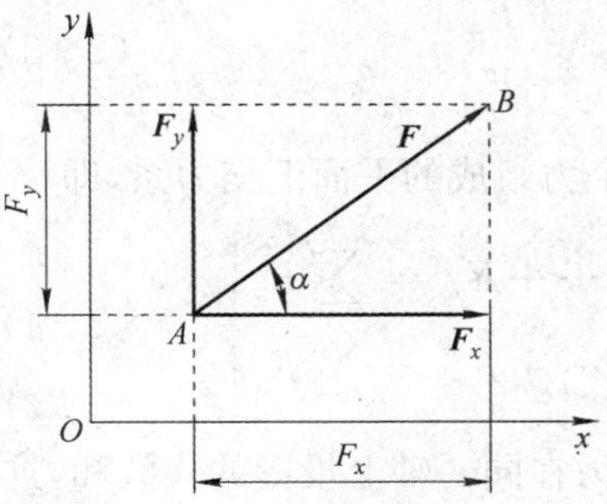

图 2-4 力的分解

注:力的投影与力的分解是不同的,前者是代数量,后者是矢量;投影无作用点,而分力必须作用在原力的作用点。在图 2-4 中,力 **F** 沿直角坐标轴分解为 $\boldsymbol{F}_x$ 和 $\boldsymbol{F}_y$ 两个分力,其大小分别等于该力在相应坐标轴上的投影 F_x 和 F_y 的绝对值。

若已知力 **F** 在 x 轴和 y 轴上的投影分别为 F_x 和 F_y,由图 2-4 的几何关系即可求出力 **F** 的大小和方向,即

$$\left.\begin{aligned} F &= \sqrt{F_x^2 + F_y^2} \\ \tan\alpha &= \left|\frac{F_y}{F_x}\right| \end{aligned}\right\} \tag{2-2}$$

例 2-1 在物体上的 O、A、B、C、D 点,分别作用着力 $\boldsymbol{F}_1$、$\boldsymbol{F}_2$、$\boldsymbol{F}_3$、$\boldsymbol{F}_4$、$\boldsymbol{F}_5$,如图 2-5 所示,各力的大小为 $F_1=F_2=F_3=F_4=F_5=20$ N,各力的方向如图 2-5 所示,求各力在 x、y 轴上的投影。

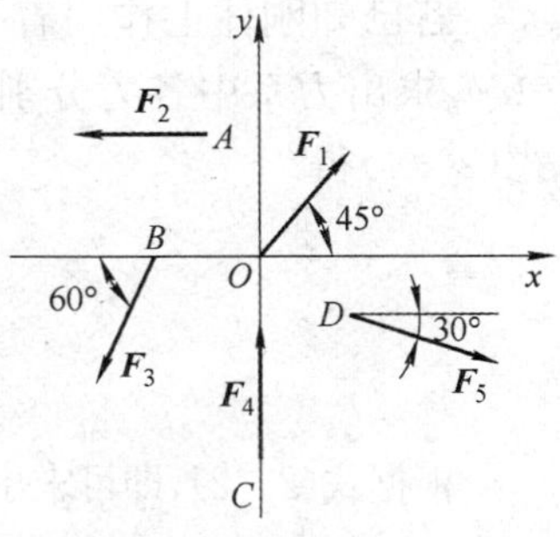

图 2-5 力的作用情况

解 由式(2-1)得,各力在 x 轴上的投影为:

$$F_{1x} = F_1\cos 45^\circ = 20\times 0.707 = 14.14\ \text{N}$$

$$F_{2x} = -F_2\cos 0^\circ = -20\times 1 = -20\ \text{N}$$

$$F_{3x} = -F_3\cos 60^\circ = -20\times 0.5 = -10\ \text{N}$$

$$F_{4x} = F_4\cos 90^\circ = 20\times 0 = 0\ \text{N}$$

$$F_{5x} = F_5\cos 30^\circ = 20\times 0.866 = 17.32\ \text{N}$$

各力在 y 轴上的投影为:

$$F_{1y} = F_1\sin 45^\circ = 20\times 0.707 = 14.14\ \text{N}$$

$$F_{2y} = F_2\sin 0^\circ = 20\times 0 = 0\ \text{N}$$

$$F_{3y} = -F_3\sin 60^\circ = -20\times 0.866 = -17.32\ \text{N}$$

$$F_{4y} = F_4\sin 90^\circ = 20\times 1 = 20\ \text{N}$$

$$F_{5y} = -F_5\sin 30^\circ = -20\times 0.5 = -10\ \text{N}$$

二、平面汇交力系的合成

1. 合力投影定理

如图 2-6 所示,设刚体受力 $\boldsymbol{F}_1$ 和 $\boldsymbol{F}_2$ 作用,用平行四边形法则可求出其合力 $\boldsymbol{R}$,取坐标系将合力 $\boldsymbol{R}$ 及分力 $\boldsymbol{F}_1$ 和 $\boldsymbol{F}_2$ 向 x 轴投影,得

$$R_x = ad \quad F_{1x} = ac \quad F_{2x} = ab$$

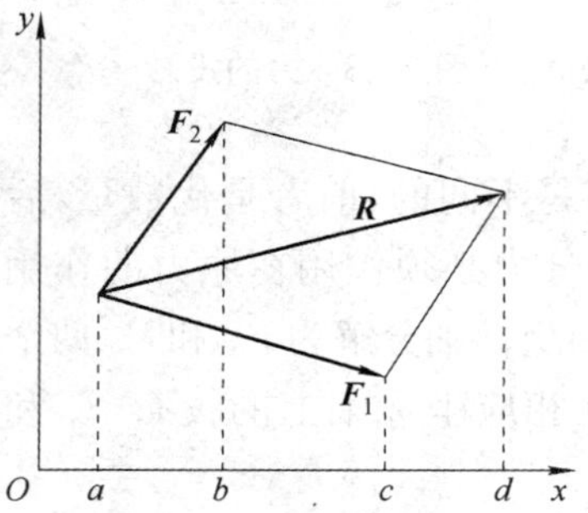

图 2-6 合力的投影定理

由于 $$ab = cd$$

则 $$ad = ac + cd = ac + ab$$

所以同理
$$\left.\begin{aligned} R_x &= F_{1x} + F_{2x} \\ R_y &= F_{1y} + F_{2y} \end{aligned}\right\} \tag{2-3}$$

式(2-3)可推广到由多个力组成的平面汇交力系,即

$$\left.\begin{aligned} R_x &= F_{1x} + F_{2x} + \cdots + F_{nx} = \sum F_x \\ R_y &= F_{1y} + F_{2y} + \cdots + F_{ny} = \sum F_y \end{aligned}\right\} \tag{2-4}$$

式(2-4)说明:合力在任意轴上的投影,等于力系中各分力在同一轴上投影的代数和,这就是合力投影定理。合力投影定理建立了合力与分力在同一轴上投影之间的关系,这种关系将经常用到。

2. 平面汇交力系的合成

若已知刚体上作用着平面汇交力系 $\boldsymbol{F}_1$, $\boldsymbol{F}_2$, …, $\boldsymbol{F}_n$,为求其合力 $\boldsymbol{R}$,首先选定坐标系 Oxy,求出力系中各力分别在 x、y 轴上的投影为 F_{1x}, F_{2x}, …, F_{nx} 和 F_{1y}, F_{2y}, …, F_{ny},由式(2-4)得

$$\begin{cases} R_x = F_{1x} + F_{2x} + \cdots + F_{nx} = \sum F_x \\ R_y = F_{1y} + F_{2y} + \cdots + F_{ny} = \sum F_y \end{cases}$$

根据式(2-2),即可求出合力的大小及方向,如图 2-7 所示:

$$R = \sqrt{R_x^2 + R_y^2} = \sqrt{\left(\sum F_x\right)^2 + \left(\sum F_y\right)^2} \tag{2-5}$$

$$\tan\theta = \left|\frac{R_y}{R_x}\right| = \left|\frac{\sum F_y}{\sum F_x}\right| \tag{2-6}$$

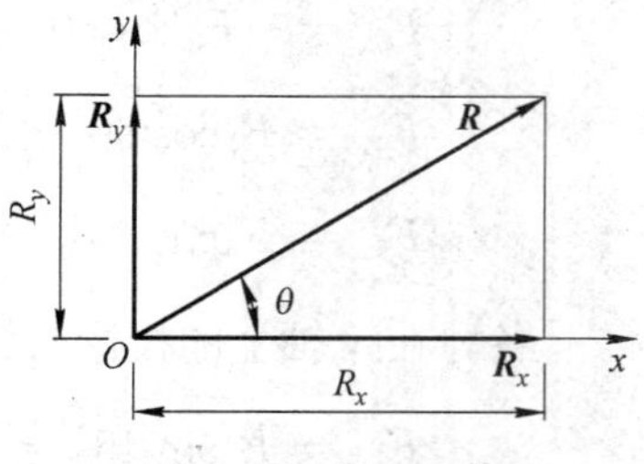

图 2-7 合力计算

式中 θ——合力 $\boldsymbol{R}$ 与 x 轴所夹锐角。合力所在象限可由 $\sum F_x$ 和 $\sum F_y$ 的正负来确定。

结论:平面汇交力系合成结果为一个合力,其合力等于力系中所有各力的矢量和。

3. 平面汇交力系的平衡条件

平面汇交力系可以合成为一个合力,即平面汇交力系的作用效果可用其合力来代替。显然,如果合力等于零,则物体在平面汇交力系的作用下处于平衡。由此得出结论:平面汇

交力系平衡的必要和充分条件是力系的合力等于零。即

$$R=\sqrt{R_x^2+R_y^2}=\sqrt{\left(\sum F_x\right)^2+\left(\sum F_y\right)^2}=0 \tag{2-7}$$

因此,必须同时满足

$$\left.\begin{aligned}\sum F_x=0\\ \sum F_y=0\end{aligned}\right\} \tag{2-8}$$

即平面汇交力系的平衡条件是:**力系中所有各力在相互垂直的两个坐标轴上投影的代数和分别等于零**,式(2-8)又称为平面汇交力系的平衡方程。

4. 平面汇交力系平衡方程的应用

平面汇交力系的平衡方程为$\begin{cases}\sum F_x=0\\ \sum F_y=0\end{cases}$,下面举例说明平面汇交力系的平衡方程的应用。

例 2-2　如图 2-8a 所示,用绳 AC 和 BC 吊起一重物,重物重 $G=100$ N,绳与水平线的夹角都等于 45°。试求绳的拉力。

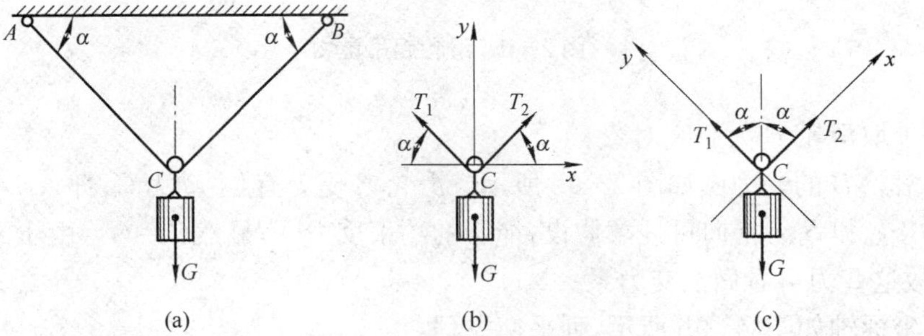

图 2-8　绳索起吊重物

解　(1) 取重物为研究对象。

(2) 画受力图。重物重 G,柔体约束反力分别为 T_1 和 T_2。

(3) 选坐标轴,如图 2-8b 所示。

(4) 列平衡方程:

$$\sum F_x=0\quad T_2\cos 45^\circ-T_1\cos 45^\circ=0$$

$$\sum F_y=0\quad T_2\sin 45^\circ+T_1\sin 45^\circ-G=0$$

(5) 解方程求未知量:

$$T_1=T_2$$

$$2T_1\sin 45^\circ-G=0$$

所以　$$T_1=T_2=\frac{\sqrt{2}}{2}G=0.707\times 100=70.7\text{ N}$$

本题若在 BC 和 AC 上取坐标轴 x、y，如图 2-8c 所示，则解题比较简便：

$$\sum F_x = 0 \quad T_2 - G\cos 45^\circ = 0$$

$$\sum F_y = 0 \quad T_1 - G\sin 45^\circ = 0$$

$$T_1 = G\sin 45^\circ = 70.7\ \text{N}$$

$$T_2 = G\cos 45^\circ = 70.7\ \text{N}$$

例 2-3 如图 2-9 所示，重物重 G=2 kN，利用绞车和绕过定滑轮的绳子吊起。滑轮由两端铰接的刚杆 AB 和 BC 支持。杆及滑轮的重量、大小及其中的摩擦可略去不计，试求杆 AB 和 BC 所受的力。

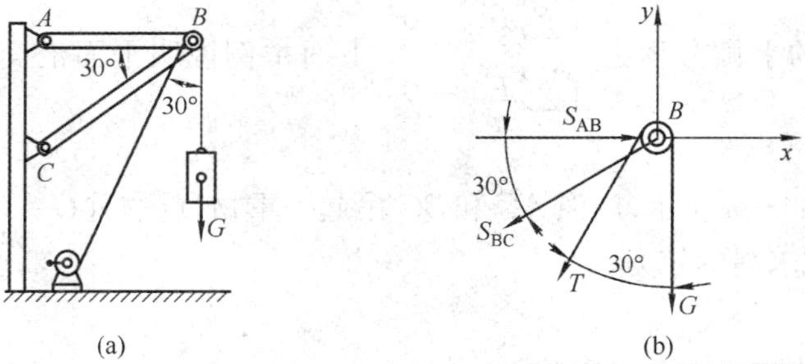

图 2-9 滑轮起吊重物

解 (1) 取滑轮 B 为研究对象。

(2) 画滑轮 B 的受力图如图 2-9b 所示。滑轮 B 受力有：主动力 G；杆 AB 和 BC 给滑轮的约束反力 S_{AB} 和 S_{BC}，指向可任意假设；绳子的约束反力 T，显然 $T=G$。由于滑轮的大小可忽略不计，故这些力可看做汇交力系。

(3) 选坐标轴如图 2-9b 所示，列平衡方程：

$$\sum F_x = 0 \quad -S_{BC}\cos 30^\circ + S_{AB} - T\sin 30^\circ = 0$$

$$\sum F_y = 0 \quad -S_{BC}\sin 30^\circ - T\cos 30^\circ - G = 0$$

解得 $S_{BC} = -7.46\ \text{kN}$ $S_{AB} = -5.46\ \text{kN}$（负号表示与假设方向相反）

通过以上例题，可以总结出求解平面汇交力系平衡问题的主要步骤及注意点：

(1) 选取研究对象画受力图。一般情况下，是以与待求量直接相关的物体为研究对象。

(2) 建立坐标系。应使坐标轴与较多力（特别是未知力）的作用线相平行或垂直，以便于计算力在轴上的投影，最好能避免求解联立方程组。

(3) 列平衡方程。要注意各力投影的正负号。

(4) 求解未知量。计算结果中出现负号时，说明所设方向与实际受力方向相反，不必去修改受力图。

第三节　平面力偶系的合成与平衡

平面力偶系是指物体受到位于同一平面内的多个力偶作用，力偶是静力学中遇到的一个新概念。因此，必须首先对力偶的概念、性质有所了解，才能研究平面力偶系的合成与平衡问题。

一、力偶和力偶矩

在日常生活中，常见物体同时受到大小相等，方向相反，作用线互相平行的两个力作用。例如用手拧水龙头（图 2－10a）和汽车司机转动方向盘（图 2－10b）的两个力 F 和 F' 就是这样的力。在力学上，把**两个大小相等，方向相反，作用线相互平行的力叫力偶**，并记为（F，F'）。

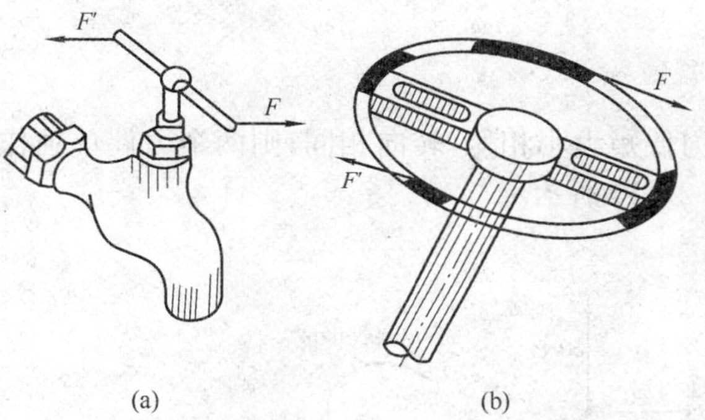

图 2－10　力偶作用实例

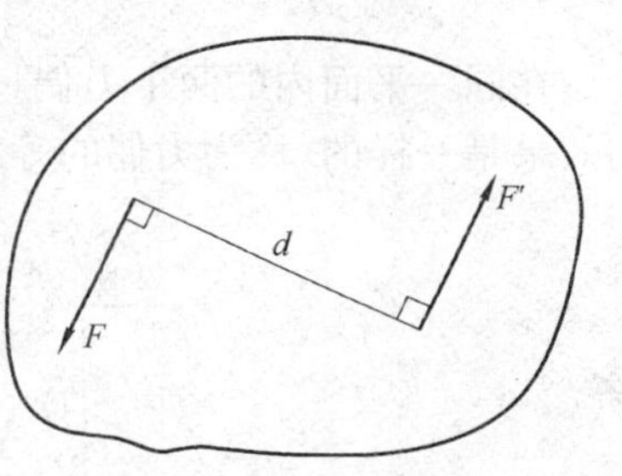

图 2－11　力偶矩

由图 2－10 可知，力偶对物体作用只能产生转动效应，而不产生移动效应。转动效应不仅与力偶中力 F 的大小成正比，而且也与两力作用线间的垂直距离 d 成正比。因此，在力学中以 F、d 的乘积作为度量力偶对物体转动效应的物理量，称为力偶矩（图 2－11）。以符号 m 表示，即

$$m = \pm F \cdot d \qquad (2-9)$$

式（2－9）中 d 为力偶臂。正负号表示力偶的转向，逆时针转为正，顺时针转为负。力偶矩的单位为牛[顿]·米（N·m）或千牛[顿]·米（kN·m）。

由式（2－9）可以看出，在平面问题中，力偶对物体的作用效果，可完全由以下三要素决定：力偶矩的大小、转向、作用面。

二、力偶的基本性质

力偶在任一轴上投影的代数和等于零。由图 2－12 可知

$$R_x(F,\ F') = F_x + F'_x = -F\cos\alpha + F'\cos\alpha = 0$$

力偶在任一轴上投影的代数和等于零，说明力偶不能合成为一个力，它不能用一个力来平衡，而只能和力偶相平衡。

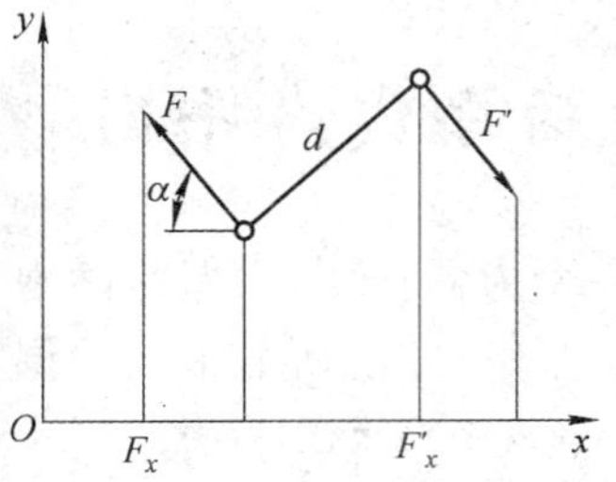

图 2－12 力偶的投影

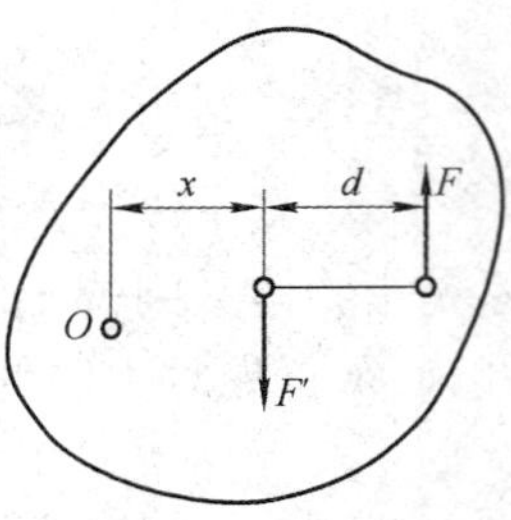

图 2－13 力偶矩

力偶对其作用面内任意点之矩，恒等于力偶矩，而与矩心的位置无关。

如图 2－13 所示，设有一力偶(F, F')作用在物体上，其力偶矩 $m=F\cdot d$，在力偶的作用面内任取一点 O 为矩心，设 O 点至 F' 垂直距离为 x，则 $m_O(F,\ F') = m_O(F) + m_O(F') = F(d+x) - F'x$，故 $m_O(F,\ F') = Fd = m$。

三、力偶的等效性

在同一平面内的两个力偶，如它们的力偶矩大小相等，转向相同，则两个力偶单独作用的效果是一样的，称为力偶的等效性，如图 2－14 所示。

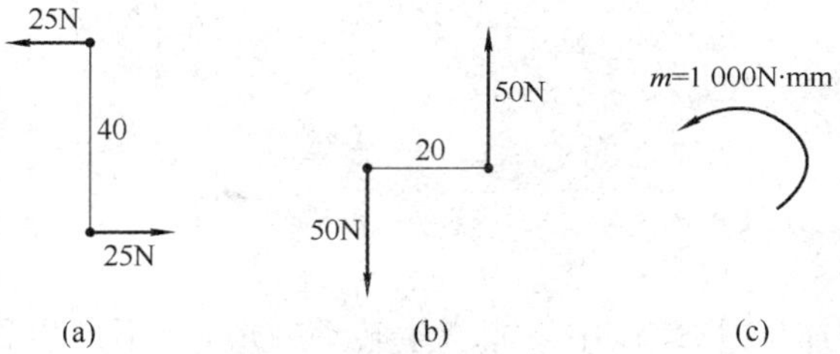

图 2－14 力偶矩的表示

由力偶的等效性可得下列推论：

(1) 力偶可在其作用面内任意移动，而不改变它对物体的作用效应；

(2) 只要保持力偶矩不变，可以任意改变力偶中力的大小和力偶臂的长短，而不改变力偶对物体的作用效应。

四、平面力偶系的合成与平衡

平面力偶系的合成，即是把力偶系中的所有力偶用一个与它等效的合力偶来代替。

由于平面内的力偶对物体的作用效果，只决定于力偶矩的大小和转向，因此只要求出各分力偶矩的代数和，便可决定力偶系对物体作用的总效果。由此，平面力偶系的合力偶矩等于各分力偶矩的代数和，即

$$M = m_1 + m_2 + \cdots + m_n = \sum m \qquad (2-10)$$

平面力偶系的合成结果即为一合力偶，因此，若使平面力偶系达到平衡状态，即力偶系

对物体无转动效应，则合力偶矩必须等于零，即

$$\sum m = 0 \tag{2-11}$$

平面力偶系平衡的必要与充分条件是：**此力偶系中各力偶矩的代数和为零**。式(2-11)称为平面力偶系的平衡方程。

五、平面力偶系平衡方程的应用

工程实际中，构件受平面力偶系作用的例子很多，下面举例说明平面力偶系平衡方程的应用。

例 2-4　梁 AB 受一力偶作用，其力偶矩 $m=1\,000\ \text{N}\cdot\text{m}$，如图 2-15a 所示，$AB=4\ \text{m}$，试求支座 A 和 B 的反力。

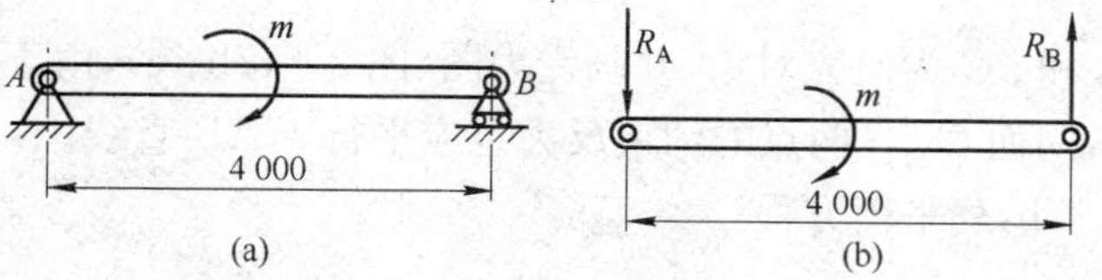

图 2-15　受力偶作用的梁

解　(1) 取梁 AB 为研究对象。

(2) 画梁 AB 的受力图，如图 2-15b 所示。梁 AB 受一主动力偶 m；B 点的反力可直接确定方向。根据力偶必须由力偶来平衡，所以支座 A 的反力应垂直向下，与 B 点的反力构成约束反力偶。

(3) 列平衡方程：

$$\sum m = 0 \qquad 4R_A - m = 0$$

$$R_A = m/4 = 250\ \text{N} \qquad R_B = R_A = 250\ \text{N}$$

例 2-5　用多轴钻床在水平工件上钻孔时，如图 2-16a 所示，每个孔的切削力偶矩 $m_1=m_2=m_3=20\ \text{N}\cdot\text{m}$，固定螺栓 A 和 B 的距离 $l=0.5\ \text{m}$，求两个螺栓所受的水平力。

解　(1) 取工件为研究对象。

(2) 画工件的受力图，如图 2-16b 所示。工件受主动力偶 m_1、m_2 和 m_3 的作用。N_A 和 N_B 必组成一约束反力偶，工件才能平衡。

(3) 列平衡方程：

$$\sum m = 0 \quad N_A l - m_1 - m_2 - m_3 = 0$$

得
$$N_A = \frac{m_1 + m_2 + m_3}{l} = 120\ \text{N}$$

故
$$N_B = N_A = 120\ \text{N}$$

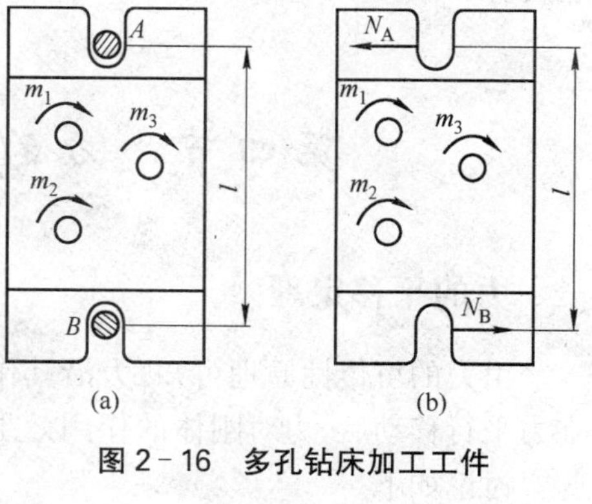

图 2-16　多孔钻床加工工件

例2-6 如图2-17a所示平面机构$OABC$,已知作用在OA杆上的力偶矩为m_1,为使机构在$\alpha=\beta=45°$时处于平衡。试求作用在杆BC上的力偶矩m_2。设$OA=a$,$BC=b$,各杆重量与摩擦不计。

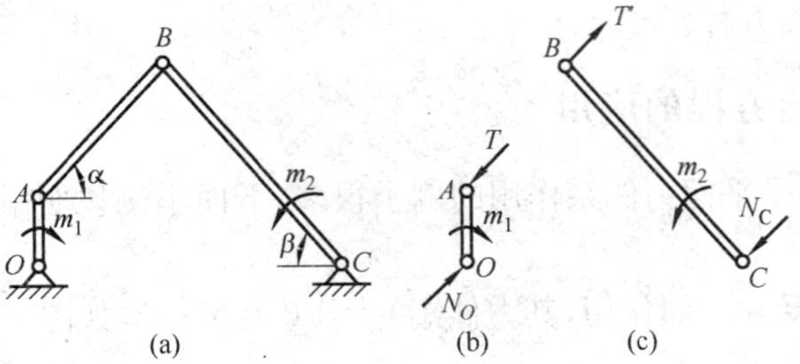

图2-17 平面机构

解 (1) 取OA和BC为研究对象,并画受力图(图2-17b、c),由于AB为二力杆,所以T、T'都沿连杆AB,因而O、C两点的约束反力也应平行于AB直线。

(2) 根据图2-17b,列平衡方程

$$\sum m=0 \quad T\cdot OA\cdot\cos 45°-m_1=0$$

即
$$T=\frac{m_1}{a\cos 45°}$$

(3) 根据图2-17c,列平衡方程

$$\sum m=0 \quad m_2-T'\cdot BC=0$$

即
$$m_2=\frac{m_1 b}{a\cos 45°}=\frac{b}{a}\sqrt{2}m_1$$

通过以上例题,可以总结出求解平面力偶系平衡问题的基本步骤及注意点如下:

(1) 选取研究对象画受力图。一般情况下,首先选有主动力偶作用的构件为研究对象,分析它们和待求未知力的关系,紧紧围绕力偶只能和力偶平衡这一要点去解决问题。

(2) 列方程求解要注意力偶的正负。计算结果中出现负号时,说明所设方向与实际方向相反。

第四节 力的平移定理和力对点之矩

一、力的平移定理

由力的可传性原理可知,力沿其作用线移动时,不会改变它对物体的作用效果。但是,在力平行移动后,力对刚体的作用效果将发生改变。怎样才能使力平移后的作用效果不变呢?讨论如下。

设在物体的 A 点作用一力 F，如图 2-18a 所示，在任一点 O 加上一对与力 F 平行的平衡力 F' 和 F''，且使 $F'=F''=F$，如图 2-18b 所示，则对物体的作用效果仍然不变。由图 2-18可以看出：

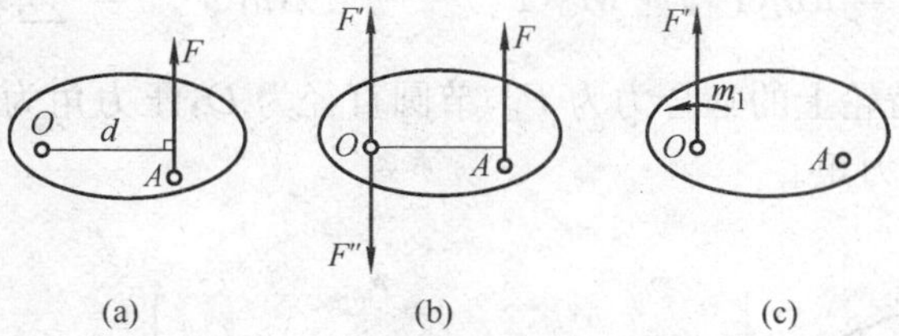

图 2-18　力的平移

(1) 力 F' 与原力 F 大小相等、方向相同。

(2) F 和 F'' 组成一个力偶，其转向为原力绕 O 点旋转的方向，所组成力偶的力偶矩 $m=F\cdot d$，该力偶可看作为力平移后附加的力偶，如图 2-18c 所示。

由此可得力的平移定理：若将作用于刚体上的力 F，平移到刚体上的任一点 O，而要不改变原力对该刚体的作用效果，则必须附加一力偶，其力偶矩为原力 F 与平移距离 d 的乘积。

应用力的平移定理，有时能更清楚地看出力对物体的作用效果，例如钳工攻螺纹时，要求双手均匀加力，这时丝锥仅受一个力偶作用。若双手用力不匀或用单手加力(图 2-19)，这时丝锥就受一个力和一个力偶的共同作用，这个力对丝锥很不利，常易造成丝锥折断。

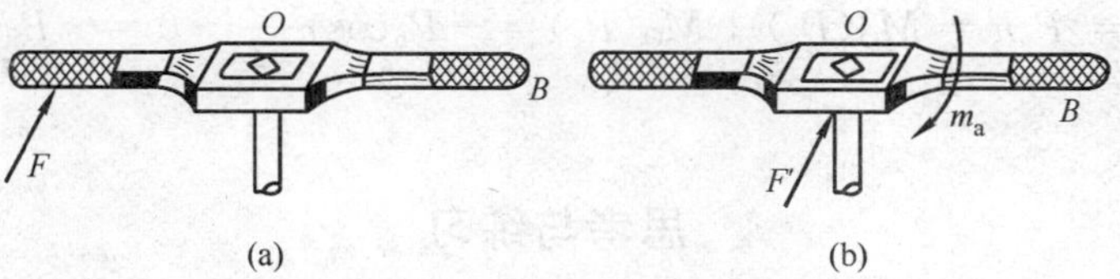

图 2-19　丝锥受力

二、力对点之矩

从物理学知，力矩的概念为力对点之矩，就是力与力臂的乘积，力臂即为物体的转动中心到力作用线间的距离。力矩是度量力使物体绕转动中心转动效应的一个物理量。力矩的表达式为

$$m_O(F)=\pm F\cdot d \qquad (2-12)$$

$m_O(F)$ 表示力 F 对 O 点的力矩，d 为力臂。一般规定力绕转动中心逆时针方向转动为正，反之为负。力矩的单位为牛顿·米(N·m)或千牛顿·米(kN·m)。

由式(2-12)可以看出，力矩的计算和力平移后的附加力偶矩的计算是相同的。因此，力平移后的附加力偶矩的计算完全可以用力对平移点 O 的力矩来代替。

在力矩的计算中，有时力臂的计算较烦琐，所以常利用分力对某点之矩和合力对该点之矩的关系来计算，这就是下面将要讨论的合力矩定理。

三、合力矩定理

合力对作用面内任一点之矩，等于该力在同平面内的各分力对同点之矩的代数和。

$$M_O(R)=M_O(F_1)+M_O(F_2)+\cdots+M_O(F_n)=\sum M_O(F) \qquad (2-13)$$

例 2-7 作用于齿轮上的啮合力为 P_n，节圆直径为 D，压力角为 α，如图 2-20 所示，求啮合力 P_n 对轮心 O 的力矩。

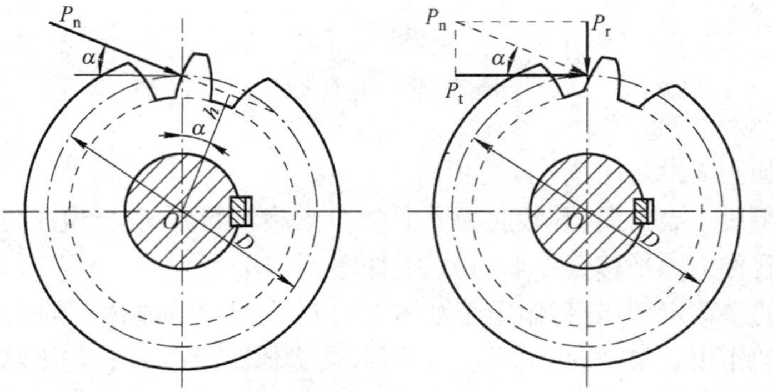

图 2-20 齿轮的啮合力

解 应用式(2-13)可得

$$M_O(P_n)=P_nh=M_O(P_t)+M_O(P_r)=-P_n\cos\alpha\frac{D}{2}+0=-P_n\cos\alpha D/2$$

思考与练习

1. 在什么情况下，力在轴上的投影等于力的大小？在什么情况下，力在轴上的投影等于零？同一个力在两个相互垂直的轴上的投影有何关系？
2. 写出如图 2-21 所示各力在坐标轴 x、y 上的投影大小。

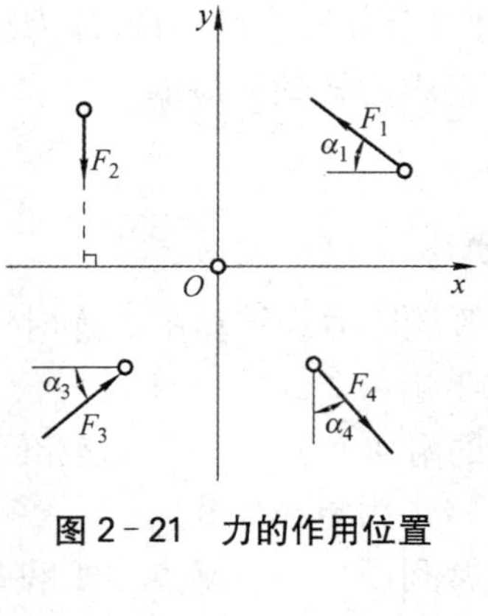

图 2-21 力的作用位置

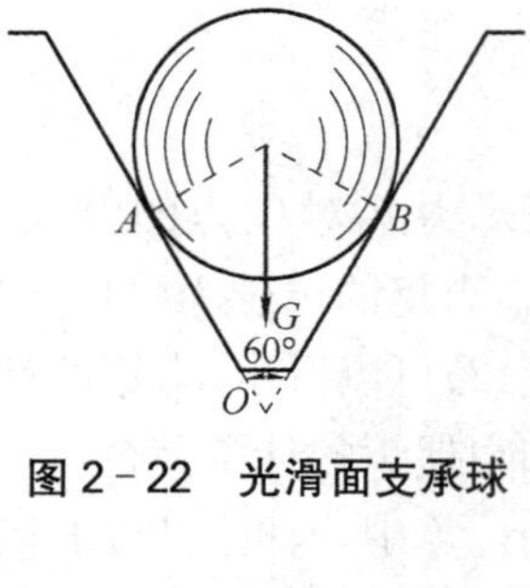

图 2-22 光滑面支承球

3. 如图 2-22 所示，A、B 为光滑面，为了求球对 A、B 面的压力，有人这样考虑：把球的重力 **G** 向

OA 方向投影就行了，这样就得出了 $N_A = N_B = G\cos 30°$，这样做对吗，正确的解法应该如何？

4. “力偶的合力为零”这样说对吗，为什么？

5. 力偶不能用一个力来平衡，如何解释如图 2-23 所示的平衡现象。

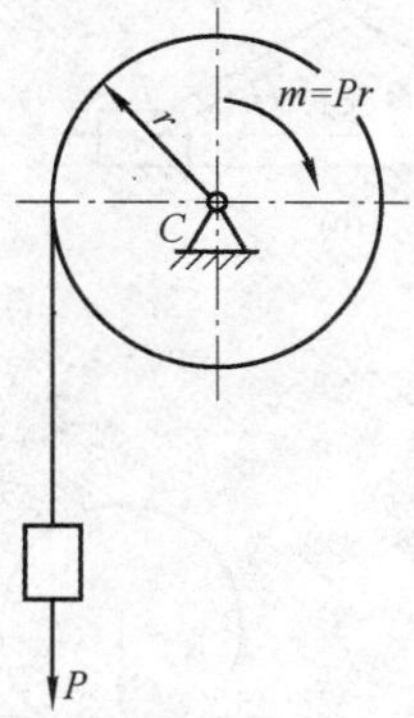

图 2-23　辘轳的平衡

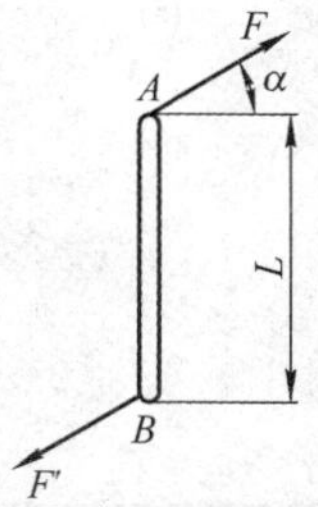

图 2-24　受力偶作用的杆

6. 如图 2-24 所示，杆 AB 上作用一力偶 F、F'，AB 杆的长度 L。则 $m(F, F') = F \cdot L$，对吗，为什么？

7. 如图 2-25 所示，球体重 50 N，放在倾角为 30°的光滑斜面上，用一平行于斜面的绳子 BC 系住，试求绳子的拉力和斜面所受到的压力。

8. 试求如图 2-26 所示三角架中杆 AC 和 BC 所受的力。已知载荷 $G = 100$ N，杆的自重不计，$\alpha = 30°$，$\beta = 60°$。

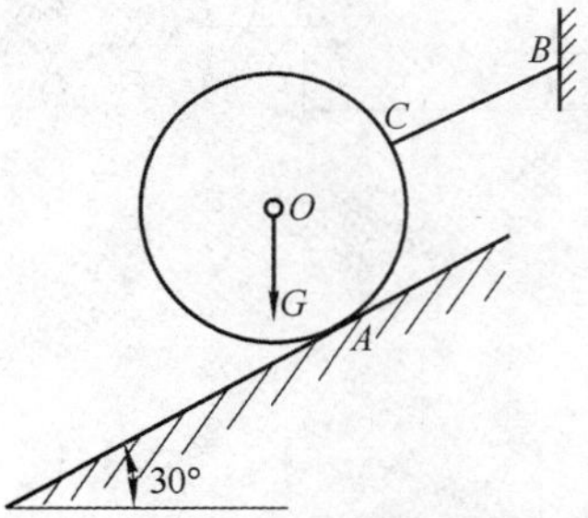

图 2-25　斜面上的球

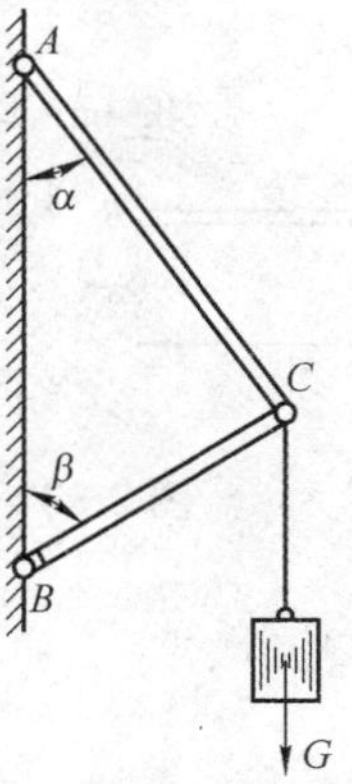

图 2-26　三角架起吊重物

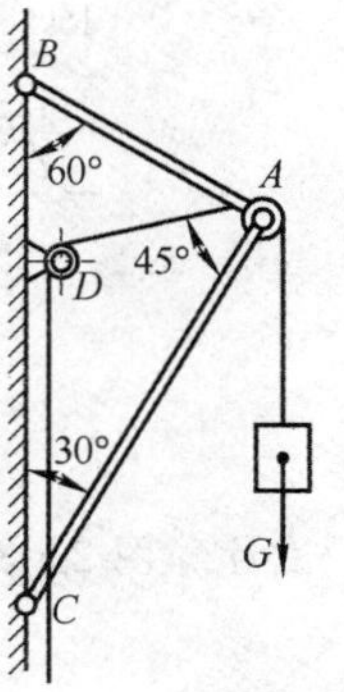

图 2-27　简易起重机

9. 如图 2-27 所示简易起重机，用钢丝绳吊起重 $G = 4$ kN 的重物，不计杆件自重、摩擦及滑轮大小，A、B、C 三处均为铰链连接，求杆 AB 和 AC 所受的力。

10. 连杆增力夹具如图 2-28 所示，已知推力 P 作用于 A 点，夹紧平衡时杆与水平线的夹角为 α。不计杆重，求夹紧时 Q 的大小。

11. 如图 2-29 所示三铰刚架受集中力 P 作用，不计自重，求支座 A、B 的约束反力。

12. 直径相同的三个光滑圆柱放置如图 2-30 所示，求圆柱不致倒塌时 θ 角的最小值。

13. 梁的受力情况如图 2-31 所示，求支座 A、B 的约束反力。

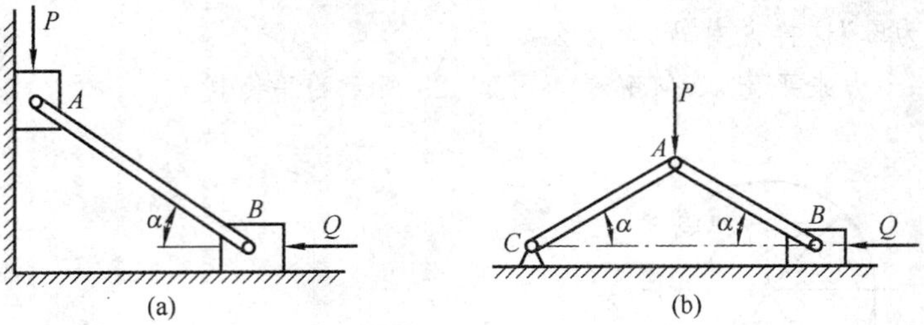

图 2-28　连杆增力夹具

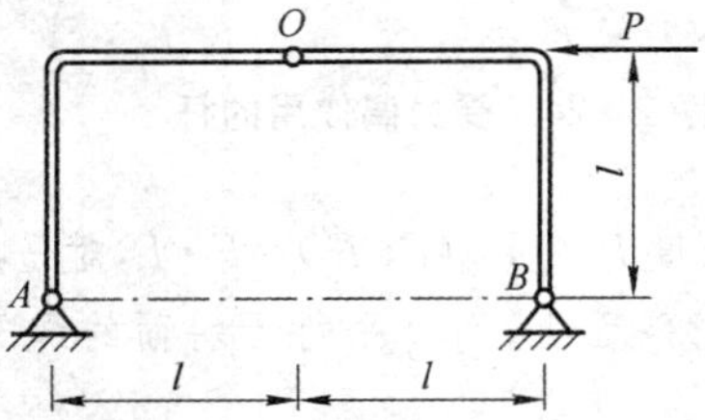

图 2-29　三铰刚架

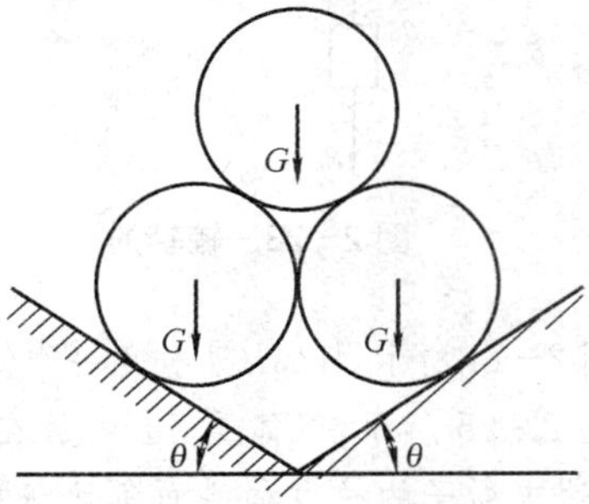

图 2-30　圆柱堆放形式

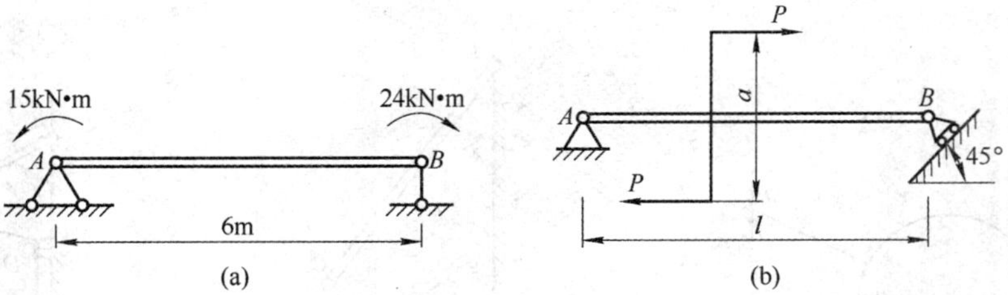

图 2-31　简支梁

14. 试计算图 2-32 中各力 P 对 O 点之矩。

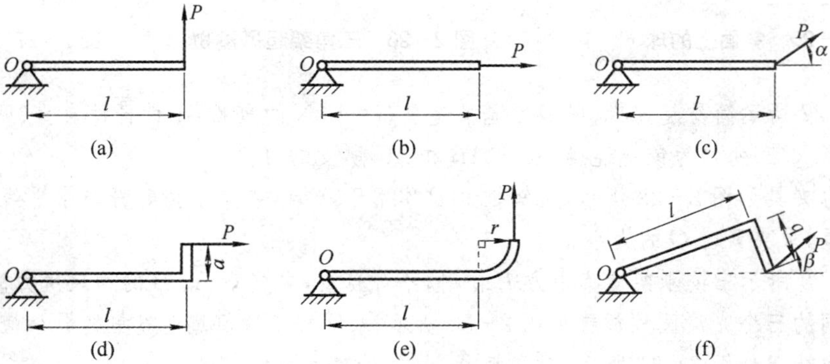

图 2-32　力矩的计算

15. 如图 2－33 所示锻锤工作时，若锻件给它的反作用力有偏心，就会使锤头发生偏斜，在导轨上产生很大的压力，从而加速导轨的磨损，影响锻件的精度。已知打击力 $P=1\ 000$ kN，偏心矩 $e=20$ mm，锤头高度 $h=200$ mm，求锤头给两侧轨道的压力。

16. 在如图 2－34 所示铰接四连杆机构中，杆 OA 上作用有力矩为 $m_1=2$ N·m 的力偶。为使机构在 $\alpha=90°$、$\beta=30°$ 时处于平衡，试求必须作用在杆 O_1B 上的力偶矩 m_2。设 $OA=400$ mm，$O_1B=200$ mm，各杆的自重与摩擦不计。

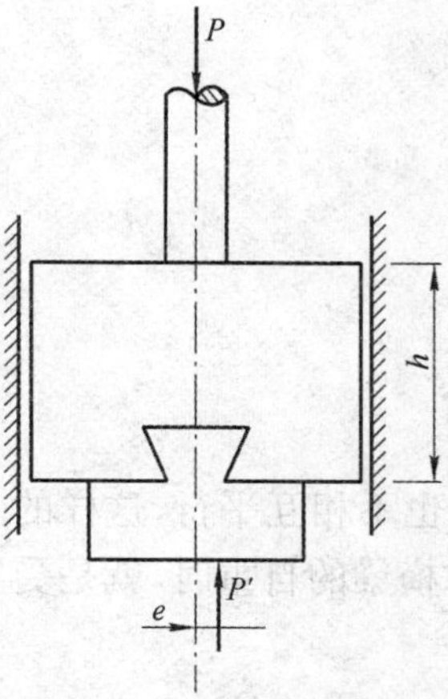

图 2－33　锻锤工作

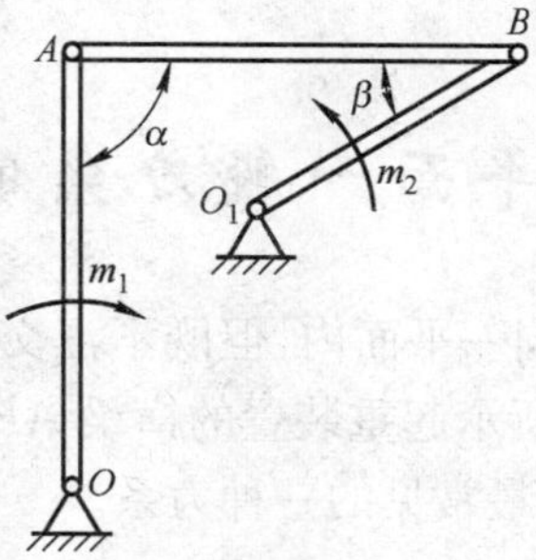

图 2－34　铰链四杆机构

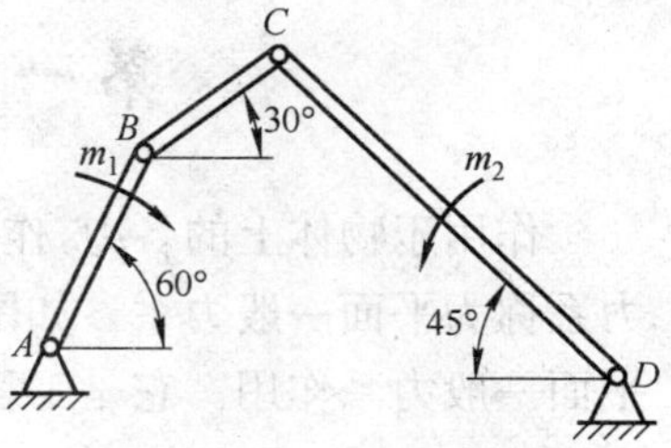

图 2－35　平面机构

17. 如图 2－35 所示平面机构 $ABCD$，$AB=100$ mm，$CD=200$ mm，杆 AB 和 CD 上各作用一力偶 m_1 和 m_2，在图示位置平衡。已知 $m_1=0.4$ N·m，不计杆重，求 A 和 D 两铰处的约束反力及力偶矩 m_2。

第三章　平面一般力系

【学习目标】

1. 理解平面一般力系的简化和平衡概念。
2. 掌握平面一般力系平衡问题的解决方法。

第一节　平面一般力系的概念

作用于物体上的各力,作用线在同一平面内,但既不汇交于一点,也不相互平行,这样的力系称为平面一般力系。如图 3-1 所示起重装置的横梁 AB,在考虑横梁的自重时,就是受平面一般力系作用。它是工程实际中最常见的一种力系。

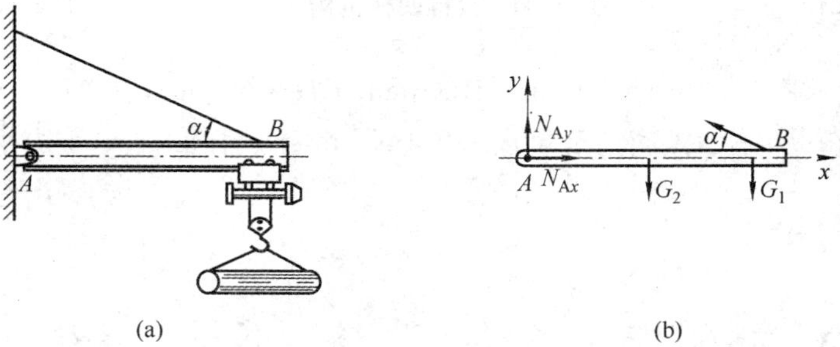

图 3-1　平面一般力系实例

第二节　平面一般力系向一点简化

一、主矢和主矩

平面一般力系是比较复杂的一种力系,利用力的平移定理可以将平面一般力系进行简化,其简化过程如下:设在刚体上作用一个平面一般力系 $\boldsymbol{F}_1$, $\boldsymbol{F}_2$, …, $\boldsymbol{F}_n$(图 3-2a),在力系作用面内任取一点 O,O 点称为简化中心。根据力的平移定理,将力系中的各力向简化中心平移,于是得到一组汇交于点 O 的汇交力系 $\boldsymbol{F}_1'$, $\boldsymbol{F}_2'$, …, $\boldsymbol{F}_n'$,与一组相应的附加力偶 m_1, m_2, …, m_n 组成的平面力偶系(图 3-2b)。汇交于简化中心 O 点的汇交力系可进一步合成为一个作用于 O 点的力 $\boldsymbol{R}'$,它称为平面一般力系的主矢。所得附加力偶系也可合成为一力偶,其力偶矩

M_O 称为平面一般力系对简化中心 O 点的主矩(图 3－2c)。

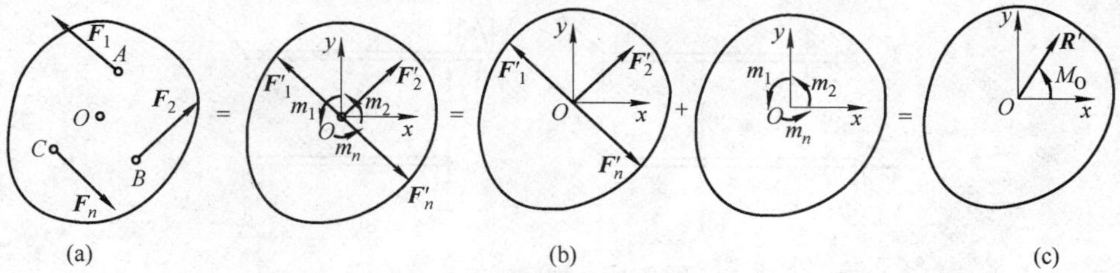

图 3－2 平面一般力系的简化

主矢 $\boldsymbol{R}'$ 的大小和方向可由下式计算：

$$\left.\begin{aligned} R'_x &= F_{1x}+F_{2x}+\cdots+F_{nx}=\sum F_x \\ R'_y &= F_{1y}+F_{2y}+\cdots+F_{ny}=\sum F_y \end{aligned}\right\} \tag{3-1}$$

$$\left.\begin{aligned} R' &= \sqrt{\left(\sum F_x\right)^2+\left(\sum F_y\right)^2} \\ \tan\alpha &= \left|\frac{\sum F_y}{\sum F_x}\right| \end{aligned}\right\} \tag{3-2}$$

主矩 M_O 的大小可由上一章的式(2－10)求得

$$M_O = m_1+m_2+\cdots+m_n=\sum m_i$$

由上一章可知，力向一点平移的附加力偶矩就是力对该点之矩

$$m_1=m_O(F_1)\quad m_2=m_O(F_2)\quad \cdots \quad m_n=m_O(F_n)$$

所以 $$M_O=m_O(F_1)+m_O(F_2)+\cdots+m_O(F_n)=\sum m_O(F_i) \tag{3-3}$$

综上所述，可得如下结论：**平面一般力系向作用面内任一点 O 简化后，可得一个力和一个力偶**。这个力 $\boldsymbol{R}'$ 称为平面一般力系的主矢。力偶的力偶矩 M_O 称为平面一般力系对简化中心的主矩。主矢与简化中心位置无关，而主矩将随简化中心的位置不同而有所变化。所以，当提到主矩时必须明确对哪一点而言。

二、固定端约束

梁的一端受到约束的限制，使梁既不能向任何方向移动，又不能向任何方向转动，这种约束称为固定端约束。如建筑物中的阳台和跳水比赛中的跳板等，都是受固定端约束的实例。固定端约束的力学模型如图 3－3a 所示。

梁 AB 在主动力 F 的作用下，其插入部分受到墙的约束，梁上每个与墙接触的点所受到的约束反力的大小和方向都不一样，这样杂乱无章的约束反力组成了一个平面一般力系(图 3－3b)。把这个力系向 A 点简化，可得到一个作用在 A 点的约束反力和一个约束反力偶。因约束反力的具体方位很难确定，因此一般用两个正交分力 N_x 和 N_y 表示(图 3－3c)。约束反力 N_{Ax} 和 N_{Ay} 限制梁的移动，约束反力偶 m_A 则限制梁绕 A 点的转动。固定端约束还可以

更简单地表示为图 3-3d 的形式。

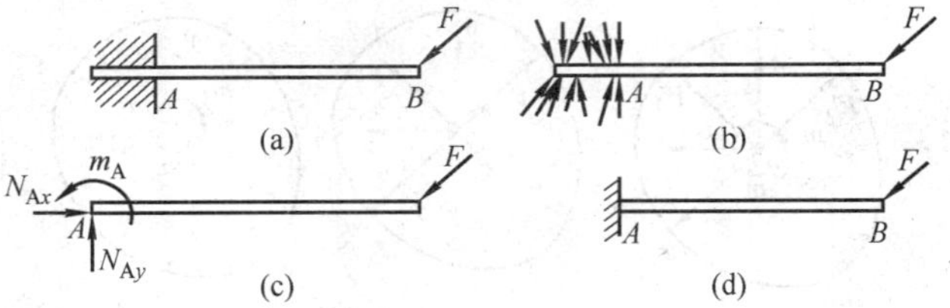

图 3-3 固定端约束

第三节 平面一般力系的平衡方程及其应用

一、平面一般力系平衡方程的基本形式

平面一般力系向任一点 O 简化,得到主矢 $\boldsymbol{R}'$ 和主矩 M_O。若主矢等于零,表明原力系无合力,物体不能移动。若主矩等于零,表明原力系没有合力偶,物体不能转动。所以,若主矢和主矩同时为零,则力系对物体不产生任何移动和转动效应,物体必处于平衡状态。于是可得平面一般力系平衡的必要和充分条件:该力系向作用面内任一点简化时,所得的主矢与主矩同时等于零,即

$$\left.\begin{aligned} R' &= \sqrt{\left(\sum F_x\right)^2 + \left(\sum F_y\right)^2} = 0 \\ M_O &= \sum m_O(F) = 0 \end{aligned}\right\} \tag{3-4}$$

若满足式(3-4),则必有

$$\left.\begin{aligned} \sum F_x &= 0 \\ \sum F_y &= 0 \\ \sum m_O(F) &= 0 \end{aligned}\right\} \tag{3-5}$$

平面任意力系的平衡条件可叙述为:力系中各力在两个坐标轴上投影的代数和都等于零;力系中各力对平面内任一点的力矩的代数和也等于零。

式(3-5)称为平面一般力系的平衡方程的基本形式。前两个方程称为投影方程,后一个方程称为力矩方程。这三个方程彼此独立,可求解三个未知量。

二、平面一般力系平衡方程的其他形式

1. 二矩式

$$\left.\begin{aligned} &\sum F_x = 0 \\ &\sum m_A(F) = 0 \quad (x\text{ 轴不能与 }AB\text{ 连线垂直}) \\ &\sum m_B(F) = 0 \end{aligned}\right\} \tag{3-6}$$

2. 三矩式

$$\left.\begin{aligned}&\sum m_A(F)=0\\&\sum m_B(F)=0\quad (A、B、C\text{ 三点不能共线})\\&\sum m_C(F)=0\end{aligned}\right\}\qquad(3-7)$$

必须注意：式(3-6)和式(3-7)都有附加条件，否则它们将只是平衡的必要条件，而非充分条件。其理由读者可自行思考。

三、平面平行力系的平衡方程

若力系中的各力作用线在同一平面内且相互平行，该力系称为平面平行力系，如图 3-4 所示。平面平行力系是平面一般力系的特例。如取 y 轴平行于各力作用线，则各力在 x 轴上的投影恒等于零，即 $\sum F_x=0$。

因此，平面平行力系的平衡方程为

$$\left.\begin{aligned}&\sum F_y=0\\&\sum m_O(F)=0\end{aligned}\right\}\qquad(3-8)$$

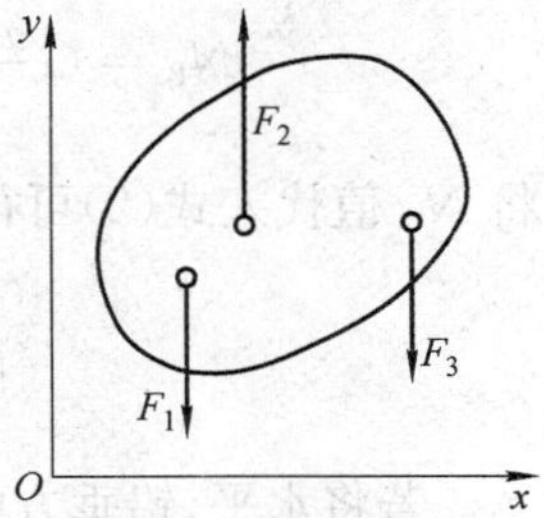

图 3-4　平面平行力系

平面平行力系的平衡方程亦可用二矩式表示，即

$$\left.\begin{aligned}&\sum m_A(F)=0\\&\sum m_B(F)=0\end{aligned}\right\}\qquad(3-9)$$

注：A、B 连线不能与各力作用线平行。

由上述可知平面平行力系只有两个独立平衡方程，因此只能求解两个未知量。

例 3-1　绞车通过钢丝绳牵引小车沿斜面轨道匀速上升，如图 3-5 所示。已知小车重 $G=10\text{ kN}$，绳与斜面平行，$\alpha=30°$，$a=0.75\text{ m}$，$b=0.3\text{ m}$，不计摩擦；求钢丝绳的拉力和轨道对车轮的约束反力。

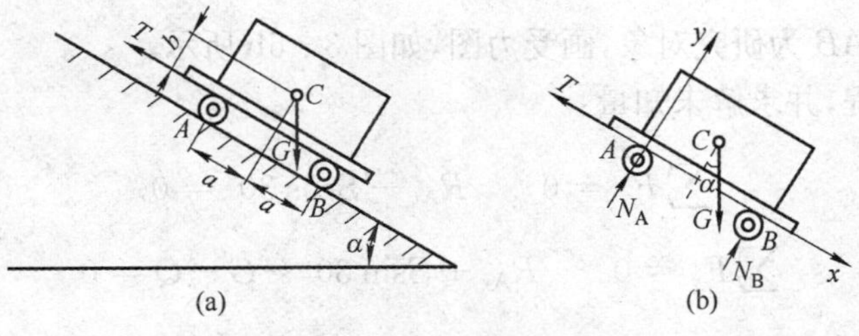

图 3-5　绞车牵引小车

解　(1) 取小车为研究对象画出其受力图，如图 3-5b 所示。

(2) 选坐标系如图 3-5b 所示，列平衡方程：

$$\sum F_x = 0 \qquad -T + G\sin\alpha = 0 \tag{1}$$

$$\sum F_y = 0 \qquad N_A + N_B - G\cos\alpha = 0 \tag{2}$$

$$\sum M_A(F) = 0 \qquad 2N_B \cdot a - G\cos\alpha \cdot a - G\sin\alpha \cdot b = 0 \tag{3}$$

由式(1)解得

$$T = G\sin 30° = 10 \times \frac{1}{2} = 5\ \text{kN}$$

由式(3)解得

$$N_B = G\frac{a\cos\alpha + b\sin\alpha}{2a} = 10 \times \frac{0.75 \times \frac{\sqrt{3}}{2} + 0.3 \times \frac{1}{2}}{2 \times 0.75} = 5.33\ \text{kN}$$

将 N_B 值代入式(2)可得

$$N_A = G\cos\alpha - N_B = 10\frac{\sqrt{3}}{2} - 5.33 = 3.33\ \text{kN}$$

若将水平、铅垂方向设为 x、y 轴,C 为矩心列方程,其解法如何?

例 3-2 如图 3-6a 所示起重机水平梁 AB,A 端以铰链固定,B 端用拉杆 BC 拉住。已知梁重 G=4 kN,载荷重 Q=10 kN, L=6 m, a=4 m。试求拉杆的拉力和铰链 A 的约束反力。

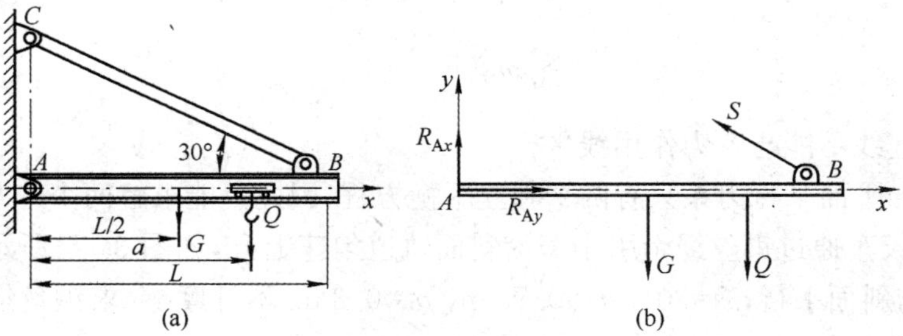

图 3-6 起重机水平梁

解 (1) 取梁 AB 为研究对象,画受力图,如图 3-6b 所示。

(2) 列平衡方程,并求解未知量:

$$\sum F_x = 0 \qquad R_{Ax} - S\cos 30° = 0 \tag{1}$$

$$\sum F_y = 0 \qquad R_{Ay} + S\sin 30° - G - Q = 0 \tag{2}$$

$$\sum M_A(F) = 0 \qquad S\sin 30° \cdot L - G\frac{L}{2} - Qa = 0 \tag{3}$$

由式(3)解得

$$S = G\frac{L}{2} + Qa/L \cdot \sin 30° = \left(4 \times \frac{6}{2} + 10 \times 4\right) \times \frac{2}{6} = 17.33\ \text{kN}$$

将 S 值代入式(1)和式(2)可得

$$R_{Ax}=15.01\ \mathrm{kN} \qquad R_{Ay}=5.34\ \mathrm{kN}$$

若采用平衡方程的二矩式,则:

$$\sum F_x=0 \qquad R_{Ax}-S\cos 30^\circ=0 \tag{4}$$

$$\sum M_A(F)=0 \qquad S\sin 30^\circ\cdot L-G\frac{L}{2}-Qa=0 \tag{5}$$

$$\sum M_B(F)=0 \qquad G\frac{L}{2}+Q(L-a)-R_{Ay}\cdot L=0 \tag{6}$$

由式(4)可求得 R_{Ax},式(5)可求得 S,式(6)可求得 R_{Ay}。

计算时用哪一种形式的平衡方程求解简便,读者应结合实际情况分析确定。

例 3-3 悬臂梁如图 3-7a 所示,梁上作用有均布载荷,载荷集度为 q,在梁的自由端受有集中力 F 和力偶矩为 m 的力偶作用,梁的长度为 l,试求固定端 A 处的约束反力。

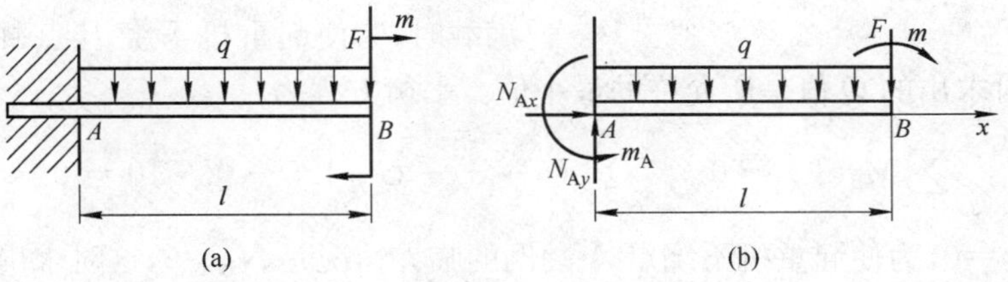

图 3-7 悬臂梁

解 (1) 取梁 AB 为研究对象并画受力图,如图 3-7b 所示。

(2) 列平衡方程并求解未知量。

列方程时应首先搞清均布载荷和载荷集度的含义。均匀连续分布的力叫做均布载荷;均布载荷作用范围内,单位长度上承受的力叫做载荷集度。均布载荷的合力 Q 在均布载荷作用范围的中点(图中不要画出),Q 力的大小等于载荷集度与均布载荷分布长度的乘积,本题中 $Q=q\cdot l$。列平衡方程如下:

$$\sum F_x=0 \qquad N_{Ax}=0 \tag{1}$$

$$\sum F_y=0 \qquad N_{Ay}-ql-F=0 \tag{2}$$

$$\sum M_A(F)=0 \qquad m_A-ql\frac{l}{2}-Fl-m=0 \tag{3}$$

由式(1)得

$$N_{Ax}=0$$

由式(2)得

$$N_{Ay}=ql+F$$

由式(3)得

$$m_A = ql^2/2 + Fl + m$$

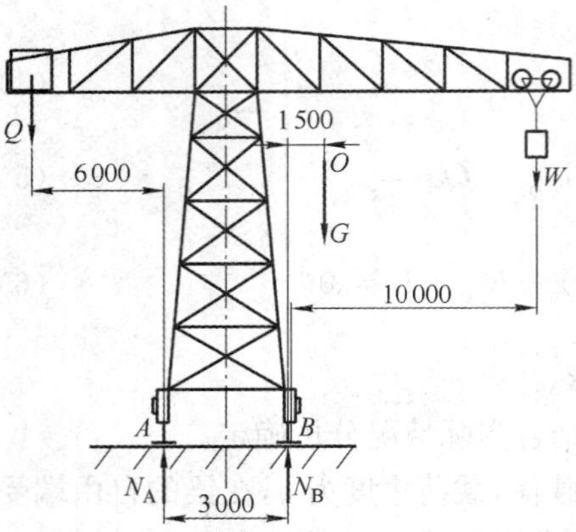

图 3-8 起重机

例 3-4 起重机如图 3-8 所示,机架重 G=50 kN,重心在 O 点。起重机的最大承载能力为:最大起重量 W 为 25 kN,最大悬臂长度为 10 m,为了使起重机在空载和满载时都不致翻倒,试确定平衡锤 Q 的重量。设平衡锤放置的位置距左轮 6 m。

解 要使起重机不翻倒,就要使作用在起重机上的所有力满足平衡条件。起重机所受的力有:重物的重力 W,机架的重力 G,平衡锤的重力 Q,以及地面的约束反力 N_A 和 N_B。

(1) 画起重机受力图,如图 3-8 所示。

(2) 根据空载和满载两种情况分别列出平衡方程并求解。

满载时,为使起重机不绕 B 点翻倒的临界情况是 $N_A=0$,这时求出的 Q 值是所允许的最小值。平衡方程为

$$\sum M_B(F) = 0 \qquad Q_{min}(6+3) - G \cdot 1.5 - W \cdot 10 = 0 \tag{1}$$

空载时,$W=0$,为使起重机不绕点 A 翻倒的临界情况是 $N_B=0$,这时求出的 Q 值是所允许的最大值。平衡方程为

$$\sum M_A(F) = 0 \qquad Q_{max} \cdot 6 - G(1.5+3) = 0 \tag{2}$$

由式(1)和式(2)可解得

$$Q_{min} = 36.1\ \text{kN} \qquad Q_{max} = 37.5\ \text{kN}$$

即当 36.1 kN$\leqslant Q \leqslant$37.5 kN 时,起重机的工作是可靠的。

第四节 物体系统的平衡问题

前面研究的都是单个物体的平衡问题。但在工程实际中,经常遇到的大都是物体系统的平衡问题。所谓物体系统就是由若干个物体通过各种约束所组成的系统,简称物系。如图3-9a 所示三铰拱就是一个物系。

研究物系的平衡应首先搞清物系的外力和内力。把物系以外的物体作用于物系的力称为该物系的外力,图 3-9b 中的主动力 $\boldsymbol{F}_1$ 和 $\boldsymbol{F}_2$ 以及 A 和 B 处的约束反力 $\boldsymbol{R}_{Ax}$、$\boldsymbol{R}_{Ay}$、$\boldsymbol{R}_{Bx}$ 和 $\boldsymbol{R}_{By}$ 都是外力。物系内各物体间相互作用的力,称为该物系的内力。对整个物系来说,根据作用与反作用定律可知,物系的内力总是成对出现,若取整个物系为研究对象,这些内力无须考虑,不必画出,如图 3-9b 所示。

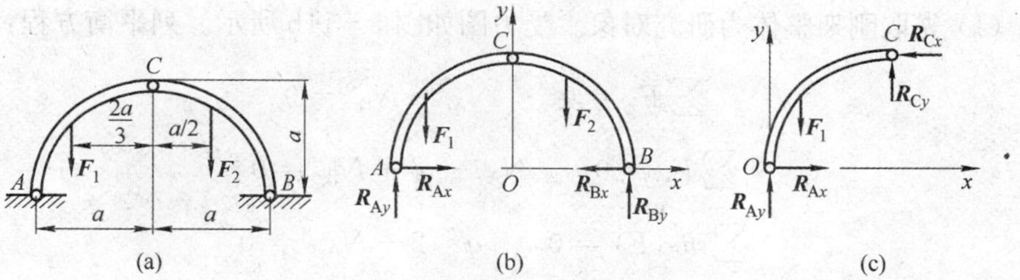

图 3-9　三铰拱

若取物系中某个物体为研究对象时,原来作用在该物体上的内力就成为外力而必须画出,如图 3-9c 所示。当物体系统平衡时,组成该系统的每一个物体都处于平衡状态,因此对于每一个物体,一般可写出三个独立的平衡方程。如有 n 个物体组成,则共有 $3n$ 个独立的平衡方程。如系统中有物体受平面汇交力系或平面平行力系作用时,则系统的平衡方程数目应该减少。当系统中的未知量数目等于独立平衡方程的数目时,则所有未知数都能由平衡方程求出,这样的问题称为静定问题。若未知量的数目多于平衡方程的数目,则未知量不能全部由平衡方程求出,这样的问题称为静不定问题。如图 3-9 所示三铰拱就是静定问题。如图 3-10 所示简支梁和两铰拱都是静不定问题。静不定问题已超出刚体静力学的范围,在此不予讨论。

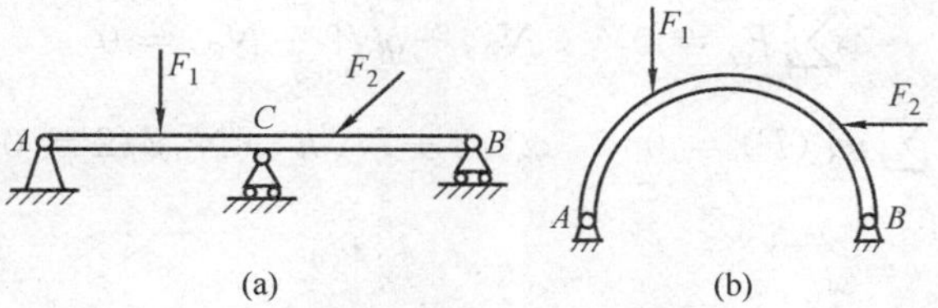

图 3-10　超静定结构

求解物体系统的平衡问题时,可取整个系统为研究对象,也可取部分或单个物体为研究对象,分别列出平衡方程而求解。总的原则是:使每一个平衡方程中的未知量尽可能少,最好是只含有一个未知量。下面通过实例来说明物系平衡问题的解法。

例 3-5　图 3-11a 为一个钢筋混凝土三铰刚架的计算简图,在刚架上受到沿水平方向均匀分布的线荷载 $q=8\ \mathrm{kN/m}$ 作用,刚架高 $h=8\ \mathrm{m}$,跨度 $l=12\ \mathrm{m}$。试求支座 A、B 及铰 C 的约束反力。

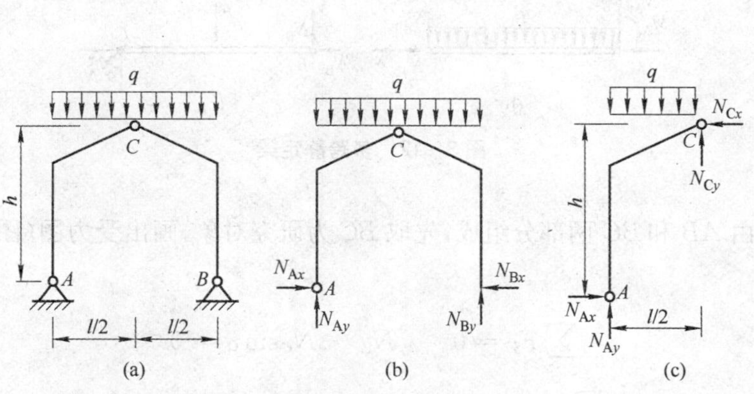

图 3-11　三角刚架

解 (1) 先取刚架整体为研究对象。受力图如图 3 - 11b 所示。列平衡方程：

$$\sum F_x = 0 \qquad N_{Ax} - N_{Bx} = 0 \tag{1}$$

$$\sum F_y = 0 \qquad N_{Ay} - ql + N_{By} = 0 \tag{2}$$

$$\sum m_B(F) = 0 \qquad ql^2/2 - N_{Ay}l = 0 \tag{3}$$

由式(3)解得

$$N_{Ay} = ql/2 = 48\ \text{kN}$$

代入式(2)得

$$N_{By} = ql - N_{Ay} = 48\ \text{kN}$$

由式(1)解得

$$N_{Ax} = N_{Bx}$$

(2) 再取左半刚架为研究对象。受力图如图 3 - 11c 所示。列平衡方程：

$$\sum F_x = 0 \qquad N_{Ax} - N_{Cx} = 0 \tag{4}$$

$$\sum F_y = 0 \qquad N_{Ay} - ql/2 + N_{Cy} = 0 \tag{5}$$

$$\sum m_C(F) = 0 \qquad ql^2/8 + N_{Ax}h - N_{Ay}l/2 = 0 \tag{6}$$

将前面结果代入，得

$$N_{Ax}=18\ \text{kN} \qquad N_{Cx}=N_{Ax}=18\ \text{kN} \qquad N_{Cy}=0$$

例 3 - 6 多跨静定梁 AB 和 BC 用中间铰 B 连接而成，其他支承情况如图 3 - 12 所示。已知 $F=20$ kN，$q=5$ kN/m，$\alpha=45°$，求支座 A、C 及中间铰 B 的约束反力。

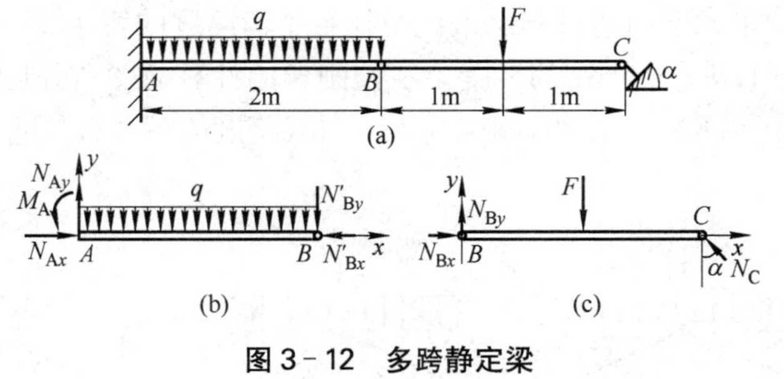

图 3 - 12 多跨静定梁

解 此梁由 AB 和 BC 两部分组成，先取 BC 为研究对象，画出受力图(图 3 - 12c)，列平衡方程：

$$\sum F_x = 0 \qquad N_{Bx} - N_C \sin\alpha = 0$$

$$\sum F_y = 0 \qquad N_{By} - F + N_C \cos\alpha = 0$$

$$\sum M_B(F)=0 \qquad -F\times 1+N_C\cos\alpha\times 2=0$$

解得
$$N_C=\frac{F}{2\cos 45^\circ}=\frac{20}{2\times\frac{\sqrt{2}}{2}}=14.14\text{ kN}$$

$$N_{Bx}=N_C\sin\alpha=14.14\times\frac{\sqrt{2}}{2}=10\text{ kN}$$

$$N_{By}=F-N_C\cos\alpha=10\text{ kN}$$

再取 AB 为研究对象，受力如图 3-12b 所示，列平衡方程：

$$\sum F_x=0 \qquad N_{Ax}-N'_{Bx}=0$$

$$\sum F_y=0 \qquad N_{Ay}-q\times 2-N'_{By}=0$$

$$\sum M_A(F)=0 \qquad M_A-q\frac{2^2}{2}-N'_{By}\times 2=0$$

$$N_{Ax}=N'_{Bx}=10\text{ kN}$$

$$N_{Ay}=2q+N'_{By}=2\times 5+10=20\text{ kN}$$

$$M_A=2q+2N'_{By}=2\times 5+2\times 10=30\text{ kN}\cdot\text{m}$$

例 3-7 图 3-13a 为一台秤简图，BCE 为一整体台面，AOB 为杠杆，CD 杆水平。试求平衡砝码所受的力 P 与被秤物体所受的力 Q 之间的关系。

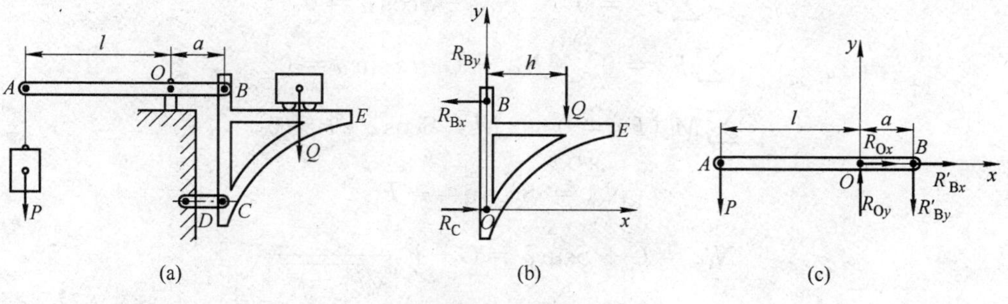

图 3-13 台秤

解 (1) 先取台面 BCE 为研究对象画受力图，如图 3-13b 所示。

(2) 列平衡方程：

$$\sum F_y=0 \qquad R_{By}-Q=0$$

解得
$$R_{By}=Q$$

(3) 再取杠杆 AOB 为研究对象画受力图，如图 3-13c 所示。

(4) 列平衡方程：

$$\sum M_O(F)=0 \qquad -R'_{By}\cdot a+P\cdot l=0$$

解得

$$P=\frac{R'_{By}a}{l}=\frac{Qa}{l}$$

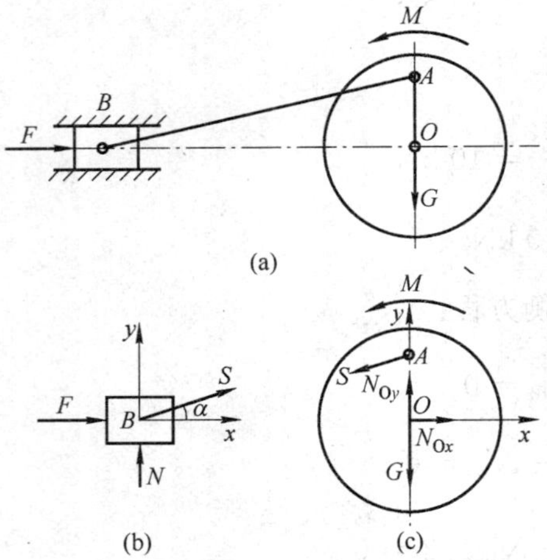

图 3-14　曲柄连杆机构

例 3-8　如图 3-14a 所示曲柄连杆机构由活塞、连杆、曲柄和飞轮组成。已知飞轮重 G，曲柄 OA 长 r，连杆 AB 长 l，当曲柄 OA 在铅垂位置时，系统处于平衡，作用于活塞上的总压力为 F，不计活塞、连杆和曲柄的重量。求作用于轴 O 上的阻力偶矩 M、轴承 O 的反力、连杆所受的力和气缸对于活塞的反力。

解　(1) 首先选活塞为研究对象，受力如图 3-14b 所示，列平衡方程：

$$\sum F_x=0 \qquad F+S\cos\alpha=0$$

$$\sum F_y=0 \qquad N+S\sin\alpha=0$$

解得

$$S=-\frac{F}{\cos\alpha}=-F\frac{l}{\sqrt{l^2-r^2}}$$

$$N=F\tan\alpha=F\frac{r}{\sqrt{l^2-r^2}}$$

计算结果 S 为负值，说明连杆 AB 受压。

(2) 再选飞轮为研究对象，受力如图 3-14c 所示，列平衡方程：

$$\sum F_x=0 \qquad N_{Ox}-S\cos\alpha=0$$

$$\sum F_y=0 \qquad N_{Oy}-G-S\sin\alpha=0$$

$$\sum M_C(F)=0 \qquad M+S\cos\alpha\cdot r=0$$

解得

$$N_{Ox}=S\cos\alpha=-F$$

$$N_{Oy}=G+S\sin\alpha=G-F\frac{r}{\sqrt{l^2-r^2}}$$

$$M=-S\cos\alpha\cdot r=Fr$$

第五节　考虑摩擦时的平衡问题

前面在分析物体受力时，把物体之间的接触面看成是不存在摩擦的光滑面。但在工程实际中，物体接触处总有摩擦存在。如带轮、摩擦制动器均靠摩擦力来进行工作。由于摩擦力的存在，有时会对物体的平衡或运动产生影响，因此本节研究考虑摩擦时的平衡问题。

一、静滑动摩擦力与动滑动摩擦力

由物理学知，互相接触的两个物体，当它们发生相对滑动或有滑动趋势时，在两物体的接触面上，就会出现阻碍彼此滑动的力，称为滑动摩擦力。当两物体未发生相对滑动而仅有相对滑动趋势时，两物体间的摩擦力称为静滑动摩擦力，简称静摩擦力。当两物体相对滑动时，两物体间的摩擦力称为动滑动摩擦力，简称动摩擦力。

为了说明静滑动摩擦力的特性，作一简单实验。

如图 3-15 所示，放在台面上的物体受水平拉力 T 的作用，拉力 T 的大小由砝码的重量决定。拉力有使物体向右滑动的趋势，而台面对物体的摩擦力 F 阻碍它向右滑动。当拉力不大时，物体处于静止平衡，因此摩擦力与拉力大小相等，即 $F=T$。

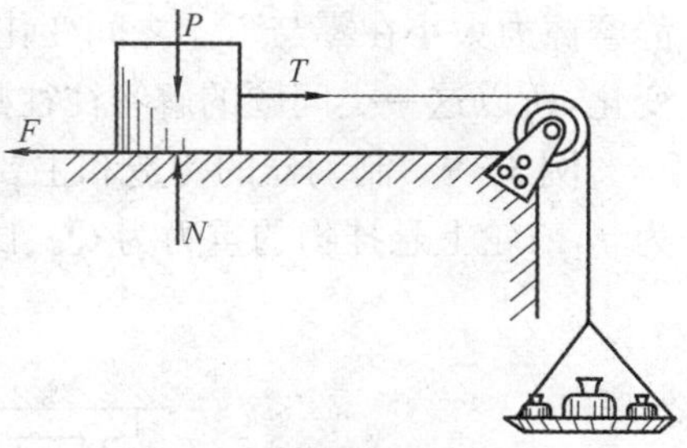

图 3-15 静滑动摩擦力

若逐渐增大拉力，滑动的趋势增大，静摩擦力 F 也相应地增大。当拉力增至某一值时，物体处于将动而未动的状态，称为临界平衡状态或临界状态。此时，摩擦力达到最大值，此后力 T 再增大，静摩擦力不再随之增大。

综上所述可知，静摩擦力的大小随主动力的增大而增大，但介于零和最大值之间。具体值可由平衡方程求得。摩擦力的方向总是与物体接触处相对滑动趋势的方向相反。若以 F_{max} 表示静摩擦力的最大值，则

$$0 \leqslant F \leqslant F_{max} \tag{3-10}$$

大量实验证明：最大静摩擦力的大小与两物体内的正压力（即法向反力）成正比。即

$$F_{max} = fN \tag{3-11}$$

f 为比例常数，称为静摩擦系数（无量纲）。该系数需由实验测定。它与接触物体的材料及表面情况（粗糙度、温度和湿度等）有关，而与接触面积的大小无关。静摩擦系数可从有关工程手册中查到。表 3-1 列出了部分常用材料的摩擦系数。

表 3-1 常用材料的滑动摩擦系数

接触物体的材料	f	f'	接触物体的材料	f	f'
钢与钢	0.15	0.15	钢与青铜	0.15	0.15
铸铁与铸铁	0.16	0.15	皮革与铸铁	0.3—0.5	0.6

对于动摩擦力，通过实验也可得出动摩擦力 F' 与正压力 N 之间的关系，即

$$F' = f'N \tag{3-12}$$

动摩擦力 F' 的大小也与接触面上的正压力（即法向反力）成正比。f' 称为动摩擦系数，它与接触物体的材料和表面情况有关，还与接触物体间相对滑动的速度大小有关。

动摩擦力与静摩擦力不同，它没有变化范围。

总之，考虑摩擦问题时，首先要分清物体是处于静止、临界还是滑动状态，然后选用相应的方法来计算摩擦力。

二、考虑摩擦时的平衡问题

求解有摩擦时物体的平衡问题，其方法和步骤与求解物体或物系平衡时相同，只是在分析和计算时必须考虑摩擦力。画受力图时需注意摩擦力的方向与物体接触处相对运动方向相反。一般情况下，除列出平衡方程外，还须列出补充方程，如临界状态时 $F_{max}=fN$。由于静摩擦力大小在零与 F_{max} 之间变化，因此在考虑摩擦的平衡问题中，主动力也在一定范围内变化，所以这一类问题的解答往往具有一个变化范围。

例 3-9 制动器的构造和主要尺寸如图 3-16a 所示。制动块和鼓轮表面间的摩擦系数为 f，鼓轮上悬挂物的重力为 Q。试求制动鼓轮所必需的最小力 P。

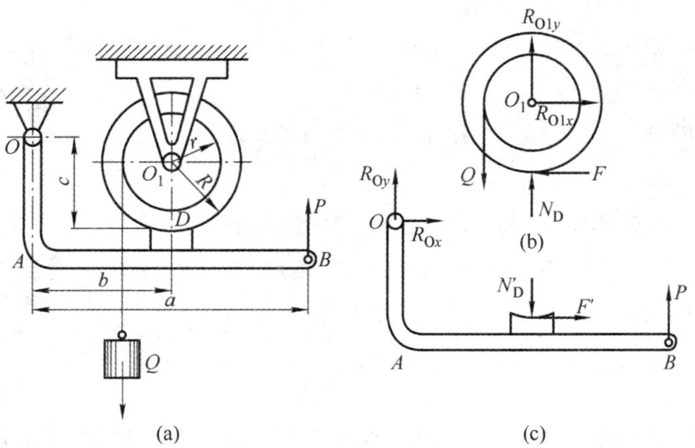

图 3-16 制动器

解 当鼓轮刚能停止转动时，力 P 最小，制动块与鼓轮的摩擦力达到最大值。

(1) 分别取鼓轮和制动杆 OAB 为研究对象并画受力图(图 3-16b、c)。

(2) 分别列平衡方程：

$$\sum M_{O1}(F)=0 \qquad Qr-FR=0 \tag{1}$$

$$\sum M_{O}(F)=0 \qquad P_{min}\cdot a+F'\cdot c-N'_{D}\cdot b=0 \tag{2}$$

考虑平衡的临界情况，列补充方程

$$F=F_{max}=fN_{D} \tag{3}$$

由式(1)、式(2)和式(3)可解得制动鼓轮所需的最小力

$$P_{min}=\frac{Qr}{aR}\left(\frac{b}{f}-C\right)$$

例 3-10 如图 3-17a 所示，将重为 G 的物块放在斜面上，斜面的倾角 α 大于接触面的静摩擦角 φ，已知静摩擦系数 f，求使物块静止于斜面上时，水平推力 Q 的大小。

解 若 Q 力太小，物体将向下滑动，但如 Q 力太大，物体又将向上滑动。

(1) 求使物体不致下滑的力 Q 的最小值：由于滑块有向下滑动的趋势，所以摩擦力应沿斜面向上并达到最大值，物体的受力图如图 3-17b 所示，列平衡方程：

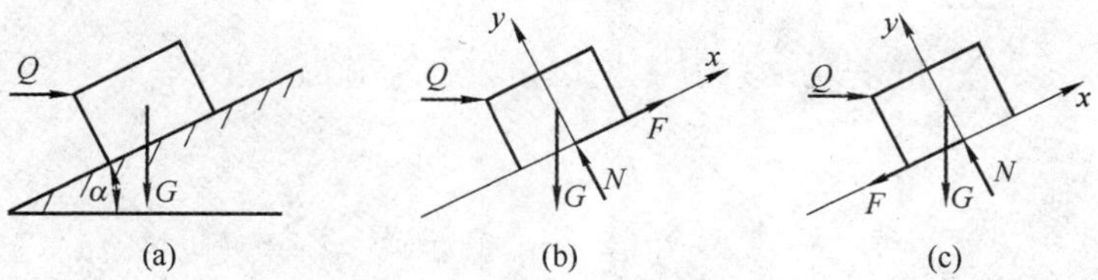

图 3-17　斜面上静止的物块

$$\sum F_x = 0 \qquad Q\cos\alpha - G\sin\alpha + F = 0$$

$$\sum F_y = 0 \qquad N - G\cos\alpha - Q\sin\alpha = 0$$

考虑临界状态,列补充方程　$F = fN$

解得　$Q_{\min} = G\dfrac{\sin\alpha - f\cos\alpha}{\cos\alpha + f\sin\alpha}$

(2) 求使物体不致上滑的力 Q 的最大值,此时摩擦力沿斜面向下并达到最大值,受力图如图 3-17c 所示,列平衡方程:

$$\sum F_x = 0 \qquad Q\cos\alpha - G\sin\alpha - F = 0$$

$$\sum F_y = 0 \qquad N - G\cos\alpha - Q\sin\alpha = 0$$

$$F = fN$$

解得　$Q_{\max} = G\dfrac{\sin\alpha + f\cos\alpha}{\cos\alpha - f\sin\alpha}$

可见,当 Q 在下列范围内变化时,物体可以静止在斜面上。即

$$G\frac{\sin\alpha - f\cos\alpha}{\cos\alpha + f\sin\alpha} \leqslant Q \leqslant G\frac{\sin\alpha + f\cos\alpha}{\cos\alpha - f\sin\alpha}$$

例 3-11　如图 3-18 所示物体重为 $G = 800$ N,放置在与水平面成 20°的斜面上,物体与斜面间的摩擦系数 $f = 0.3$,该物体受一水平力 $F = 200$ N 的力作用,问此物体是否发生滑动;如有滑动,其方向是向上还是向下,如无滑动,则静摩擦力的大小和方向如何?

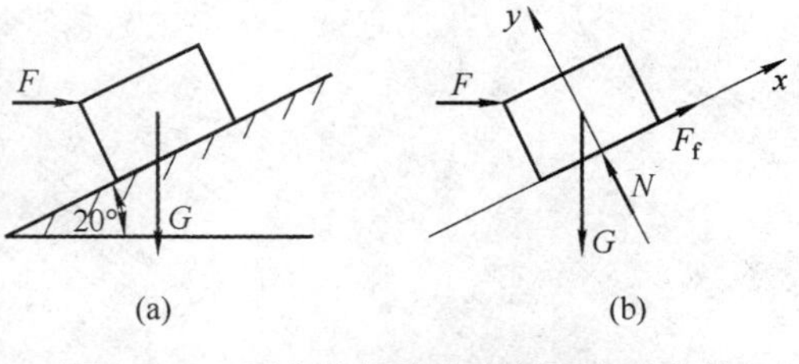

图 3-18　受力作用静止在斜面上的物块

解　先假设摩擦力不存在,如图 3-18a 所示:

$$\sum F_x = F\cos 20° - G\sin 20° = 200\cos 20° - 800\sin 20° = -85.6\ \text{N} < 0$$

这说明物体在力 G、F、N 的作用下不能保持平衡,将沿斜面向下滑动,由此确定出摩擦力的方向为沿斜面向上,至于此摩擦力的大小可由平衡关系求出。画出受力图(图 3-18b),列平衡方程:

$$\sum F_x = 0 \qquad F_f + 200\cos 20° - 800\sin 20° = 0 \tag{1}$$

$$\sum F_y = 0 \qquad N - 200\sin 20° - 800\cos 20° = 0 \tag{2}$$

$$F_{fmax} = fN \tag{3}$$

由式(2)解得 $N = 820.4\ \text{N}$

将结果代入式(3)得

$$F_{fmax} = fN = 0.3 \times 820.4 = 246\ \text{N}$$

与式(1)结果 $F_f = 85.6$ N 比较，可知该物体处于静止，且有向下滑动趋势，此时摩擦力为 $F_f = 85.6$ N。

思考与练习

1. 如图 3-19 所示，一力 P 作用在 A 点，试求作用在 B 点与力 P 等效的力和力偶。

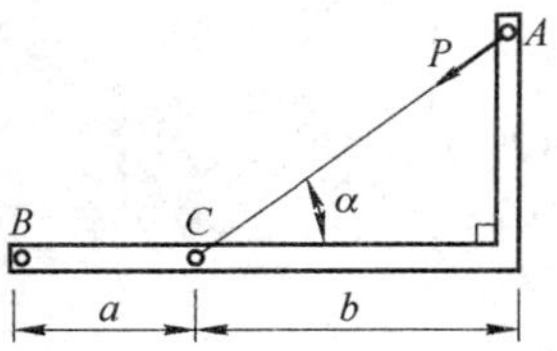

图 3-19 求作 B 点的力和力偶

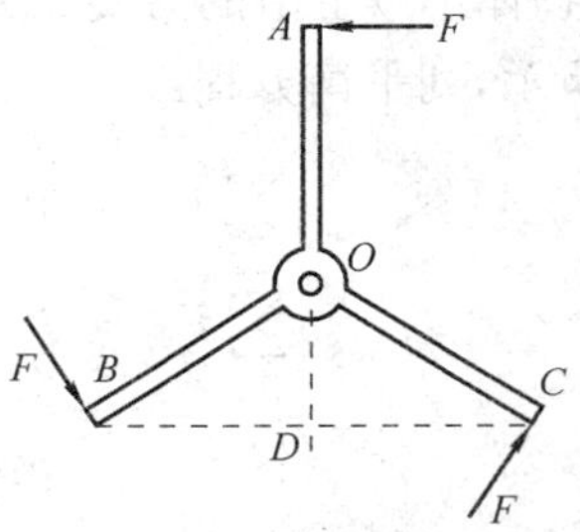

图 3-20 绞盘结构

2. 如图 3-20 所示，一绞盘有 3 个等长的柄，长度为 l，其间夹角均为 120°，每个柄端各作用一垂直于柄的力 F。试求：①该力系向中心点 O 简化的结果；②该力系向 BC 连线的中点 D 简化的结果。这两个结果说明什么问题？

3. 梁 AB 的受力及支承情况如图 3-21 所示。为求出此梁的支座反力，能否列出四个平衡方程将四个反力 N_{Ax}、N_{Ay}、N_{Bx} 和 N_{By} 都求出？

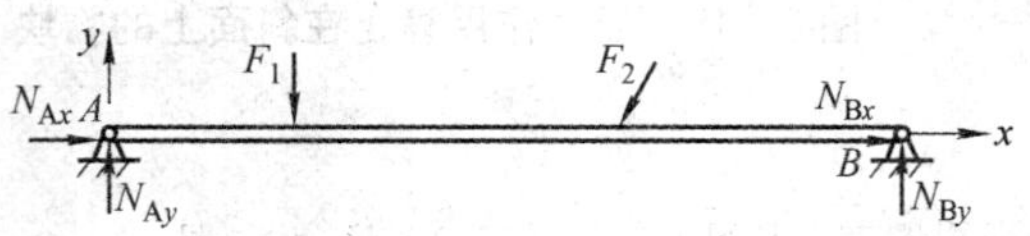

图 3-21 简支梁受力

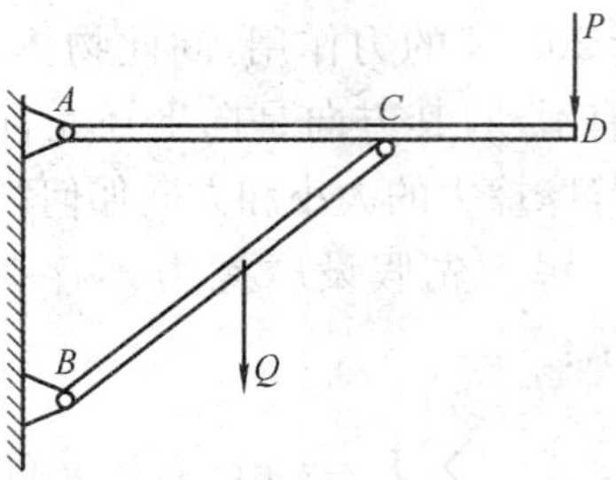

图 3-22 支架受力

4. 试从平面一般力系的平衡方程推导出平面汇交力系的平衡方程。

5. 如图 3-22 所示，物体系统处于平衡状态，若欲求解各支座的约束反力，研究对象应怎样选取？分别画出 BC 杆、AD 杆及整体的受力图。

6. 如图 3－23 所示，物体系统处于平衡状态。①分别画出 AC、CD、DF 及整体的受力图；②若求各支座的约束反力，研究对象应怎样选取？

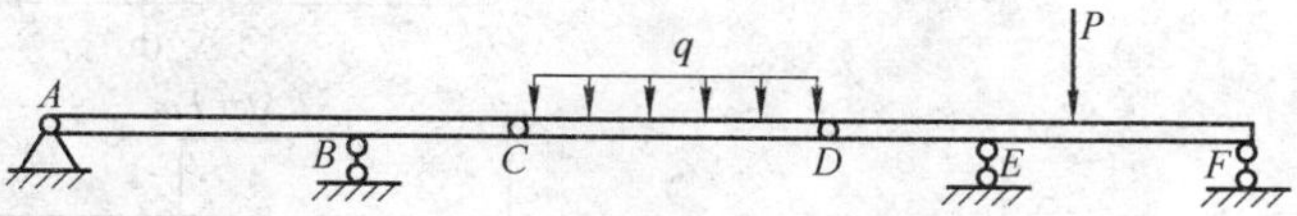

图 3－23　多跨静定梁受力

7. 如图 3－24a 所示简支梁，在求解支座反力时，可否先将三个力合成为一个合力，然后求解？如图 3－24b 所示铰接刚架，在求解支座反力时，可否用同样的方法，为什么？

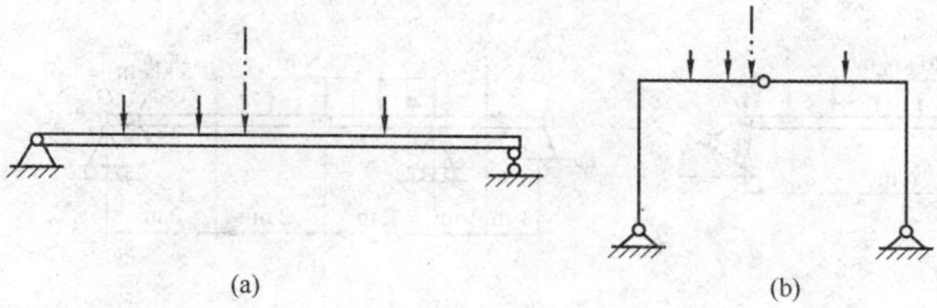

图 3－24　力的合成

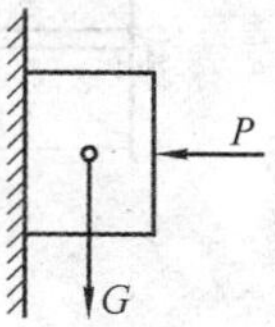

图 3－25　求摩擦力

8. 物体放在粗糙的桌面上，是否一定会受到摩擦力的作用？

9. 如图 3－25 所示，物块重量 $G=80$ N，用水平力 P 将其压在铅垂墙上。已知 $P=400$ N，物块与墙间的摩擦系数 $f=0.25$，求摩擦力 F 的大小。

10. 如图 3－26 所示，物块接触面间的静摩擦系数 $f=0.2$，试分析各物体的运动状态，并求摩擦力的大小和方向。

11. A 和 B 两物体叠放在粗糙的水平面上，如图 3－27 所示。设 A 和 B 间的最大静摩擦力为 F_1，B 物体与水平面间的最大静摩擦力为 F_2，在物体 A 上加一水平力 P，若：①$P<F_1<F_2$；②$F_1<P<F_2$，则 A 和 B 两物体各作什么运动，还有其他的情况吗？

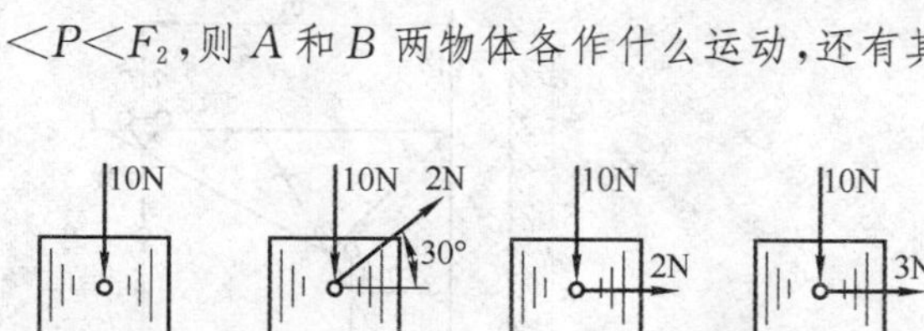

图 3－26　求各种状态摩擦力

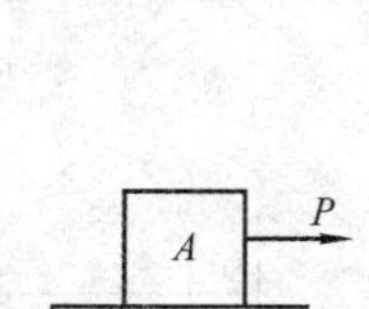

图 3－27　叠放的两物体

12. 求图 3－28 中各梁的约束反力（力的单位为 N，长度单位为 m）。

13. 多跨静定梁的载荷及尺寸如图 3－29 所示，长度单位为 m，求图 a 和 b 中支座反力和中间铰的约束反力；求图 c 中支座 B 及杆 1 和杆 2 所受的力。

14. 平面结构如图 3－30 所示，$AB=800$ mm，$OA=400$ mm，重物重 $G=2\ 000$ N，不计摩擦及绳子、杆件和滑轮的重量，滑轮半径为 200 mm，试求铰链 A 和绳索 BC 的约束反力。

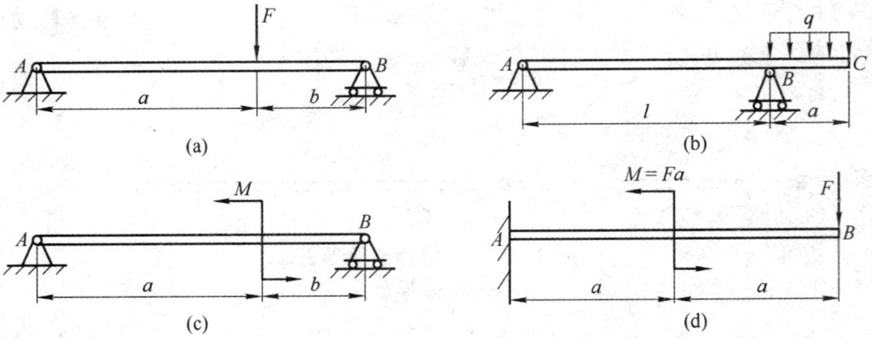

图 3-28 求各梁的约束反力

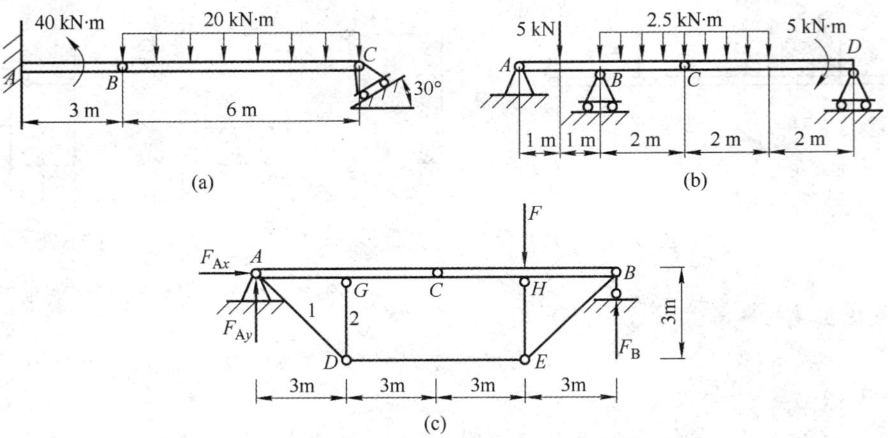

图 3-29 多跨静定梁

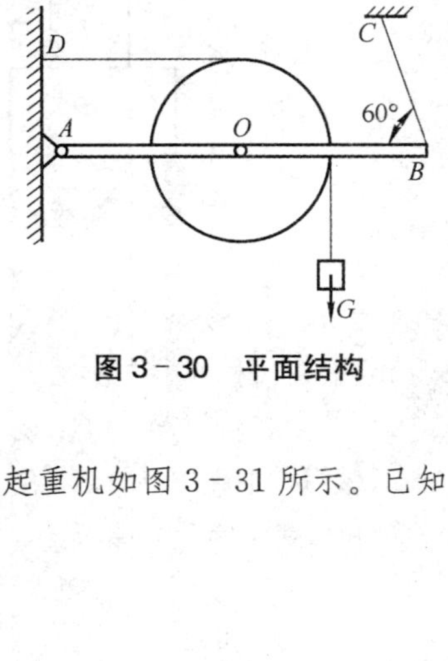

图 3-30 平面结构

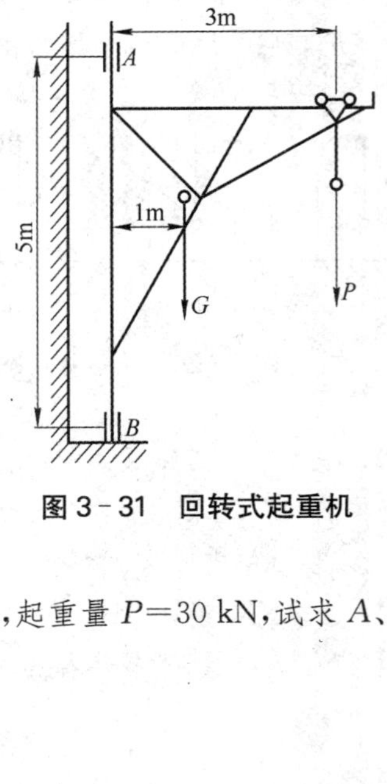

图 3-31 回转式起重机

15. 回转式起重机如图 3-31 所示。已知自重 $G=20\text{ kN}$，起重量 $P=30\text{ kN}$，试求 A、B 两支座的反力。

16. 如图 3－32 所示移动式起重机，若不计平衡锤重时机身重 $G=500\ kN$，作用于离右轨1.5 m处。起重机和跑车的起重量 $G_1=250\ kN$，突臂伸出离右轨 10 m。欲使跑车满载或空载时在任何位置，起重机均不致翻倒，求平衡锤的最小重量 G_2 以及平衡锤到左轨的最大距离 x。

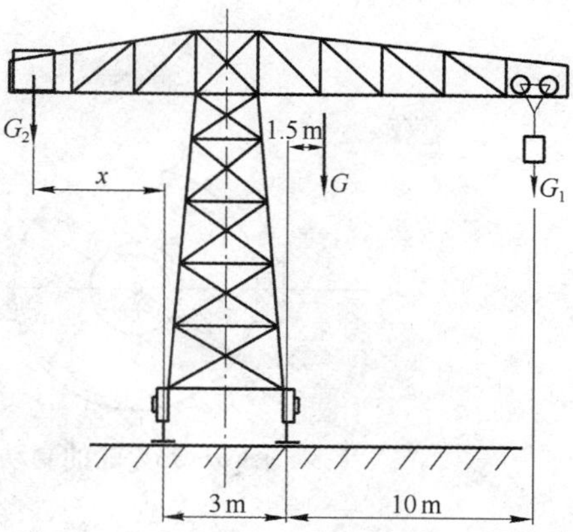

图 3－32　移动式起重机

17. 悬重 $G=4\ kN$，滑轮直径 $d=0.3\ m$，其他尺寸如图 3－33 所示，试分别求图 a、b、c 三种情况下，立柱固定端 A 处的支座反力。

18. 支承结构由 AB、BC 和 CD 三部分组成，所受荷载及尺寸如图 3－34 所示，各部分自重不计，求 A、D 铰和 E 处的约束反力。

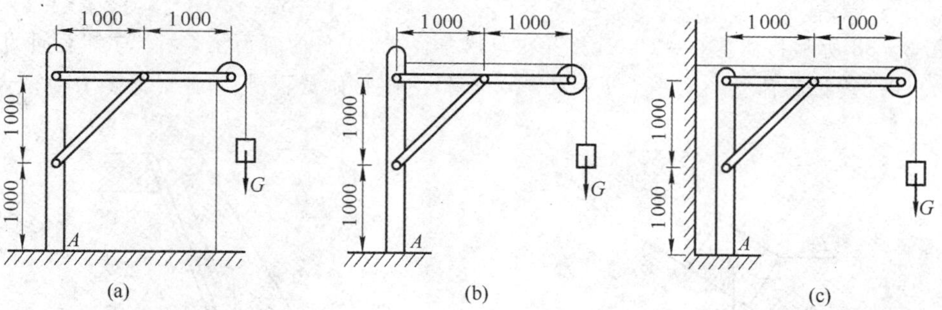

图 3－33　立柱机构

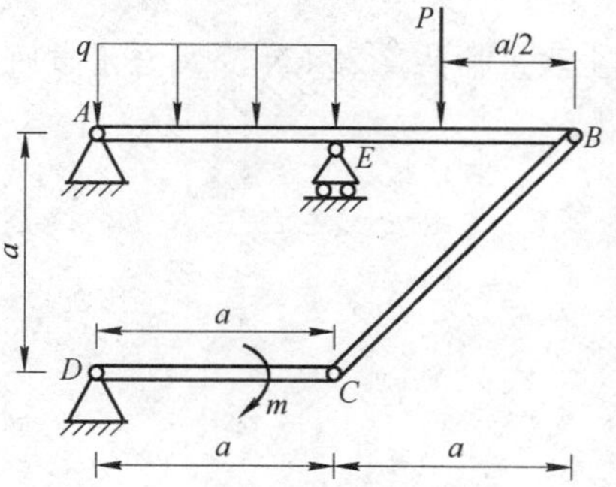

图 3－34　支承结构

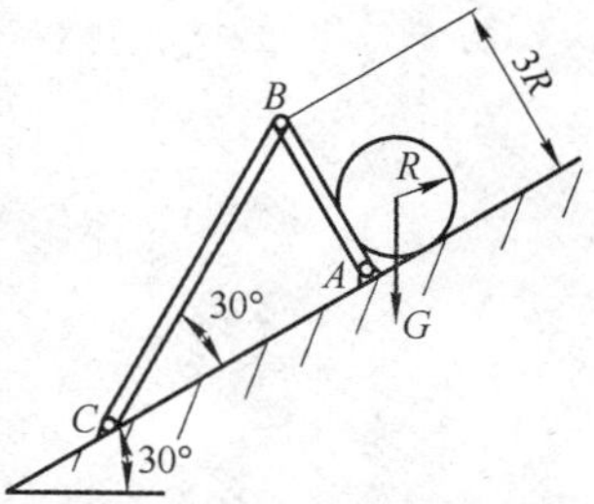

图 3－35　圆柱的支承

19. 用支架 ABC 承托斜面上的圆球，球重 $G=1\ 000\ N$，如图 3－35 所示，若不计各种摩擦，试求 BC 杆所受的力及铰链 A 所受的力。

20. 如图 3－36 所示，在轴上作用着一个力偶，力偶矩 $m=1\ kN\cdot m$。轴上固连着直径 $d=0.5\ m$ 的制动轮，轮缘与制动块间的静摩擦系数 $f=0.25$，问制动块应对制动轮加多大的压力 Q，才能使轴不转动？

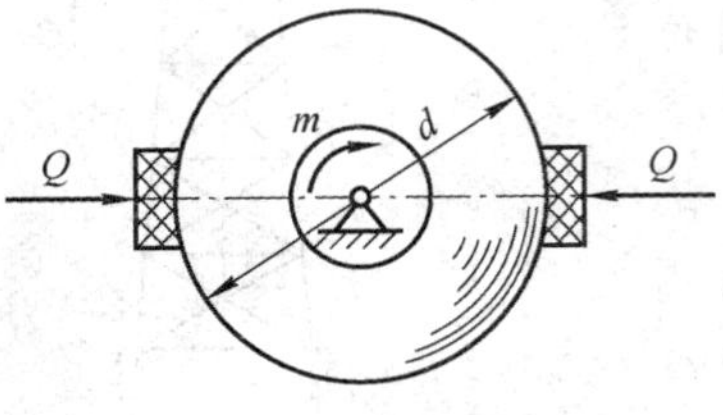

图 3-36　轮的制动

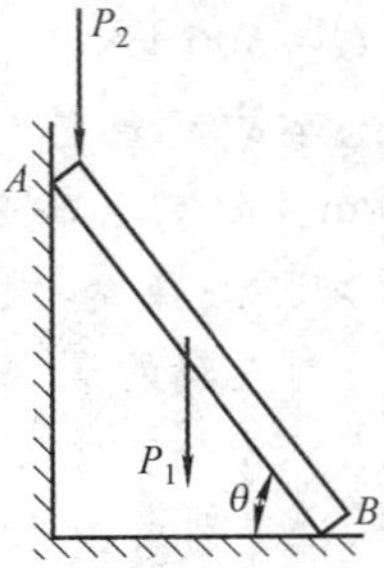

图 3-37　梯子

21. 如图 3-37 所示，一均质梯子长为 l，重为 $P_1=200$ N，今有一人重 $P_2=600$ N，试问此人若要爬到梯顶而梯不致滑倒，则梯子与地面间的静摩擦因数 f_B 至少应该多大？已知梯子与墙面间的静摩擦因数 $f_A=\dfrac{1}{3}$，梯子与地面间的夹角为 $\theta=\arctan\dfrac{4}{3}$。

22. 如图 3-38 所示物体重 $G=1$ kN，放置在与水平面成 30°角的斜面上，物体与斜面间的摩擦系数 $f=0.3$。该物体受一水平力 $F=200$ N 作用，问此物体是否滑动，此时摩擦力为多大？

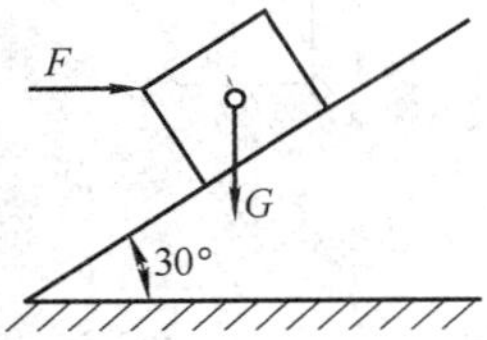

图 3-38　斜面上放置的物块

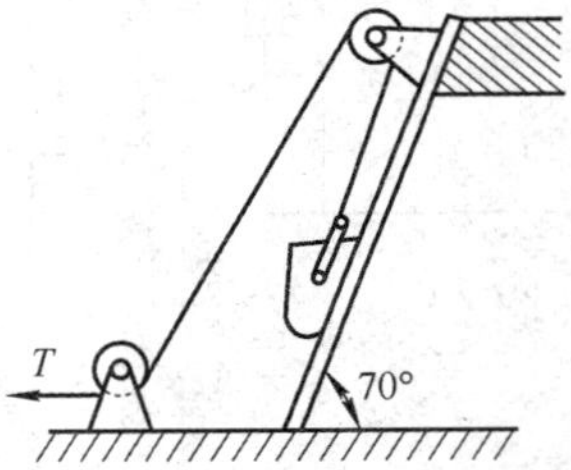

图 3-39　混凝土吊桶装置

23. 简易升降混凝土吊桶装置如图 3-39 所示，混凝土和吊桶共重 25 kN，吊桶与滑道间的摩擦系数为 0.3，分别求出重物上升和下降时绳子的拉力。

第四章　空间力系

【学习目标】

1. 理解力在空间直角坐标轴上的投影、力对轴之矩的概念。
2. 掌握空间力的投影计算方法。
3. 利用平衡条件及平衡方程求解空间力系的平衡问题。

第一节　空间力系的概念

各力作用线不在同一平面内的力系称为空间力系。当空间各力的作用线汇交于一点时，称为空间汇交力系，如图 4－1a 所示；当空间各力作用线相互平行时，称为空间平行力系，如图 4－1b 所示；当各力作用线既不平行又不相交时，则称为空间一般力系，如图 4－1c 所示。

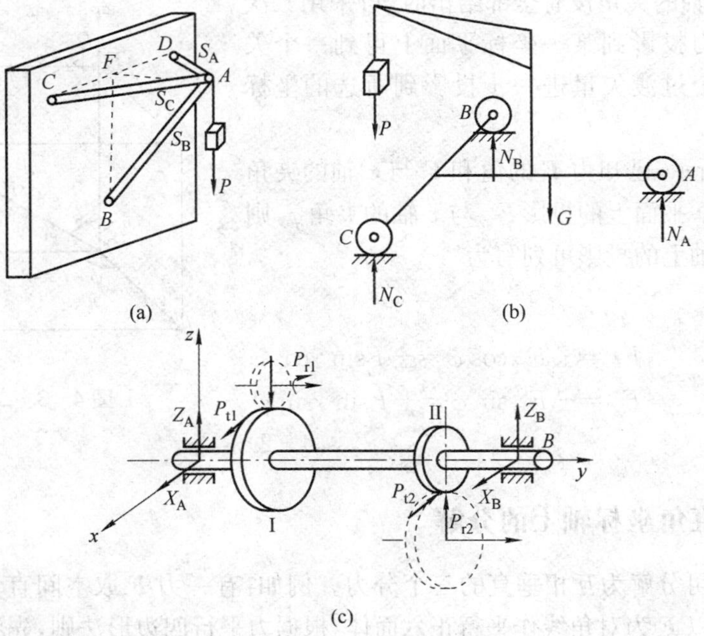

图 4－1　空间力系实例

第二节　力在空间直角坐标轴上的投影和分解

一、力在空间直角坐标轴上的投影

1. 直接投影法

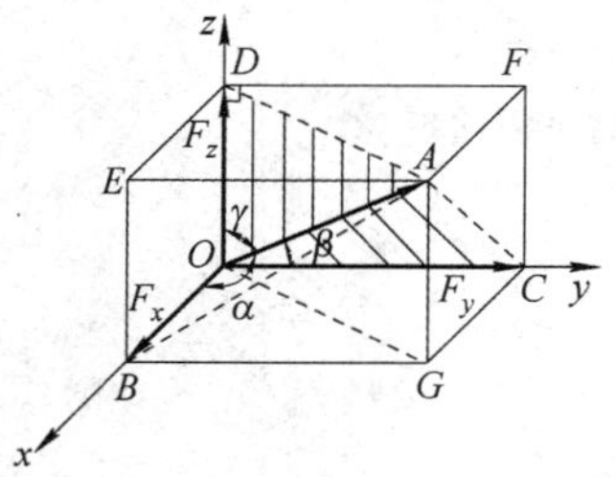

图 4-2　直接投影法

力在空间直角坐标轴上的投影定义与在平面力系中的定义相同。若已知力与轴的夹角，就可以直接求出力在轴上的投影，这种求解方法称为直接投影法。

设空间直角坐标系的三个坐标轴如图 4-2 所示，已知力 $\boldsymbol{F}$ 与三轴间的夹角分别为 α、β、γ，则力在轴上的投影为

$$\left.\begin{aligned} F_x &= \pm F\cos\alpha \\ F_y &= \pm F\cos\beta \\ F_z &= \pm F\cos\gamma \end{aligned}\right\} \tag{4-1}$$

力在轴上的投影为代数量，其正负号规定：从力的起点到终点若投影后的趋向与坐标轴正向相同，力的投影为正；反之为负。而力沿坐标轴分解所得的分量则为矢量，虽然两者大小相同，但性质不同。

2. 二次投影法

当力与坐标轴的夹角没有全部给出时，可采用二次投影法，即先将力投影到某一坐标平面上得到一个矢量，然后再将这个过渡矢量进一步投影到所选的坐标轴上。

如图 4-3 所示，已知力 $\boldsymbol{F}$ 的值和 $\boldsymbol{F}$ 与 z 轴的夹角 γ，以及力 $\boldsymbol{F}$ 在 xy 平面上的投影 F_{xy} 与 x 轴的夹角 φ，则 $\boldsymbol{F}$ 在 x、y、z 三轴上的投影可列写为

$$F \Rightarrow \begin{cases} F_z = \pm F\cos\gamma \\ F_{xy} = F\sin\gamma \Rightarrow \begin{cases} F_x = \pm F_{xy}\cos\varphi = \pm F\sin\gamma\cos\varphi \\ F_y = \pm F_{xy}\sin\varphi = \pm F\sin\gamma\sin\varphi \end{cases} \end{cases} \tag{4-2}$$

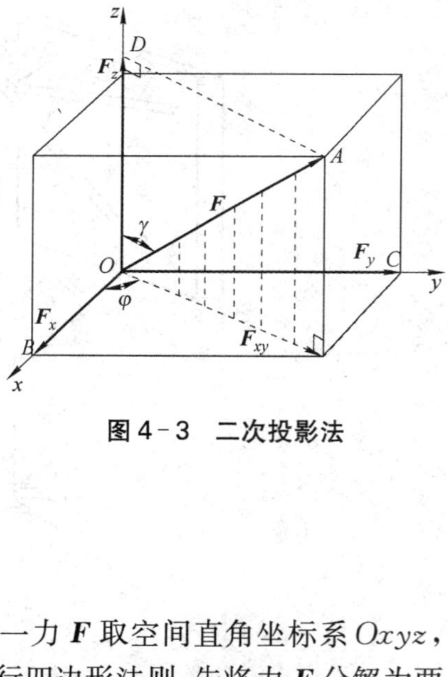

图 4-3　二次投影法

二、力在空间直角坐标轴上的分解

空间一个力可分解为互相垂直的三个分力。例如：有一力 $\boldsymbol{F}$ 取空间直角坐标系 $Oxyz$，如图 4-3 所示，以 $\boldsymbol{F}$ 为对角线作平行正六面体，根据力平行四边形法则，先将力 $\boldsymbol{F}$ 分解为两个分力，即沿 z 轴方向的分力 $\boldsymbol{F}_z$ 和垂直于 z 轴平面内的分力 $\boldsymbol{F}_{xy}$。然后进一步将 $\boldsymbol{F}_{xy}$ 分解为沿 x 轴方向的分力 $\boldsymbol{F}_x$ 和沿 y 轴方向的 $\boldsymbol{F}_y$。三个分力 $\boldsymbol{F}_x$、$\boldsymbol{F}_y$ 和 $\boldsymbol{F}_z$ 的大小分别等于力 $\boldsymbol{F}$ 在 x、y、z 轴上的投影的绝对值。力投影的正负表示分力的方向。

例 4-1 如图 4-4 所示，一圆柱斜齿轮传动时受到啮合力 F 的作用，若已知 $F=7\ \text{kN}$，$\alpha=20°$，$\beta=15°$，求 F 沿坐标轴的投影。

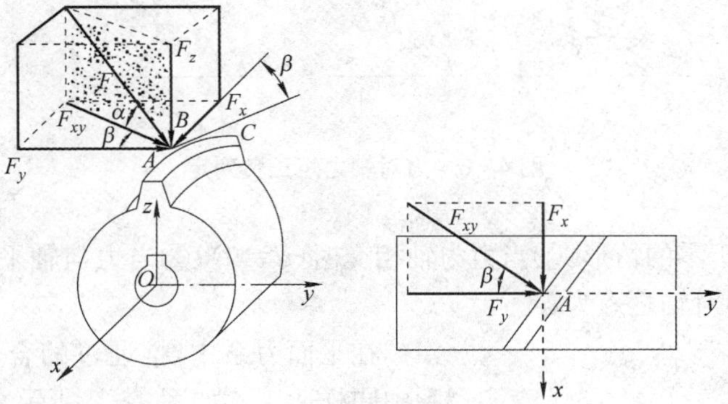

图 4-4 圆柱斜齿轮

解 从以力 F 为对角线的正六面体中可得：

径向力 $F_z=-F\sin\alpha=-2.39\ \text{kN}$

轴向力 $F_x=F_{xy}\sin\beta=F\cos\alpha\sin\beta=1.70\ \text{kN}$

切向力 $F_y=F_{xy}\cos\beta=F\cos\alpha\cos\beta=6.35\ \text{kN}$

第三节 力对轴之矩

在工程实际中，经常遇到刚体绕定轴转动的情形，为了度量力使物体绕定轴转动的效果，引入力对轴之矩的概念。

如图 4-5 所示，可把推门的力 F 分解为平行于 z 轴的分力 F_z 和垂直于 z 轴平面内的分力 F_{xy}。由经验可知，分力 F_z 不能使静止的门转动，力 F_z 对 z 轴的力矩为零，只有分力 F_{xy} 才能使静止的门绕 z 轴转动。现用符号 $M_z(F)$ 表示力 F 对 z 轴之矩。点 O 为 F_{xy} 所在平面与 z 轴的交点，d 为点 O 到 F_{xy} 作用线的距离，即

$$M_z(F)=M_z(F_{xy})=M_O(F_{xy})=\pm F_{xy}\cdot d \quad (4-3)$$

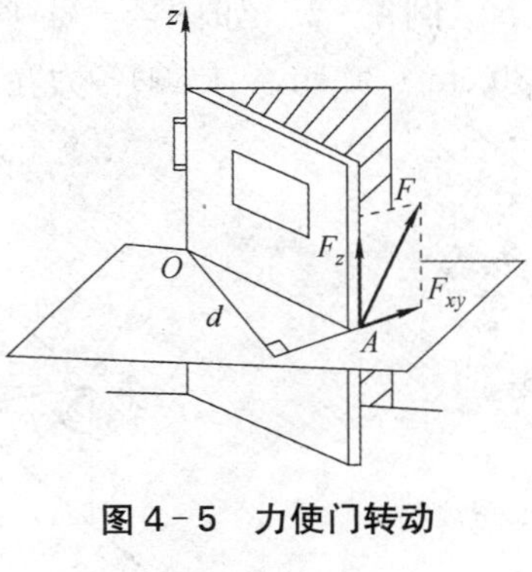

图 4-5 力使门转动

式(4-3)表明：空间力对轴之矩等于此力在垂直于该轴平面上的分力对该轴与此平面交点 O 之矩。

力对轴之矩的单位是 N·m，它是一个代数量，正负号可用右手螺旋法则来判定。如图4-6 所示，用右手握住转轴，四指与力矩转动方向一致，若拇指指向与转轴正向一致时力矩为正；反之为负。也可从转轴正端看去，逆时针转向的力矩为正，顺时针转向的力矩为负。

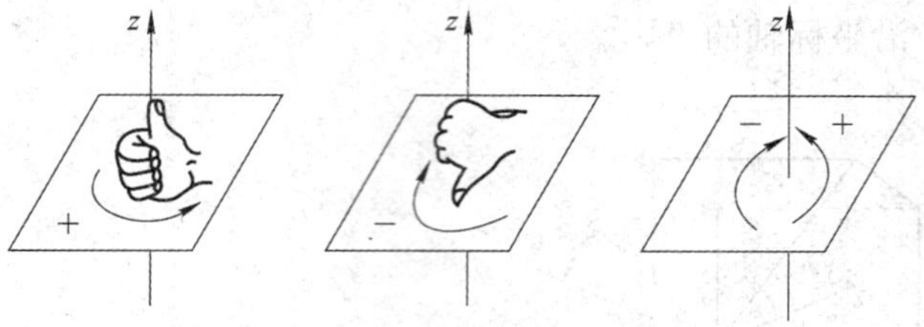

图 4-6　力对轴之矩正负判定

力对轴之矩等于零的情形：①当力与轴相交时（$d=0$）；②当力与轴平行时（$F_{xy}=0$）。即当力与轴共面时，力对轴之矩为零。

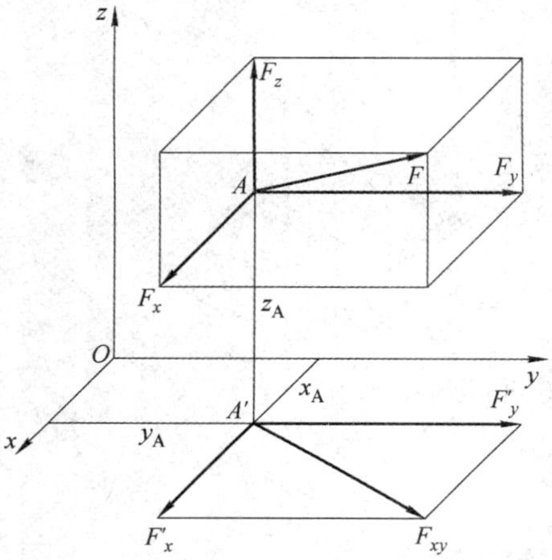

图 4-7　合力矩定理

在平面力系中，推证过的合力矩定理在空间力系中同样适用。如图 4-7 所示合力 F 对某轴（如 z 轴）的力矩等于各分力在 x、y、z 三个坐标轴方向的分力 F_x、F_y 和 F_z 对同轴之矩的代数和，即

$$M_z(F)=M_z(F_x)+M_z(F_y)+M_z(F_z)$$

因分力 F_z 平行于 z 轴，故 $M_z(F_z)=0$，于是

$$M_z(F)=M_z(F_x)+M_z(F_y)=F_y x_A-F_x y_A$$

同理亦可求出力 F 对其他二轴之矩 $M_x(F)$、$M_y(F)$。

因此有

$$\left.\begin{aligned}M_x(F)&=F_z y_A-F_y z_A\\M_y(F)&=F_x z_A-F_z x_A\\M_z(F)&=F_y x_A-F_x y_A\end{aligned}\right\}\qquad(4-4)$$

式(4-4)称为合力矩定理。应用此式时，要注意力矩的正负。

例 4-2　如图 4-8a 所示，已知各力的值均等于 100 N，六面体的规格为 40 cm×30 cm×30 cm。求：①各力在 x、y、z 轴上的投影；②力 F_3 对 x、y、z 轴之矩。

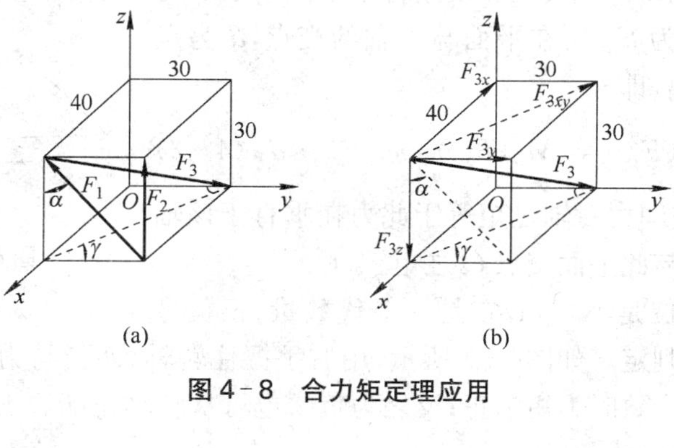

图 4-8　合力矩定理应用

解　(1) 计算投影。

①F_1：

$$F_{1x}=0$$

$$F_{1y}=-F\sin\alpha=-100\cdot\frac{\sqrt{2}}{2}=-50\sqrt{2}=-70.7\ \text{N}$$

$$F_{1z}=F\cos\alpha=100\cdot\frac{\sqrt{2}}{2}=50\sqrt{2}=70.7\ \text{N}$$

②F_2：

$$F_{2x}=0\qquad F_{2y}=0\qquad F_{2z}=F_2=100\ \text{N}$$

③F_3：

$$F_{3x}=-F_3\cos\beta\sin\gamma=-100\frac{5}{\sqrt{34}}\cdot\frac{4}{5}=-68.6\ \text{N}$$

$$F_{3y}=F_3\cos\beta\cos\gamma=100\frac{5}{\sqrt{34}}\cdot\frac{3}{5}=51.5\ \text{N}$$

$$F_{3z}=-F_3\sin\beta=-100\frac{3}{\sqrt{34}}=-51.5\ \text{N}$$

(2) 计算力对轴之矩。

先将力 F_3 在作用点处沿 x、y、z 方向分解，得到三个分量 F_{3x}、F_{3y}、F_{3z}，如图 4-8b 所示，它们的大小分别等于投影 F_{3x}、F_{3y}、F_{3z}的大小。

根据合力矩定理，可求得力 F_3 对指定的 x、y、z 三轴之矩如下：

$$M_x(F_3)=M_x(F_{3x})+M_x(F_{3y})+M_x(F_{3z})=0-F_{3y}\times0.3+0=-15.4\ \text{N}\cdot\text{m}$$

$$M_y(F_3)=M_x(F_{3x})+M_x(F_{3y})+M_x(F_{3z})=-F_{3x}\times0.3+0+F_{3z}\times0.4=0$$

$$M_z(F_3)=M_z(F_{3x})+M_z(F_{3y})+M_z(F_{3z})=0+F_{3y}\times0.4+0=20.6\ \text{N}\cdot\text{m}$$

第四节　空间力系的平衡

空间受力运动的物体可能有以下几种运动情况，如图 4-9 所示，即沿 x、y、z 轴方向的移动和绕x、y、z 轴的转动(六个自由度)。

如果该物体平衡，既不能沿 x、y、z 三轴方向移动，也不能绕 x、y、z 三轴转动。若物体沿 x 轴方向不能移动，则此空间力系的各力在 x 轴上投影的代数和为零，即 $\sum F_x=0$；同理，如物体沿 y、z 轴方向不能移动，则力系中各力在 y、z 轴上投影的代数和也必为零，即 $\sum F_y=0$，$\sum F_z=0$。若物体不绕 x 轴转动，则空间力系中各力对 x 轴之矩的代数和为零，即 $\sum M_x(F)=0$；同理，若物体不绕 y、z 轴转动，则空间力系中各力对 y、z 轴之矩的代数和也必为零，即 $\sum M_y(F)=0$，$\sum M_z(F)=0$。由此得到空间任意力系的平衡方程为

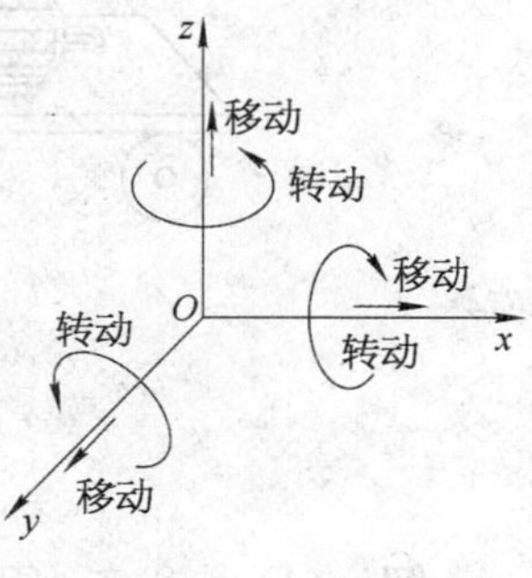

图 4-9　空间运动物体的自由度

$$\left.\begin{aligned}\sum F_x &= 0\\ \sum M_x(F) &= 0\\ \sum F_y &= 0\\ \sum M_y(F) &= 0\\ \sum F_z &= 0\\ \sum M_z(F) &= 0\end{aligned}\right\} \tag{4-5}$$

空间一般力系平衡的充分必要条件是：所有各力在三个坐标轴中每个轴上投影的代数和等于零，以及这些力对于每一个坐标轴的力矩的代数和也等于零。

空间汇交力系和空间平行力系是空间一般力系的特殊情况，它们的平衡方程读者可自行推证。

空间汇交力系的平衡方程为

$$\left.\begin{aligned}\sum F_x &= 0\\ \sum F_y &= 0\\ \sum F_z &= 0\end{aligned}\right\} \tag{4-6}$$

空间平行力系的平衡方程为

$$\left.\begin{aligned}&\sum F_z = 0 \quad (z\text{ 轴与力系平行})\\ &\sum M_x(F) = 0\\ &\sum M_y(F) = 0\end{aligned}\right\} \tag{4-7}$$

例 4-3 如图 4-10a 所示三轮推车中，已知：$AH = HB = 0.5\,\text{m}$，$CH = 1.5\,\text{m}$，$EF = 0.3\,\text{m}$，$ED = 0.5\,\text{m}$，载重 $G = 1.5\,\text{kN}$。试求地面对 A、B、C 三轮的压力。

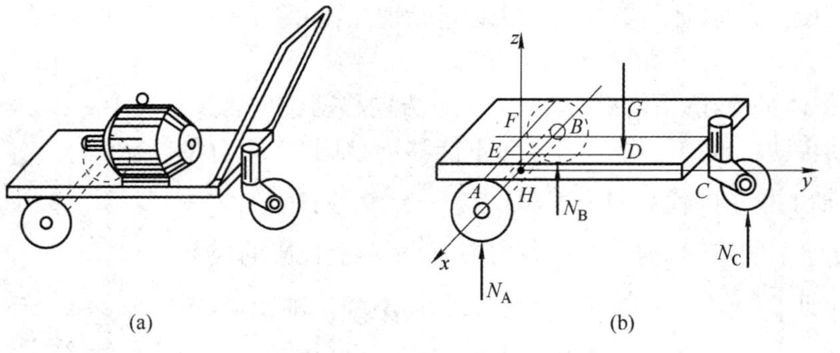

图 4-10 三轮推车

解 (1) 取小车为研究对象，并画出其受力图，如图 4-10b 所示，重力 G 与三轮所受地面反力 N_A、N_B、N_C 构成空间平行力系。

(2) 选取坐标系 $Hxyz$(点 H 为坐标原点)。

(3) 列平衡方程：

$$\sum M_x(F)=0 \qquad N_C\cdot CH-G\cdot ED=0$$

$$\sum M_y(F)=0 \qquad G\cdot EF+N_B\cdot HB-N_A\cdot AH=0$$

$$\sum F_z=0 \qquad N_A+N_B+N_C-G=0$$

解得

$$N_A=0.95\ \text{kN} \qquad N_B=0.05\ \text{kN} \qquad N_C=0.5\ \text{kN}$$

例 4-4 某传动轴如图 4-11a 所示。已知皮带拉力 $T=5$ kN，$t=2$ kN，带轮直径 $D=160$ mm，齿轮分度圆直径为 $d=100$ mm，压力角（齿轮啮合力与分度圆切线间夹角）$\alpha=20°$，求齿轮圆周力 F_t、径向力 F_r 和轴承的约束反力。

解 取传动轴为研究对象，画出受力图如图 4-11a 所示。由图可知，传动轴共受八个力作用，为空间任意力系。对于空间力系的解法有两种：一是直接应用空间力系的平衡方程求解，如例 4-3；二是将空间力系转化为平面力系求解，即把空间的受力图投影到三个坐标平面内，画出主视、俯视、侧视三个方向的受力图。按平面力系讨论，分别列出它们的平衡方程，同样可解出所求的未知量。本法特别适用于解决轮轴类零件的空间受力平衡问题。本题用两种方法分别求解。

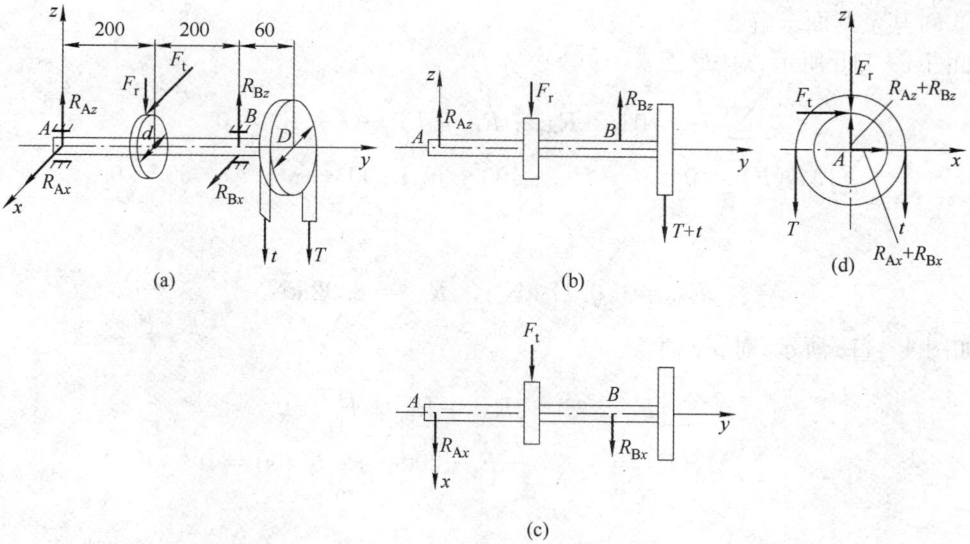

图 4-11 传动轴

方法一 如图 4-11a 所示，由式(4-5)可写出平衡方程：

$$\sum F_x=0 \qquad R_{Ax}+R_{Bx}+F_t=0$$

$$\sum F_z=0 \qquad R_{Az}+R_{Bz}-F_r-(t+T)=0$$

$$\sum M_x(F)=0 \qquad -F_r\cdot 200+R_{Bz}\cdot 400-(t+T)\cdot 460=0$$

$$\sum M_y(F)=0 \qquad -(T-t)\cdot\frac{D}{2}+F_t\cdot\frac{d}{2}=0$$

$$\sum M_z(F)=0 \qquad -F_t\cdot 200-R_{Bx}\cdot 400=0$$

$$F_r=F_t\tan\alpha$$

解得

$$R_{Ax}=-2.4\ \text{kN} \qquad R_{Az}=-0.17\ \text{kN} \qquad F_t=4.8\ \text{kN}$$

$$R_{Bx}=-2.4\ \text{kN} \qquad R_{Bz}=8.92\ \text{kN} \qquad F_r=1.747\ \text{kN}$$

方法二 (1) 取传动轴为研究对象,并画出它的分离体在三个坐标平面投影的受力图,如图4-11b、c、d所示。

(2) 按平面力系平衡问题进行计算。

① 对符合可解条件的先行求解,故先从 xz 面先行求解。

如图4-11d所示,对 xz 面:

$$\sum M_A(F)=0 \qquad (T-t)\cdot\frac{D}{2}-F_t\cdot\frac{d}{2}=0$$

得

$$F_t=4.8\ \text{kN} \qquad F_r=F_t\tan\alpha=1.747\ \text{kN}$$

② 对其余两面求解。

如图4-11b所示,对 yz 面:

$$\sum F_z=0 \qquad R_{Az}+R_{Bz}-F_r-(t+T)=0$$

$$\sum M_B(F)=0 \qquad -R_{Az}\cdot 400+F_r\cdot 200-(t+T)\cdot 60=0$$

得

$$R_{Az}=-0.17\ \text{kN} \qquad R_{Bz}=8.92\ \text{kN}$$

如图4-11c所示,对 xy 面:

$$\sum F_x=0 \qquad R_{Ax}+R_{Bx}+F_t=0$$

$$\sum M_A(F)=0 \qquad -F_t\cdot 200-R_{Bx}\cdot 400=0$$

得

$$R_{Ax}=R_{Bx}=-\frac{F_t}{2}=-2.4\ \text{kN}$$

比较这两种方法可以看出,后一种方法把空间力系问题转化为平面力系问题,较易掌握,尤其适用于轮轴类构件的平衡问题的求解。

思考与练习

1. 已知力 F 与 x 轴的夹角为 α,与 y 轴夹角为 β,以及力 F 的大小,能否求出 F_z?

2. 在什么情况下力对轴之矩为零？力对轴之矩的正负如何判断？

3. 空间任意力系向一点简化的结果如何？

4. 把一个空间力系的问题转化为三个平面力系问题，那么能不能由此求解九个未知量？

5. 如图 4-12 所示边长为 $a=100$ mm、$b=100$ mm、$c=80$ mm 的六面体上，作用有力 $F_1=3$ kN、$F_2=3$ kN、$F_3=5$ kN，试计算各力在坐标轴上的投影。

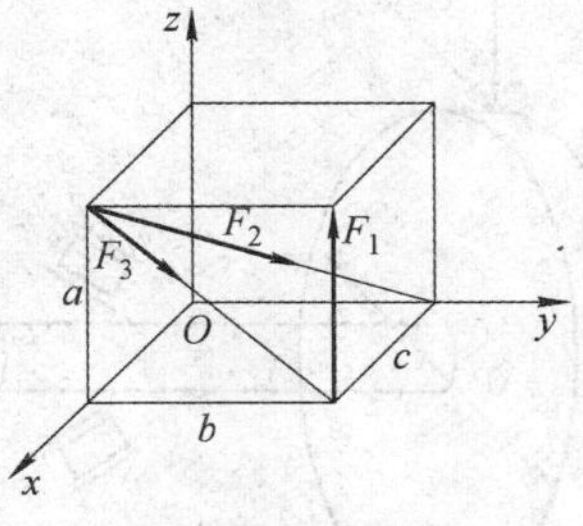

图 4-12 计算各力在轴上的投影

6. 力 F 作用于 A 点，空间位置如图 4-13 所示，求此力在 x、y、z 轴上的投影。

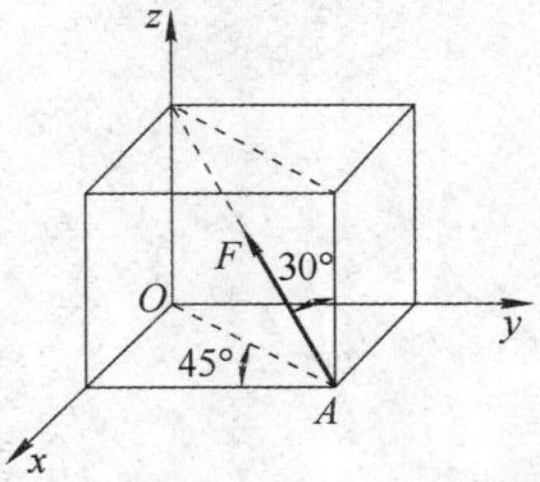

图 4-13 计算力的投影

7. 如图 4-14 所示，水平轴上装有两个凸轮，凸轮上分别作用有已知力 $F_1=800$ N 和未知力 F_2，如轴平衡，求 F_2 的大小和轴承反力。

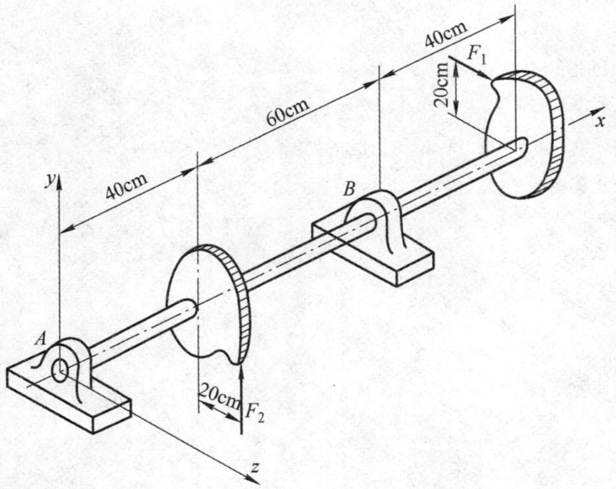

图 4-14 凸轮传动轴

8. 齿轮与轴结构如图 4-15 所示。轴向距离 $AC=CB=BD=100$ mm，直齿圆柱齿轮 C 直径 $D_1=200$ mm，其上作用有圆周力 $F_{t1}=7.16$ kN，径向力 $F_{r1}=2.6$ kN，方向如图所示。直齿圆锥齿轮在其平均直径处（平均直径 $D_2=100$ mm）作用有径向力 $F_{r2}=4.52$ kN，轴向力 $F_{a2}=2.6$ kN，圆周力 F_{t2}。试求圆周力 F_{t2} 和轴承 A、B 的反力。

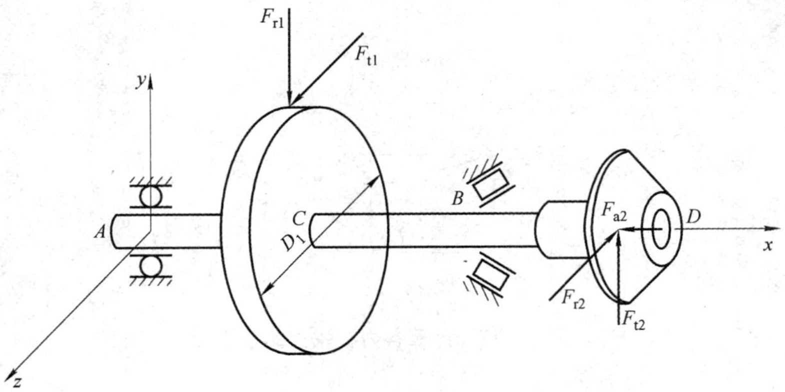

图 4-15　齿轮传动轴

第二篇

材料力学

工程中有各种各样的结构或机器，如桥梁、房屋、机床等，必须保证它们在发挥作用的同时，还能安全、可靠地工作，组成结构或机械的单个构件也是如此。如吊车的钢丝绳在起吊重物时，不能因重物过重使钢丝绳断裂，也不允许其受力后产生过大的变形。又如千斤顶顶起重物时，其螺杆必须保持直线形式的平衡状态，而不允许突然弯曲。故要求构件在载荷作用下，具有抵抗破坏的能力，称为构件的强度；要求构件在载荷作用下具有抵抗变形的能力，称为构件的刚度；要求构件在载荷作用下能在原有的几何形状下保持平衡状态的能力，称为稳定性。这是在进行工程设计时必须考虑的问题。

对于工程构件来说，只有满足了强度、刚度和稳定性的要求，才能安全可靠地工作。若仅从安全角度考虑，可选用优质材料或加大构件截面尺寸，但这样会造成浪费。由此可知，安全与经济这两方面是矛盾的。而材料力学就是研究构件的强度、刚度和稳定性问题，并提出解决安全与经济这一矛盾的理论依据和方法。

在静力学中，将物体视为"刚体"，但事实上，刚体是不存在的，材料力学则认为，一切物体受力后都要产生变形，即把物体视为变形体的性质是很复杂的，为了使问题的研究简化，在材料力学中，常采用如下基本假设，作为理论分析的基础。

(1) 均匀连续性假设：将固体视为由密实的质点组成，整个固体内部充满了物质，且各处机械性能相同。

(2) 各向同性假设：一切固体在各方向的机械性能相同。

(3) 小变形假设：物体在外力作用下，产生的变形远远小于整个物体的原始尺寸。

材料力学研究的构件多属于杆件，这些杆件在外力作用下的变形是各种各样的，不过其基本变形形式只有以下四种：拉伸与压缩、剪切与挤压、扭转、弯曲，如图Ⅱ-1所示。

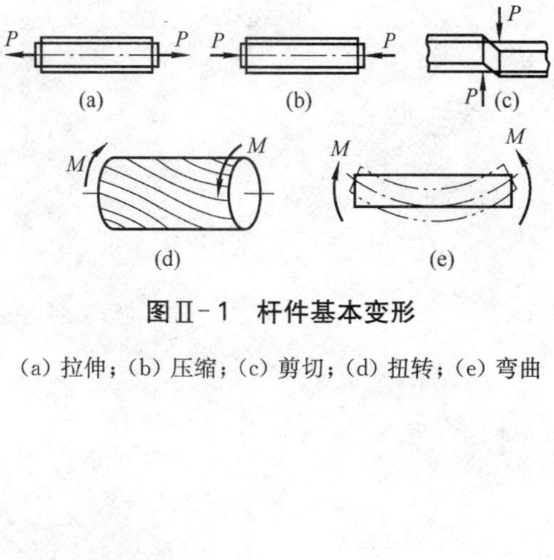

图Ⅱ-1　杆件基本变形

(a) 拉伸；(b) 压缩；(c) 剪切；(d) 扭转；(e) 弯曲

第五章　轴向拉伸与压缩

【学习目标】

1. 理解轴向拉压的内力、应力、变形的概念，掌握其计算方法，记忆应力的单位及换算关系。
2. 明确典型材料的机械性能，建立拉压杆的强度条件。
3. 掌握应用强度条件解决工程实际问题。
4. 理解剪切和挤压概念，掌握连接件和强度计算。

第一节　轴向拉伸和压缩的概念

轴向拉伸和压缩是基本变形中最简单的一种变形形式，工程上有许多受拉伸或压缩的构件。例如图5－1所示的悬臂吊车中的拉杆BC是轴向拉伸的实例；如图5－2所示的曲柄滑块机构中的连杆AB是轴向压缩的实例。

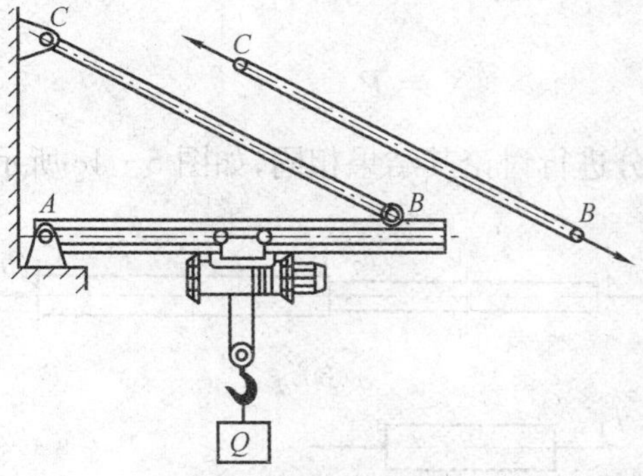

图5－1　悬臂吊车

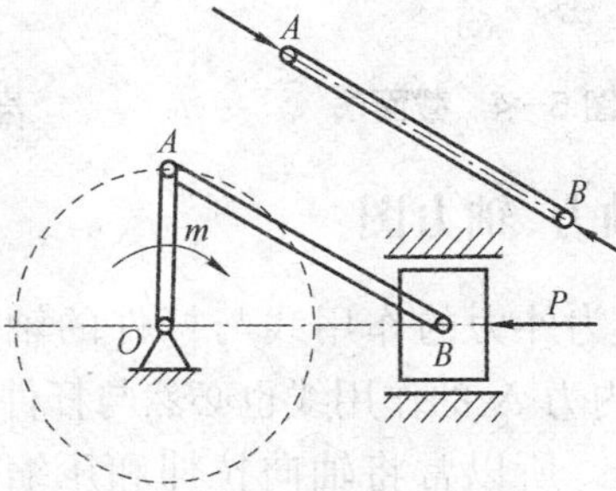

图5－2　曲柄滑块机构

上述构件，有一个共同的受力特点，即作用在杆端的两个力大小相等，方向相反，作用线与杆件的轴线重合，如图5－3所示。当所有外力与杆件轴线重合时，构件产生沿轴线方向的伸长或缩短，这种变形形式称为轴向拉伸或压缩。

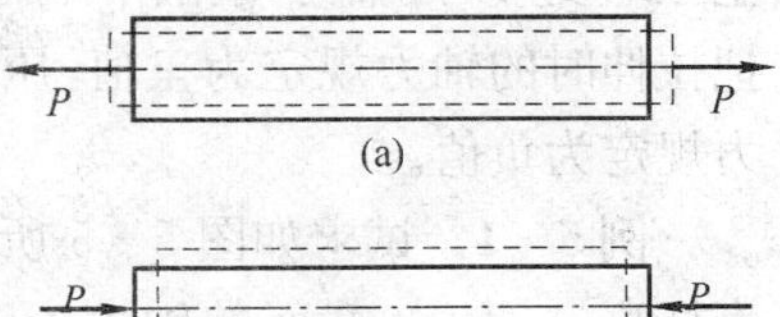

图5－3　轴向拉伸和压缩

第二节　轴向拉(压)时横截面上的内力

一、内力

物体内部某一部分与另一部分之间相互作用的力称为内力，但是材料力学中研究的内力是：因外力作用而引起内力的改变量。由此可见内力是由外力引起的，随外力的改变而改变，但内力的改变是有一定限度的，不能随外力的增加而无限量的增加，当外力增加到一定程度时，内力不再增加，这时构件就会破坏，内力与构件的强度、刚度均有密切的联系。

二、截面法

截面法是材料力学中求内力的最基本方法。例如要求如图 5－4a 所示受拉直杆 $m-m$ 横截面上的内力，可以假想地用一截面将直杆沿 $m-m$ 切开，分成左、右两部分。由于杆件原来在外力作用下处于平衡状态，因此切开后的左右两部分也应处于平衡状态。现取左侧部分进行分析如图 5－4b 所示，它的左端受到力 P 的作用，要使这部分保持平衡，截面 $m-m$ 上必然存在右侧部分对左侧部分的作用力——内力，其合力为 N，其值可根据平衡条件，列出平衡方程：

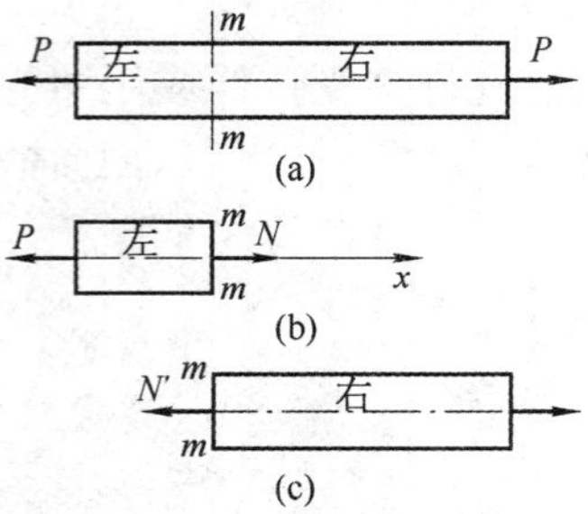

图 5－4　截面法

$$\sum F_x = 0 \qquad N - P = 0$$

即得

$$N = P$$

若取右侧部分进行讨论其结果相同，如图 5－4c 所示。

三、轴力、轴力图

因为外力的作用线与杆件的轴线重合，故内力 N 的作用线也必然与杆件的轴线重合。所以常将轴向拉伸和压缩时直杆横截面上的内力 N 称为轴力。杆件产生拉伸变形时，轴力指向离开横截面；产生压缩变形时，轴力则指向横截面。通常把拉伸时的轴力规定为正值，压缩时的轴力规定为负值。

例 5－1　试求如图 5－5 所示变截面直杆1－1、2－2 截面的轴力。已知 $F_1=20$ kN，$F_2=50$ kN。

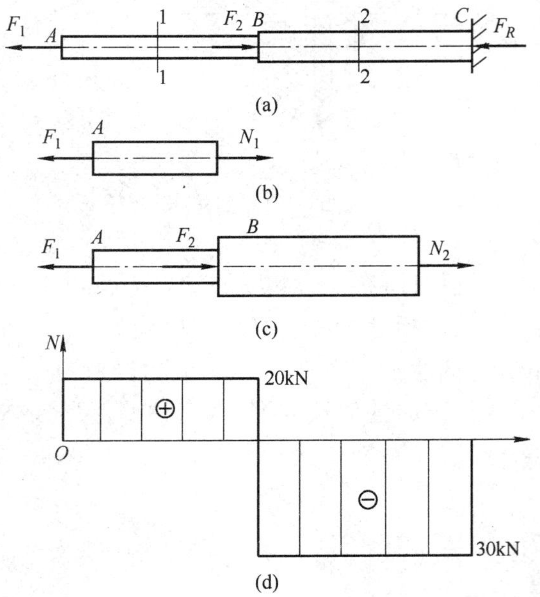

图 5－5　变截面杆

解　(1) 求支座反力 F_R，取杆轴为 x 轴，由整个杆的平衡条件 $\sum F_x = 0$，可知：

$$\sum F_x = 0 \qquad -F_1 + F_2 - F_R = 0$$
$$F_R = F_2 - F_1 = 50 - 20 = 30\ \text{kN}$$

(2) 计算轴力。由于截面 B 处有轴向外力 F_2，故应将此杆分为 AB 和 BC 两段，逐段计算轴力。

设 AB 和 BC 两段的轴力均为拉力，并分别以 N_1 与 N_2 代表，则由截面法(图 5－5b、c)可得：

AB 段

$$\sum F_x = 0 \qquad N_1 - F_1 = 0$$
$$N_1 = F_1 = 20\ \text{kN} \tag{5-1}$$

BC 段

$$\sum F_x = 0 \qquad N_2 + F_2 - F_1 = 0$$
$$N_2 = F_1 - F_2 = 20 - 50 = -30\ \text{kN} \tag{5-2}$$

由式(5－1)和式(5－2)可得如下结论：**轴向拉伸(压缩)时，任意截面上的轴力，等于作用于研究对象一侧(左或右)所有外力的代数和。外力方向与截面外法线方向相反者取正号，相同者取负号。**

为了直观地表示轴力沿杆轴线的变化情况，可沿杆轴方向取坐标 x 表示横截面的位置，垂直杆轴线的坐标 N 表示轴力的大小，选定一定的比例，绘出轴力沿杆轴线变化规律的图形叫做轴力图，如图 5－5d 所示。

例 5－2　试作如图 5－6 所示等截面直杆的轴力图。

解　(1) 分别在每两力之间任取截面Ⅰ－Ⅰ、Ⅱ－Ⅱ、Ⅲ－Ⅲ(图 5－6a)。

(2) 求各截面上的轴力(直接应用结论，不需逐段截开)。

$$N_{\text{Ⅰ}}^{左} = -2\ \text{kN}$$
$$N_{\text{Ⅱ}}^{左} = -2 + 2 = 0$$
$$N_{\text{Ⅲ}}^{左} = -2 + 2 + 4 = 4\ \text{kN}$$

(3) 画杆件轴力图(图 5－6b)。

从轴力图可以直观地看出，杆件内最大轴力发生在 CD 段，其值为 $N_{max} = 4\ \text{kN}$。

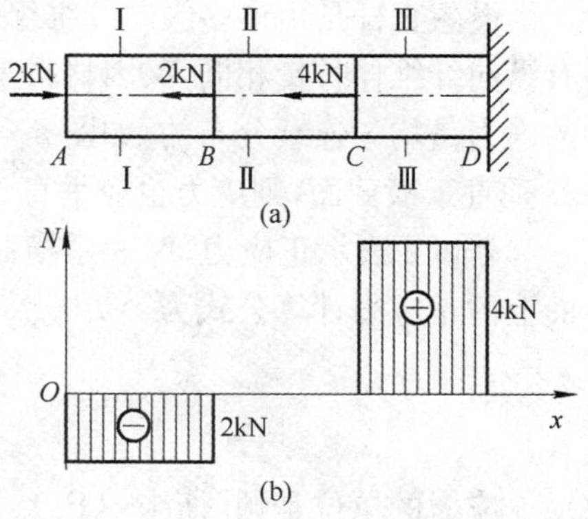

图 5－6　等截面杆

第三节　轴向拉(压)时横截面上的应力

一、应力的概念

只知道内力大小，还不能判断杆件是否会破坏。因为材料相同，截面面积不等的两根直杆，在受相等的轴向拉力时，随着拉力的逐渐增加，截面面积小的直杆必定首先拉断。这说明拉压杆的强度不仅与内力大小有关，还与杆件受力的截面面积有关。所以工程上采用单位截面积上的内力来分析构件的强度，此内力称为应力。应力表达了杆件截面上内力分布的密集程度。

二、拉(压)杆横截面上的应力

为了确定横截面上任一点的应力，必须了解截面上内力的分布情况，而内力的分布与变形有关，为此先来分析一个实验现象。

取一等截面直杆，作拉伸变形实验。拉伸前，在杆的表面距两端较远处，画两条垂直于杆轴的横向线 ab、cd 和平行于杆轴的纵向线 ef、gh，如图 5－7a 所示，然后沿杆轴施加拉力 P。这时，可以观察到：杆件沿轴线方向伸长，横向收缩；横向线 ab 和 cd 分别平移到 $a'b'$ 和 $c'd'$，且仍为垂直于杆轴的横向线；纵向线 ef 和 gh 分别平移到 $e'f'$ 和 $g'h'$，产生了相同的伸长量。

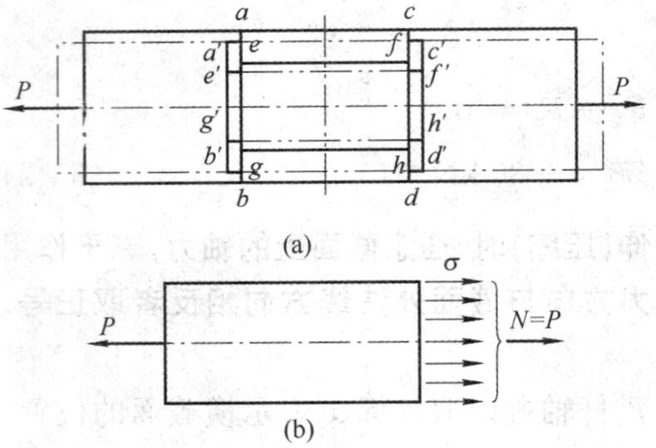

图 5－7　拉伸表面现象

根据上述表面变形现象，可以对杆件内部的变形作如下假设：杆件变形前的横截面为平面，变形后，仍保持为平面。只是在这个变形过程中，横截面沿轴线作了刚性位移。这个假设称为平面假设。

设想直杆是由许多纵向纤维组成的，根据平面假设可以推断出：任意两横截面之间的所有纵向纤维伸长量相同，又因材料是均匀连续的。因而可以肯定地推断出，拉伸时横截面上的内力是均匀连续分布的，如图 5－7b 所示，也就是说横截面上各点的应力相等。既然轴力 N 垂直于横截面，则应力也应垂直于横截面，这种垂直于截面的应力称为正应力。

若以 σ 表示正应力；N 表示横截面上的轴力；A 表示横截面的面积，则轴向拉(压)时横截面上的正应力计算公式为

$$\sigma=\frac{N}{A} \tag{5-3}$$

应力的单位是帕[斯卡](Pa)、1 Pa＝1 N/m²，也可以采用千帕(kPa)、兆帕(MPa)、吉帕(GPa)。1 千帕(kPa)＝10^3 帕(Pa)，1 兆帕(MPa)＝10^6 帕(Pa)，1 吉帕(GPa)＝10^9 帕(Pa)。常用的应力单位为兆帕(MPa)，1 MPa＝1 N/mm²。

例 5－3　一圆形截面阶梯杆受力如图 5－8a 所示，AB 段直径 $d_1=10$ mm，BC 段直径 $d_2=15$ mm，试求各段杆横截面上的应力。

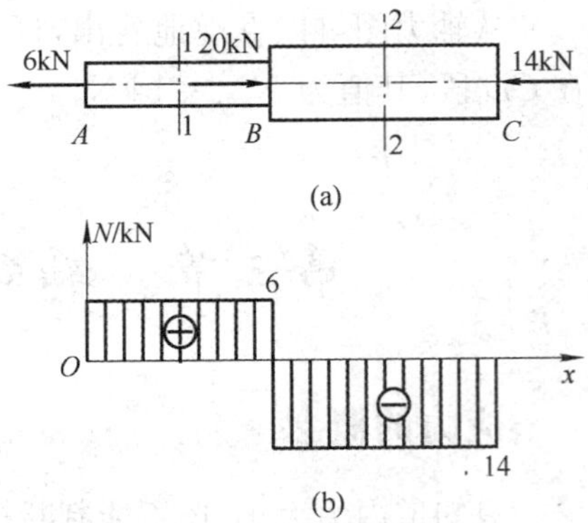

图 5－8　圆形阶梯杆

解　(1) 轴力计算。由截面法求得各段杆的轴力为：

AB 段

$$N_1 = 6\ \text{kN} \quad (拉力)$$

BC 段

$$N_2 = -14\ \text{kN} \quad (压力)$$

轴力图如图 5-8b 所示。

(2) 正应力计算。由式(5-3)计算各段杆的正应力：

AB 段

$$\sigma_1 = \frac{N_1}{A_1} = \frac{6\times10^3}{\frac{\pi d_1^2}{4}} = \frac{4\times6\times10^3}{\pi\times10^2} = 76.4\ \text{MPa} \quad (拉应力)$$

BC 段

$$\sigma_2 = \frac{N_2}{A_2} = \frac{-14\times10^3}{\frac{\pi d_2^2}{4}} = \frac{4\times(-14)\times10^3}{\pi\times15^2} = -79.2\ \text{MPa} \quad (压应力)$$

结果表明，阶梯杆的最大应力发生在 BC 段，其绝对值为 $|\sigma|_{max}=79.2$ MPa。

第四节　轴向拉(压)时的变形

一、变形量

由实践可知，杆件受拉(压)时，其纵向和横向尺寸都要发生改变。为此变形量的计算分为纵向变形和横向变形。设杆件原长为 l，横向尺寸为 b；受拉(压)后，长度为 l_1，横向尺寸为 b_1，如图 5-9 所示。则绝对变形：

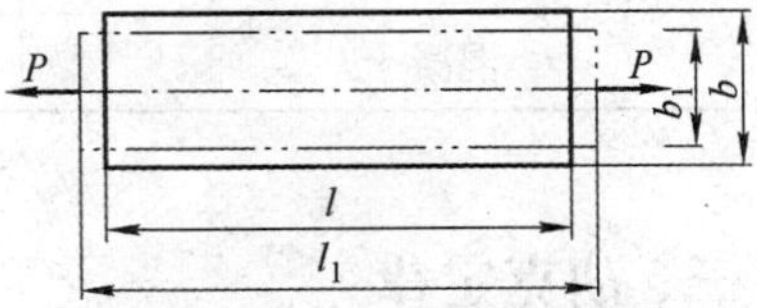

图 5-9　杆件拉伸时的变形

纵向　　$\Delta l = l_1 - l$

横向　　$\Delta b = b_1 - b$

杆件受拉时，Δl 为正，Δb 为负；杆件受压时，Δl 为负，Δb 为正。绝对变形的单位是 mm。为了比较变形程度，常用单位长度上的变形来度量，绝对变形除以原长，此比值称为相对变形，或称为应变，以符号 ε 表示。则：

纵向应变

$$\varepsilon = \Delta l / l \tag{5-4}$$

横向应变

$$\varepsilon_0 = \Delta b / b$$

拉伸时 ε 为正，ε_0 为负；压缩时 ε 为负，ε_0 为正。

二、泊松比

实验表明在胡克定律适用的范围内，同一材料的横向应变 ε_0 与纵向应变 ε 也成正比关系。它们的绝对值之比为一常数。即

$$\mu = \left|\frac{\varepsilon_0}{\varepsilon}\right| \tag{5-5}$$

因为 ε_0 与 ε 的符号总是相反，故式(5－5)可写成

$$\varepsilon_0 = -\mu\varepsilon \tag{5-6}$$

比例常数 μ 称为横向变形系数或泊松比。它是反映材料力学性能的另一个弹性常数，无量纲，其值由实验测定。表 5－1 中列出了一些常用材料的 μ 值。

表 5－1　几种常用材料的弹性模量和泊松比

材料名称	E/GPa	μ
低碳钢	196～216	0.25～0.33
合金钢	186～216	0.24～0.33
灰铸铁	78.4～147	0.23～0.27
铜及其合金	72.5～127	0.31～0.42
铸钢	171	—
铝及硬铝	70.6	0.33
木材(顺纹)	9.8～11.8	—
混凝土	14.3～34.3	0.16～0.18

三、胡克定律

实验表明，受拉(压)的杆件，在应力不超过某一限度时，杆件的绝对变形 Δl 与外力 P 和杆件原长 l 成正比，而与杆件横截面面积 A 成反比，即

$$\Delta l \propto \frac{Pl}{A} \tag{5-7}$$

考虑材料的物理性质，引入比例常数 E，则式(5－7)可写为等式

$$\Delta l = \frac{Pl}{EA} \tag{5-8}$$

这一关系是由科学家胡克首先提出的，故称为胡克定律。将 $\sigma = P/A$，$\varepsilon = \Delta l/l$ 代入式(5－8)，得到胡克定律另一表达式

$$\sigma = E\varepsilon \tag{5-9}$$

即当应力不超过某一限度时，应力与应变成正比。

比例常数 E 称为弹性模量，单位与应力单位相同。由式(5-9)可知，当 σ 一定时，E 值愈大，则 ε 值愈小，因此，E 的大小反映了材料在拉(压)时抵抗变形的能力，也就是材料刚性的大小。各种材料的 E 值，都是由实验测定的。表 5-1 所列材料的 E 值是在室温时的平均值。

从式(5-8)可知，当 EA 的乘积愈大时，杆件的变形就愈小。它是度量杆件抵抗拉(压)变形能力的物理量，所以称 EA 为杆件的抗拉(压)刚度。

例 5-4　如图 5-10a 所示为一变截面直杆，已知 AC 段的截面面积为 $A_{AB}=A_{BC}=500\ \text{mm}^2$，$P_1=30\ \text{kN}$，$CD$ 段的截面面积为 $A_{CD}=200\ \text{mm}^2$，$P_2=10\ \text{kN}$，钢杆的弹性模量 $E=200\ \text{GPa}$，钢杆的轴力图如图 5-10b 所示。试求钢杆的总变形。

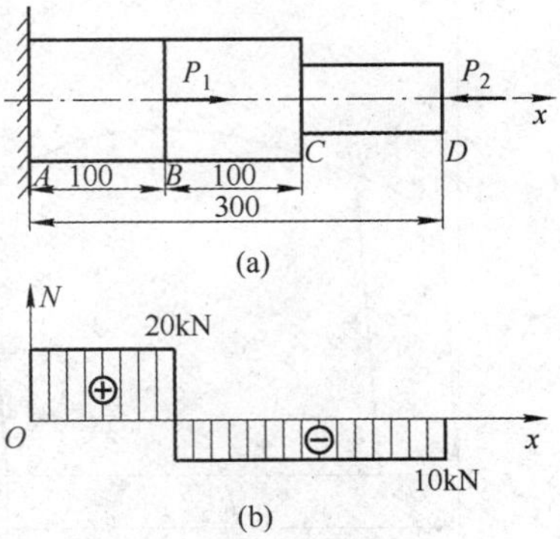

图 5-10　变截面直杆

解　因杆的直径及各段轴力不等，需分段计算变形量，故杆的总变形 Δl_{AD} 等于各段杆变形的代数和，即

$$\Delta l_{AD}=\Delta l_{AB}+\Delta l_{BC}+\Delta l_{CD}=\frac{N_1 l_{AB}}{EA_{AB}}+\frac{N_2 l_{BC}}{EA_{BC}}+\frac{N_3 l_{CD}}{EA_{CD}}$$

$$=\frac{1}{200\times10^6}\left(\frac{20\times10^3\times100}{500}-\frac{10\times10^3\times100}{500}-\frac{10\times10^3\times100}{200}\right)$$

$$=-1.5\times10^{-5}\ \text{mm}$$

第五节　材料的力学性能

为了进行构件的强度计算，必须了解材料的力学性能。所谓材料的力学性能就是材料在受力过程中在强度和变形方面所表现出来的特性。

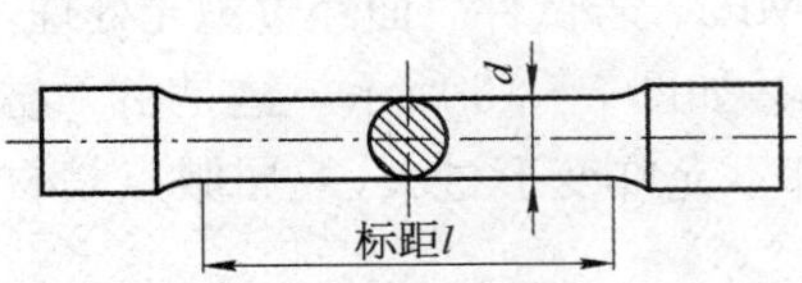

图 5-11　拉伸试件的尺寸

材料的力学性能，是通过试验得出的。为了便于比较不同材料的试验结果，将拉伸试件按国家标准做成标准形式，在等径区间确定工作长度(也称标距)。如图 5-11 所示，l 与直径 d 的比例关系规定为：

$$l=5d\ (\text{短试件})$$
$$l=10d\ (\text{长试件})$$

为了减少外界因素的影响，试验通常在室温、静载(缓慢平稳加载)下进行。本节主要介绍工程上常用材料低碳钢及铸铁拉(压)时的力学性能。

一、材料在拉伸时的机械性能

1. 低碳钢的拉伸试验

将普通碳素结构钢 Q235 做成标准试件夹在万能试验机的两个夹头上，缓慢加载，直到试件拉断为止。在拉伸过程中，自动绘图仪将每瞬时载荷与绝对伸长量的关系绘成图，如图

5－12a 所示，此图称为拉伸图。为了消除试件几何尺寸的影响，将拉伸图的纵坐标除以试件的横截面积 A，横坐标除以标距 l，则得应力-应变关系曲线，此曲线称为应力-应变图，即 $\sigma-\varepsilon$ 图，如图 5－12b 所示。

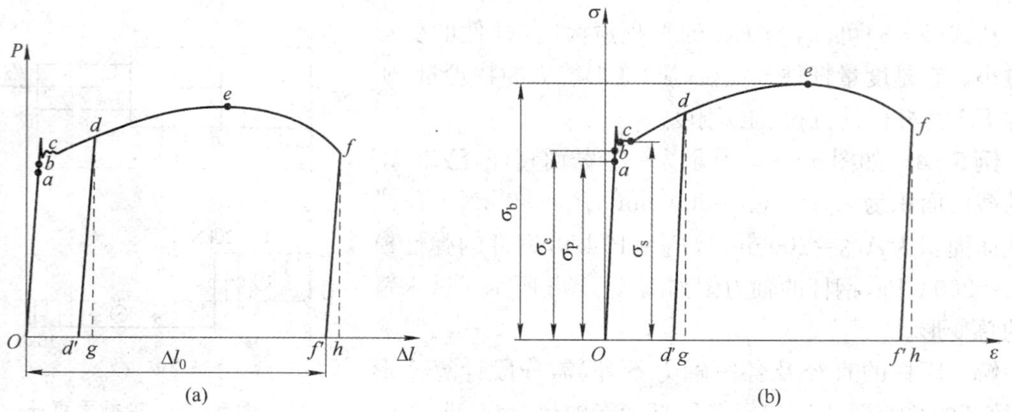

图 5－12　低碳钢拉伸时的应力-应变曲线

下面对 $\sigma-\varepsilon$ 图作一分析：

(1) 弹性阶段为从开始拉伸到曲线微弯的 Ob 段。在 Ob 范围内，如将载荷卸去，曲线仍按 Ob 线退回到原点，变形全部消失，说明试件在这阶段内只产生弹性变形，因此称这一阶段为弹性阶段。b 点所对应的应力，即是只产生弹性变形的最大应力，称为弹性极限，用 σ_e 表示。

在 Ob 段内，有一段直线 Oa，从直线的斜率 $\tan\alpha=\sigma/\varepsilon=E$(常数)可知该段内应力和应变成正比，符合胡克定律。过 a 点后曲线开始弯曲，应力和应变不再成正比。a 点所对应的应力即应力和应变成线性关系的最大应力称为比例极限，用 σ_p 表示。低碳钢 Q235 钢的 $\sigma_p\approx 200$ MPa。由于 a 和 b 两点非常接近，实际应用中常认为比例极限就是弹性极限。

(2) 屈服阶段为呈水平的波浪线，即 bc 段。说明过 b 点后，应力几乎不增加，而应变迅速增加，说明材料暂时失去了抵抗变形的能力，这种现象称为材料的屈服。产生屈服现象时的最小应力称为屈服点，用 σ_s 表示，低碳钢的屈服点 $\sigma_s\approx 235$ MPa。若试件表面经过抛光处理，则可以看到表面上有与轴线成 45°方向的斜线(或称滑移线)，如图 5－13 所示。这是由于材料晶粒被拉长及晶面间相互滑移的结果。工程构件一般都不允许变形过大，故屈服点是材料重要的强度极限。

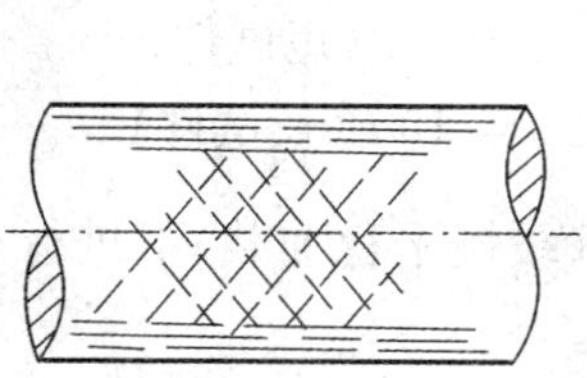

图 5－13　滑移线

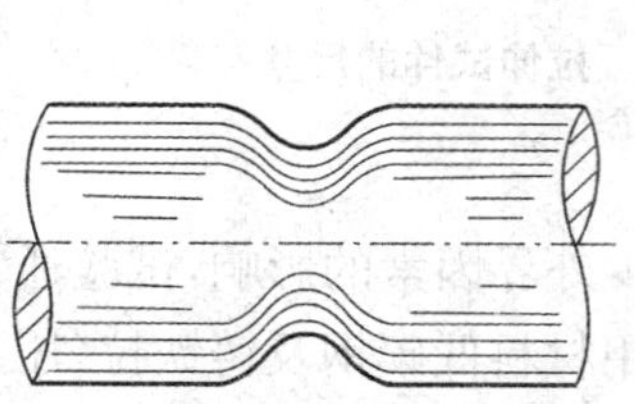

图 5－14　颈缩现象

(3) 强化阶段即曲线的 cd 段。过屈服阶段后，曲线又上升，这表明材料又恢复了对变形的抵抗能力，这种现象称为材料的强化。当曲线上升到最高点 d 时，试件局部变细，开始出现缩颈现象，如图 5－14 所示。d 点所对应的应力，代表材料在拉断前所能承受的最大应力，称为抗拉强度，用 σ_b 表示。低碳钢 Q235 的抗拉强度 $\sigma_b \approx 400$ MPa。

如果在强化阶段内的任意点逐渐卸去外力，则应力应变关系将沿着与 Oa 近乎平行的直线 dd' 回到 d' 点，$d'g$ 表示消失的弹性变形，Od' 表示不能消失的塑性变形，如图 5－12b 所示。如果卸载后不久又重新加载，应力应变关系基本上沿着卸载时的同一直线 dd' 上升到 d 点，然后沿着原来的应力-应变曲线直到断裂。由此看出，在重新加载过程中，材料的比例极限有所提高，而塑性变形却降低了，这种现象称为材料的冷作硬化。工程中常用冷作硬化来提高材料的比例极限。

(4) 缩颈阶段即 ef 段。由于试件产生颈缩，横截面面积局部迅速减小，所以使试件继续伸长所需的拉力愈来愈小，曲线下降直到点 f，试件在缩颈处断裂。

试件断裂后，弹性变形消失，保留下塑性变形。为了表示塑性变形的程度，常用断后伸长率 δ 和断面收缩率 φ 表示，即：

$$\delta = \frac{l_1 - l}{l} \times 100\% \qquad (5-10)$$

$$\varphi = \frac{A - A_1}{A} \times 100\% \qquad (5-11)$$

式中 l——试件标距原长；

l_1——断裂后标距长度；

A——试件原来的横截面面积；

A_1——断裂处最小横截面面积。

显然 δ 和 φ 值愈大，材料的塑性愈好。工程上常把 $\delta > 5\%$ 的材料称为塑性材料；$\delta < 5\%$ 的材料称为脆性材料。例如钢材的 $\delta \approx 20\% \sim 30\%$ 即为塑性材料，铸铁的 $\delta \approx 0.5\%$ 即为脆性材料。

从上述实验过程可知：

比例极限 σ_p 确定了胡克定律的适用范围。伸长率 δ 和断面收缩率 φ 是度量材料塑性的指标。

弹性模量 E 是衡量材料抵抗拉（压）弹性变形能力的指标。

屈服点 σ_s 和抗拉强度 σ_b 它们都是材料强度的重要指标。构件的应力达到材料的 σ_s 时，开始产生显著的塑性变形，达到材料的 σ_b 时，则发生断裂。

2. 铸铁的拉伸试验

铸铁可作为脆性材料的代表作上述试验，其 $\sigma-\varepsilon$ 曲线如图 5－15 所示。

从铸铁的 $\sigma-\varepsilon$ 图可以看出，铸铁的 $\sigma-\varepsilon$ 曲线没有明显的直线部分，也没有屈服和颈缩现象，在变形非常小的情况下，试件即被拉断，并且断口平齐，垂直轴线；拉断后的残余变形很小，测量后 δ 很小，断面收缩率 φ 几乎等于零。所以铸铁是典型的脆性材料。衡量脆性材料拉伸强度的唯一指标是抗拉强度 σ_b。灰口铸铁拉伸时的 $\sigma_{bl} \approx 120 \sim 180$ MPa。

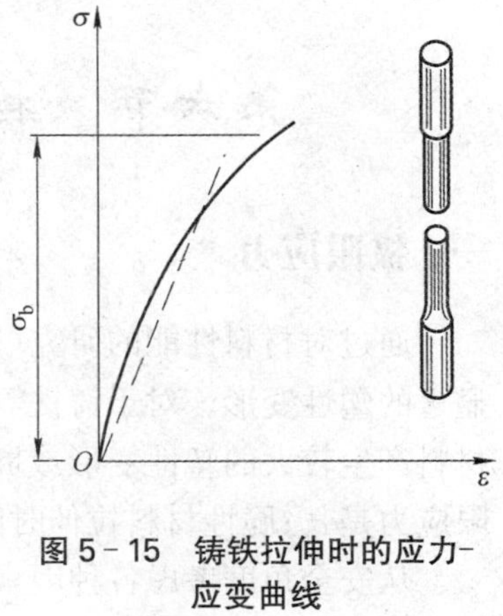

图 5－15 铸铁拉伸时的应力-应变曲线

由于试件变形很小，工程中常用割线（图 5－15 中虚线）来代替原来的曲线，并认为材料在这个范围内近似地服从胡克定律。

二、材料在压缩时的力学性能

低碳钢和铸铁等金属材料的压缩试件常做成圆柱形，其长度 l 是直径 d 的 1.5～3 倍。

1. 低碳钢的压缩试验

图 5－16 中实线代表低碳钢压缩时的 $\sigma-\varepsilon$ 曲线，虚线代表拉伸时的 $\sigma-\varepsilon$ 曲线。比较这两条曲线可以看出，在屈服阶段以前，两曲线重合，可见低碳钢在拉（压）时的弹性模量 E、比例极限 σ_p 和屈服点 σ_s 是相同的。屈服后试件逐渐被压成鼓形，愈压愈扁，无法测定其抗压强度 σ_{by}。

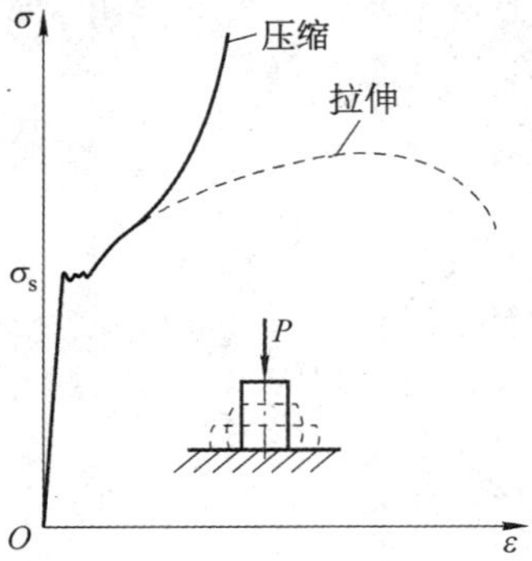

图 5－16 低碳钢拉压时的应力-应变曲线

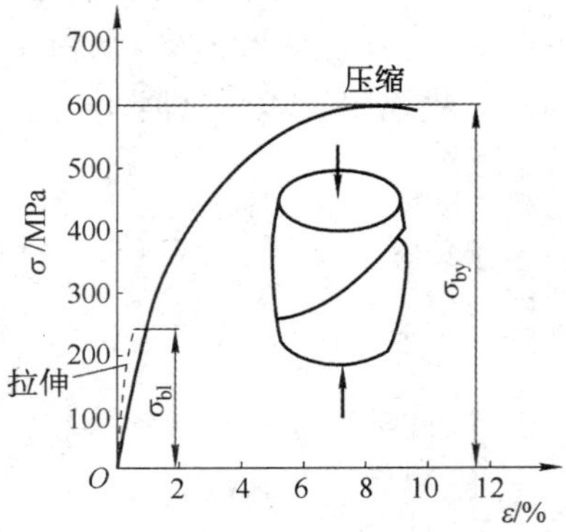

图 5－17 铸铁拉压时的应力-应变曲线

2. 铸铁的压缩试验

图 5－17 中的实线代表灰口铸铁压缩时的 $\sigma-\varepsilon$ 曲线，虚线代表拉伸时的 $\sigma-\varepsilon$ 曲线。比较这两条曲线可以看出，拉压时曲线的直线部分均不明显，而且均不存在屈服点；压缩时试件随着压力的增加而渐呈鼓形，在变形不大的情况下出现与轴线约成 45°的断裂面。断裂时的最大应力称为抗压强度，以 σ_{by} 表示。抗压强度 σ_{by} 约为抗拉强度 σ_{bl} 的 3～4 倍。

从上述试验可以看出，塑性材料抗拉、压能力都很强，塑性较好，抗冲击能力强。因此，在工程中许多重要的零件如齿轮和轴多用塑性材料制造，而脆性材料抗压能力远高于抗拉能力，因此受压构件多用脆性材料制造。

第六节　构件在拉伸和压缩时的强度计算

一、极限应力

通过对材料性能的研究可知，对于低碳钢等塑性材料，当应力达到屈服点 σ_s 时，将产生显著的塑性变形。对于铸铁等脆性材料，当应力达到抗拉强度 σ_b 时，将发生断裂。为此，把材料产生较大的塑性变形或断裂时的应力称为极限应力或危险应力。显然，塑性材料的极限应力是 σ_s；脆性材料拉伸时的极限应力是 σ_{bl}，压缩时的极限应力是 σ_{by}。

从安全角度考虑各种因素的影响，构件在工作时的应力不仅不允许达到极限应力，还应该留有必要的强度储备，即必须将构件的工作应力限制在比极限应力更低的范围内，以达到安全、可靠的目的。

二、许用应力[σ]和安全系数 n

构件在工作时所允许产生的最大应力称为许用应力，用[σ]表示。显然许用应力小于极限应力，极限应力与许用应力的比值称为安全系数。或者说许用应力等于极限应力除以安全系数。即

$$[\sigma]=\frac{\text{极限应力}(\sigma_s\text{ 或 }\sigma_b)}{\text{安全系数 }n}$$

对于塑性材料 $$[\sigma]=[\sigma_l]=[\sigma_y]=\frac{\sigma_s}{n_s}$$

对于脆性材料 $$[\sigma_l]=\frac{\sigma_{bl}}{n_b}\qquad[\sigma_y]=\frac{\sigma_{by}}{n_b}$$

式中　n_s 和 n_b——分别为对应于塑性材料和脆性材料的安全系数。

确定安全系数的大小是一项重要而又复杂的工作。因为它不仅反映安全的程度，而且反映了材料合理利用的情况。安全系数取得过小，则构件有破坏的危险，不符合安全的要求；安全系数取得过大，则构件断面尺寸增大，浪费材料，不符合经济的要求。恰当地选取安全系数是解决安全和经济间矛盾的关键。

安全系数的数值取决于许多因素，主要有：①材料的均匀程度；②载荷和应力计算的准确程度；③构件的工作条件等。一般在常温、静载情况下，取 $n_s\approx1.3\sim2.0$，$n_b\approx2.0\sim3.5$，也可从有关手册中查到。

三、拉伸和压缩时的强度计算

为了使构件在拉伸或压缩时安全可靠，构件的工作应力不得超过其材料的许用应力，即

$$\sigma=\frac{N}{A}\leqslant[\sigma]\tag{5-12}$$

式(5－12)为拉压的强度条件。应用这个条件可以解决下面有关强度计算的三类问题。

(1) 强度校核。已知载荷、构件横截面尺寸和材料的许用应力时，比较其工作应力与许用应力，如满足式(5－12)，则构件的强度足够，即安全；否则，强度不够。通常只需校核危险截面即可。

(2) 设计截面尺寸。已知载荷与材料的许用应力时，可将式(5－12)改写为如下形式以确定截面尺寸：

$$A\geqslant\frac{N}{[\sigma]}$$

(3) 确定许可载荷。已知构件截面尺寸和材料的许用应力时，可将式(5－12)改写成如下形式以确定许可载荷：

$$N\leqslant A[\sigma]$$

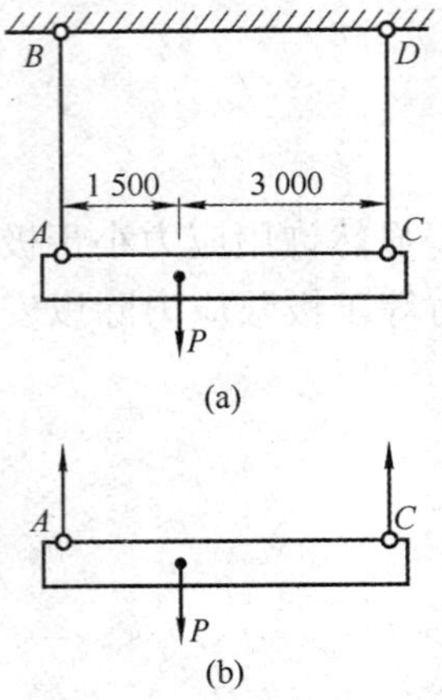

图 5-18 起吊钢板

例 5-5 一构件如图 5-18a 所示。钢板 AC 上作用载荷 $P=20\ \text{kN}$，拉杆 AB 的直径 $d_1=20\ \text{mm}$，杆 CD 的直径 $d_2=15\ \text{mm}$，材料的许用应力 $[\sigma]=160\ \text{MPa}$。试校核杆 AB 和 CD 的强度。

解 （1）画钢板 AC 的受力图，如图 5-18b 所示，列平衡方程，求 AB 和 CD 杆所受的轴力：

$$\sum M_C(F)=0、\quad P\times 3-N_1\times 4.5=0\qquad N_1=13.33\ \text{kN}$$

$$\sum F_y=0\qquad N_1+N_2-P=0\qquad N_2=6.67\ \text{kN}$$

因 AB 和 CD 为二力杆，故 N_1 和 N_2 即为两杆轴力。

（2）分别校核 AB 和 CD 强度：

$$\sigma_1=\frac{N_1}{A_1}=\frac{N_1}{\pi d_1^2/4}=\frac{13.33\times 10^3\times 4}{3.14\times 20^2}=42.45\ \text{MPa}<[\sigma]$$

$$\sigma_2=\frac{N_2}{A_2}=\frac{N_2}{\pi d_2^2/4}=\frac{6.67\times 10^3\times 4}{3.14\times 15^2}=37.76\ \text{MPa}<[\sigma]$$

故杆 AB 和 CD 的强度足够。

例 5-6 某厂自制一台悬臂吊车，其结构尺寸如图 5-19a 所示，电动葫芦能沿横梁 AB 移动。已知电动葫芦与起吊重物共重 $Q=20\ \text{kN}$，杆 BC 用 Q235 钢，许用应力 $[\sigma]=120\ \text{MPa}$。试选择拉杆 BC 的直径 d。若把杆 BC 换为等边角钢，试确定角钢的号数。

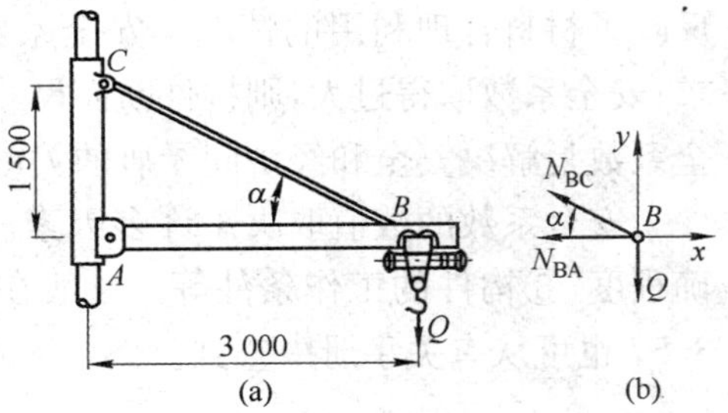

图 5-19 悬臂吊车

解 （1）求拉杆 BC 的内力。电动葫芦行至 B 端时，BC 杆受力最大。取极限状态的结点 B 为研究对象，进行受力分析，如图 5-19b 所示。列平衡方程：

$$\sum F_y=0\qquad N_{BC}\sin\alpha-Q=0$$

在△ABC 中 $$\sin\alpha=\frac{AC}{BC}=\frac{1\,500}{\sqrt{1\,500^2+3\,000^2}}=0.448$$

代入上式得

$$N_{BC}=\frac{Q}{\sin\alpha}=\frac{20}{0.448}=44.64\ \text{kN}$$

（2）确定 BC 杆的直径：

$$A_{BC}\geqslant\frac{N_{BC}}{[\sigma]}=\frac{44.64\times 10^3}{120}=372\ \text{mm}^2$$

圆面积 $A=\dfrac{\pi d^2}{4}$，所以拉杆的直径

$$d \geqslant \sqrt{\frac{4A_{BC}}{\pi}} = \sqrt{\frac{4 \times 372}{3.14}} = 21.76\ \text{mm}$$

取整数 $d = 22$ mm，即可安全工作。

(3) 若把 BC 杆换成等边角钢，则可根据截面积 A_{BC} 选择等边角钢的号数，查附录型钢表，5 号等边角钢(∟50×50×5)的截面积为 $4.803\ \text{cm}^2 > 3.72\ \text{cm}^2$。

所以选用 5 号等边角钢。

例 5－7　简易起重三角架如图 5－20a 所示。AB 为钢杆，横截面面积 $A_1 = 400\ \text{mm}^2$，许用压应力$[\sigma_1] = 140$ MPa，BC 为木杆，横截面面积 $A_2 = 600\ \text{mm}^2$，许用应力$[\sigma_2] = 12$ MPa。试求 B 处可吊起的最大许可载荷 P。

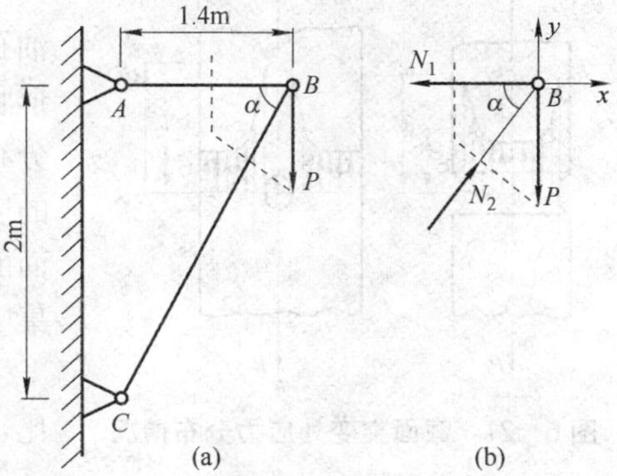

图 5－20　起重三角架

解　(1) 以 B 点(铰链)为研究对象，画受力图，如图 5－20b 所示，其中 AB 受拉，BC 受压。则有：

$$\sum F_x = 0 \qquad -N_1 + N_2 \cos\alpha = 0 \qquad (1)$$

$$\sum F_y = 0 \qquad N_2 \sin\alpha - P = 0 \qquad (2)$$

其中　$\sin\alpha = 0.819$　$\cos\alpha = 0.573$

将上述值代入式(1)和式(2)：

$$N_2 = \frac{P}{\sin\alpha} = 1.22P \quad N_1 = N_2 \cos\alpha = 0.699P$$

(2) 求最大许可载荷。根据强度条件

$$N \leqslant A[\sigma]$$

AB 杆的许可轴力为 $N_1 \leqslant A_1[\sigma_1]$，即

$$0.699P \leqslant 400 \times 140$$

解得
$$P \leqslant 80\,114.4\ \text{N} \approx 80\ \text{kN}$$

故保证此杆强度所得的许可载荷为

$$[P_{钢}] \leqslant 80\ \text{kN}$$

BC 杆的许可轴力为 $N_2 \leqslant A_2[\sigma_2]$，即

$$1.22P \leqslant 600 \times 12$$

解得
$$P \leqslant 5\,901.6\ \text{N} \approx 5.9\ \text{kN}$$

所以，保证此杆强度所得的许可载荷为 $[P_{木}] \leqslant 5.9$ kN，因此，要保证整个结构的安全，B 点处可吊起的最大许可载荷为$[P] = 5.9$ kN。

第七节　应力集中的概念

一、应力集中

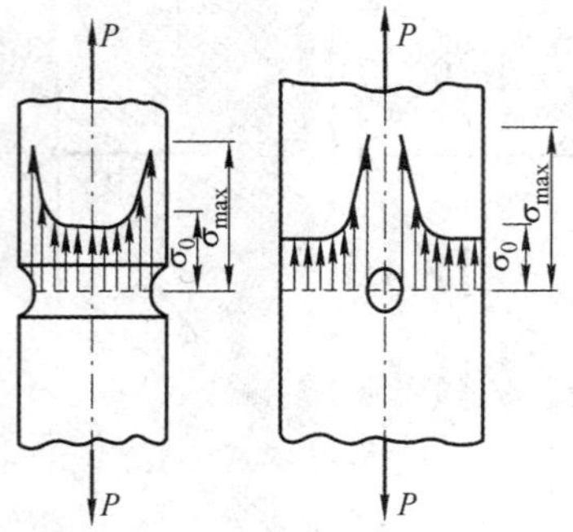

图 5-21　截面突变处应力分布情况

在工程实践中，受拉伸(压缩)的构件，有时会在形状改变处发生断裂，如拉伸试件的凸肩处，机器中的轴开有油孔、键槽和退刀槽的地方。通过实验分析可以证明，在形状有急剧变化的截面上，应力不是均匀分布的，其应力分布情况如图 5-21 所示。从图中可看出，形状改变处的应力显著增大，而在较远处又渐趋平均。这种由于截面的突然变化而产生的应力局部增大现象，称为应力集中。

应力集中处的 σ_{max} 与杆横截面上的平均应力 σ_0 之比，称为理论应力集中系数，以 α 表示，即

$$\alpha = \sigma_{max}/\sigma_0$$

α 是一个应力比值，与材料无关，它反映了杆在静载荷下应力集中的程度。

二、应力集中对材料强度的影响

在静载荷作用下，应力集中对构件强度的影响随材料性能不同而异。塑性材料具有屈服阶段，当应力集中处的 σ_{max} 达到材料的屈服点时，应力值不再增加，只引起构件的局部塑性变形，一般不会影响整个构件的承载能力。当外力继续增大时，增大的外力就由截面上尚未达到屈服点的材料承担，它们的应力继续增大到屈服点，如图 5-22d 所示。当整个截面各点

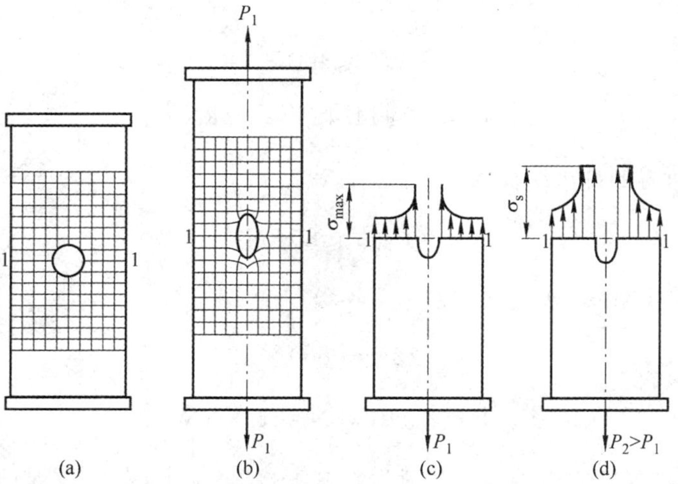

图 5-22　应力集中对材料强度影响

应力均达到屈服点时，构件才丧失工作能力。因此，塑性材料制成的构件，在静载荷作用下的强度计算可以不考虑应力集中的影响。而脆性材料由于没有屈服阶段，当应力集中处的σ_{max}达到材料的强度极限时，将引起局部断裂，大大降低构件的承载能力，从而导致整个构件的断裂，故在强度计算时，必须考虑应力集中的影响。

综上所述，为了减小应力集中对构件强度的影响，对于截面形状变化处，应尽量使构件的轮廓平缓光滑过渡。

第八节　连接件的强度计算

一、剪切与挤压的概念

如图 5－23a 所示铆钉连接，在被连接的物体上作用有等值、反向的力 P，此时铆钉的受力特点是：铆钉受到一对等值、反向、作用线平行且相距很近的外力作用，如图 5－23b 所示；变形特点是：沿两个方向相反的力作用线之间的截面发生相对错动，这种变形称为剪切变形，如图 5－23c 所示。产生相对错动的面称为剪切面，作用在剪切面上的内力称为剪力，用 Q 表示。

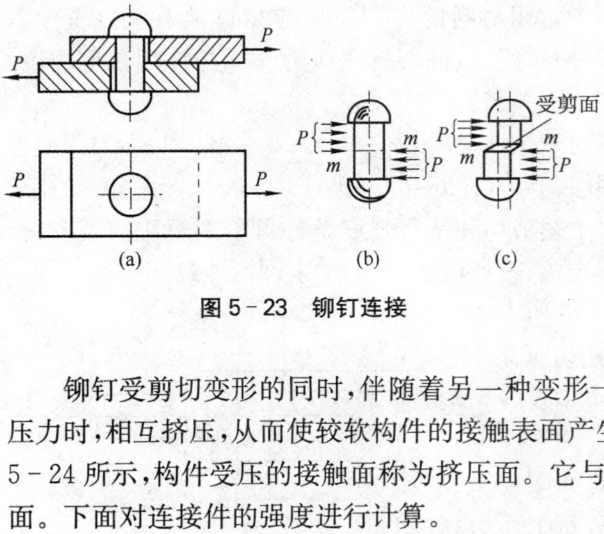

图 5－23　铆钉连接

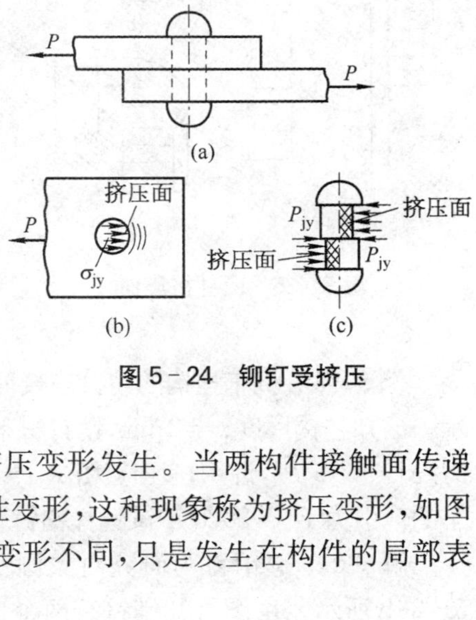

图 5－24　铆钉受挤压

铆钉受剪切变形的同时，伴随着另一种变形——挤压变形发生。当两构件接触面传递压力时，相互挤压，从而使较软构件的接触表面产生塑性变形，这种现象称为挤压变形，如图 5－24 所示，构件受压的接触面称为挤压面。它与压缩变形不同，只是发生在构件的局部表面。下面对连接件的强度进行计算。

二、实用计算

1. 剪切实用计算

前文将垂直于横截面的应力叫做正应力，那么平行于横截面的应力则叫做切应力，并用 τ 表示。工程中，通常假设剪切面上的切应力是均匀连续分布的，故剪切面上的切应力计算公式为

$$\tau = \frac{Q}{A_Q}$$

式中 Q——剪切面上的内力，即剪力(N)；

A_Q——受剪面的面积，位于两力作用线之间，与外力平行(mm^2)。

剪切强度条件：切应力不超过材料的许用切应力。即

$$\tau = \frac{Q}{A_Q} \leqslant [\tau]$$

2. 挤压实用计算

$$\sigma_{jy} = \frac{P_{jy}}{A_{jy}}$$

工程中把挤压面上的挤压应力也近似地看成是均匀连续分布的，挤压应力 σ_{jy} 的计算公式中 P_{jy} 为挤压力，A_{jy} 为受挤压面积，且位于两物体的接触面上，与外力垂直：

$$\sigma_{jy} = \frac{p_{jy}}{A_{jy}} \leqslant [\sigma_{jy}]$$

挤压强度条件，挤压应力不超过材料的许用挤压应力。即当挤压面为圆柱面时，A_{jy} 等于通过圆柱直径的剖面面积，$A_{jy} = dh$，如图 5-25 所示。

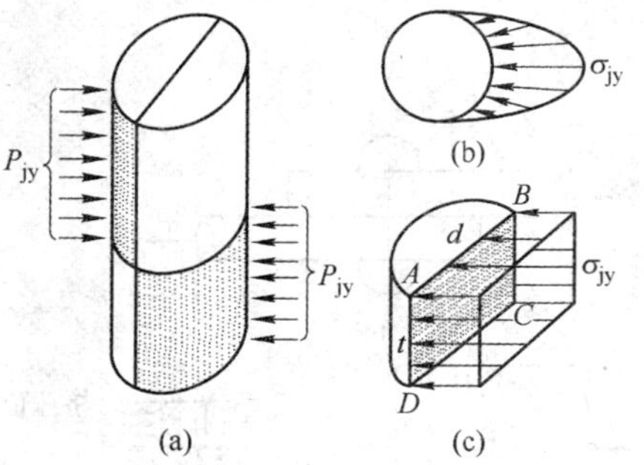

图 5-25 圆柱挤压面

材料的许用挤压应力$[\sigma_{jy}]$也是根据试验测定的。工程中常用材料的许用挤压应力可从有关规范中查取，一般情况下，许用挤压应力$[\sigma_{jy}]$与许用拉应力$[\sigma]$存在如下关系：

对于塑性材料 $[\sigma_{jy}] = (1.5 \sim 2.5)[\sigma]$，对于脆性材料$[\sigma_{jy}] = (0.9 \sim 1.5)[\sigma]$。

上述剪切和挤压强度条件可分别解决三类问题：强度校核、设计截面尺寸、确定许用外载。

例 5-8 机车挂钩的销钉连接如图 5-26 所示。已知挂钩厚度 $t = 8\,mm$，销钉材料的许用切应力$[\tau] = 60\,MPa$，许用挤压应力$[\sigma_{jy}] = 200\,MPa$，机车的牵引力 $P = 20\,kN$，试选择销钉直径。

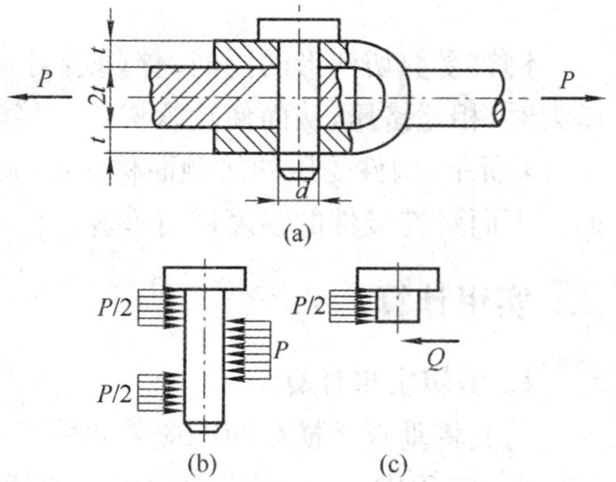

图 5-26 机车挂钩

解 (1) 选销钉为研究对象画受力图，如图 5-26b 所示。由图可知销钉有两个剪切面，每个剪切面上的剪力为

$$\sum F_x = 0 \qquad Q = \frac{P}{2}$$

(2) 根据剪切强度条件设计销钉直径：

$$\tau = \frac{Q}{A_Q} = \frac{P/2}{\pi d^2/4} \leqslant [\tau]$$

可得
$$d \geqslant \sqrt{\frac{2P}{\pi[\tau]}} = \sqrt{\frac{2 \times 20\,000}{3.14 \times 60}} \approx 15 \text{ mm}$$

(3) 根据挤压强度条件校核销钉的强度：

$$\sigma_{jy} = \frac{P_{jy}}{A_{jy}} = \frac{P}{d \times 2t} = \frac{20 \times 10^3}{15 \times 2 \times 8} = 83 \text{ MPa} < [\sigma_{jy}]$$

故选直径 $d = 15$ mm 的销钉可满足强度要求。

例 5-9　变速箱中的轴与齿轮通过平键连接，如图 5-27 所示。已知轴径 $d = 50$ mm，键的尺寸为 $b \times h \times L = (16 \times 10 \times 50)$ mm，轴传递的转矩 $M = 0.5$ kN·m，键的许用挤压应力 $[\sigma_{jy}] = 100$ MPa，许用切应力 $[\tau] = 60$ MPa，试校核此键的强度。

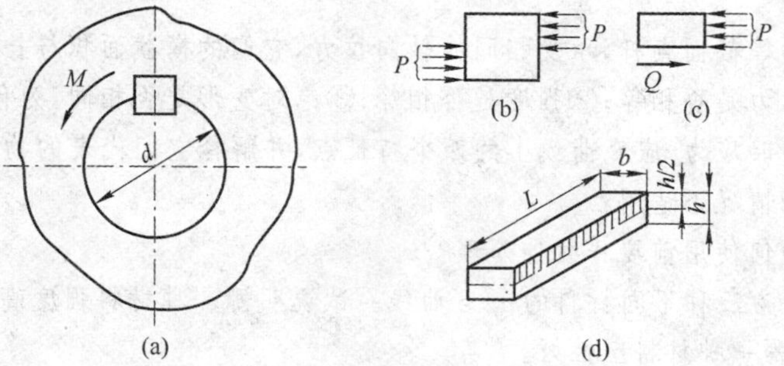

图 5-27　平键连接

解　(1) 取键为研究对象画出受力图，如图 5-27b 所示，并求作用在键上的力 P：

$$P = \frac{M}{d/2} = \frac{500}{50/2} = 20 \text{ kN}$$

如图 5-27c 所示，剪切面上的剪力 Q、挤压内力 P_{jy} 为

$$\sum F_x = 0 \qquad Q = P \qquad P_{jy} = P$$

(2) 校核键的剪切强度：

$$\tau = \frac{Q}{A_Q} = \frac{P}{bL} = \frac{20 \times 10^3}{16 \times 50} = 25 \text{ MPa} < [\tau]$$

故键的剪切强度足够。

(3) 校核键的挤压强度：

$$\sigma_{jy} = \frac{P_{jy}}{A_{jy}} = \frac{P}{L \times h/2} = \frac{20 \times 10^3}{50 \times 5} = 80 \text{ MPa} < [\sigma_{jy}]$$

故键的挤压强度足够，所以此键安全可用。

思考与练习

1. 指出图 5-28 中哪些杆件产生拉伸或压缩变形。

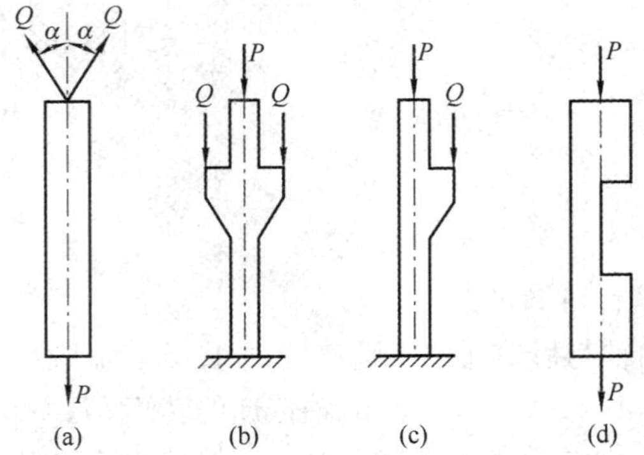

图 5-28 确定轴向拉压杆

2. 两根不同材料的等截面直杆，承受相同的轴向拉力，它们的横截面积与长度都相等。试说明：①横截面上的应力是否相等；②强度是否相等；③绝对变形是否相同，为什么？
3. 指出低碳钢拉伸时应力-应变曲线上的四个特征点，并解释它们代表的物理意义。
4. 胡克定律在何种情况下适用？
5. 建筑用的钢筋为何使用前要作拉伸处理？
6. 如图 5-29 所示为三种不同材料的 $\sigma-\varepsilon$ 曲线。试说明哪一种材料强度高，哪一种材料刚度大（在弹性阶段），哪一种材料塑性好。
7. 铆钉孔排列方式如图 5-30 所示。试说明是否合理，为什么？

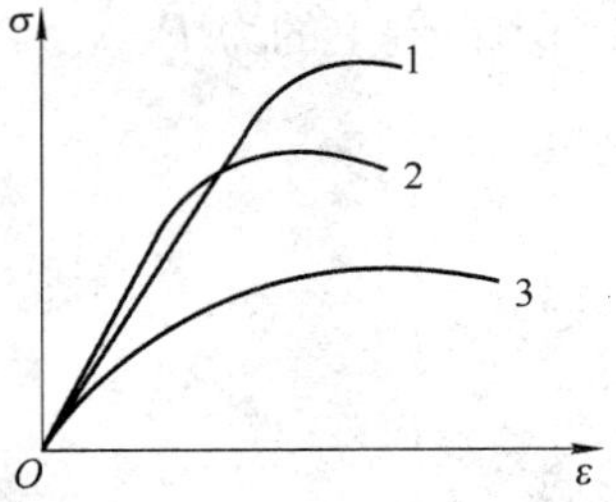

图 5-29 不同材料的 $\sigma-\varepsilon$ 曲线

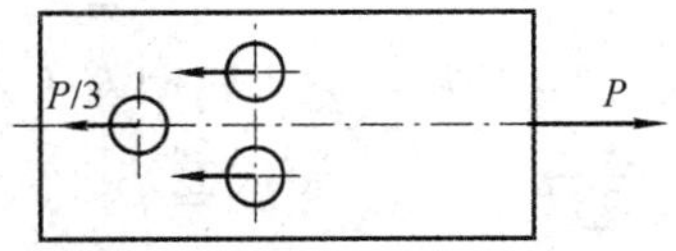

图 5-30 铆钉孔排列方式

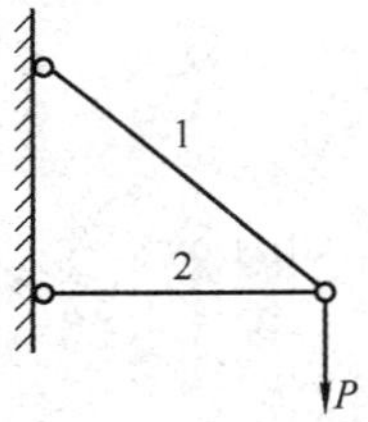

图 5-31 三角形支架

8. 低碳钢和铸铁两种材料在拉（压）时，其机械性能有何不同？如图 5-31 所示三角形支架用低碳钢和铸铁两种材料制成，从材料力学的观点出发，如何选用 1、2 杆的材料？
9. 弹性模量 E 和杆件的抗拉刚度 EA 的物理意义是什么，单位有何不同？
10. 挤压与轴向压缩有什么区别？
11. 两块厚度相同的钢板，用四个相同的铆钉进行连接，若采用图 5-32a、b 两种不同的布置方式，试指出哪种布置方式较为合理。

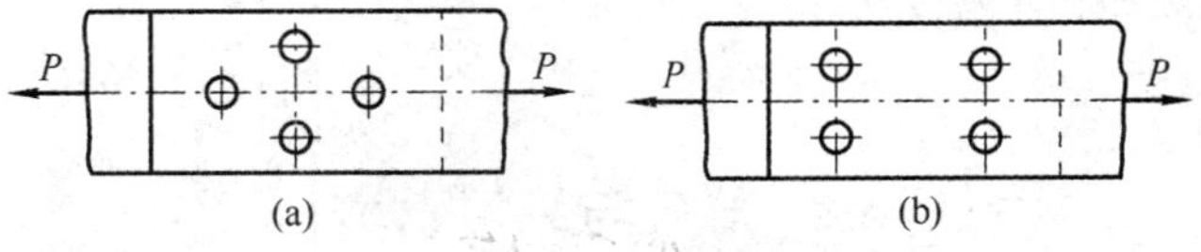

图 5-32 铆钉连接钢板

12. 指出如图 5－33 所示构件的剪切面和挤压面。

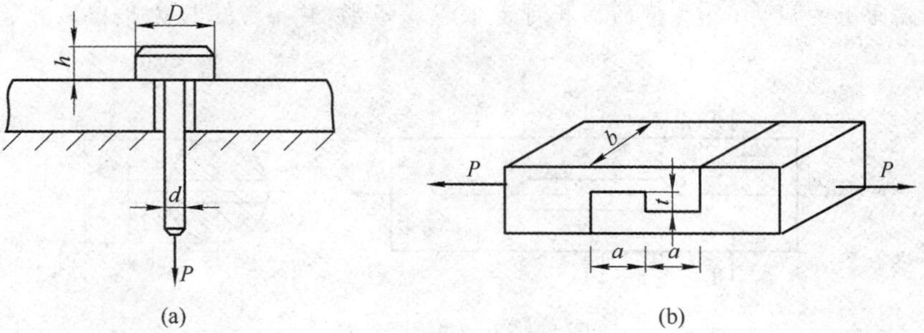

图 5－33　判定剪切面和挤压面

13. 求如图 5－34 所示各杆指定截面的内力，并绘出各杆的轴力图。

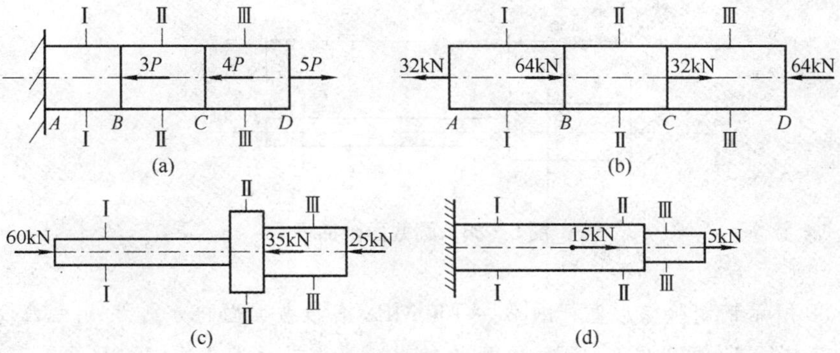

图 5－34　求作轴力图

14. 求如图 5－35 所示等直杆横截面Ⅰ－Ⅰ、Ⅱ－Ⅱ和Ⅲ－Ⅲ上的轴力，并绘轴力图。如横截面面积 $A = 400\ \mathrm{mm}^2$，求各横截面上的应力。

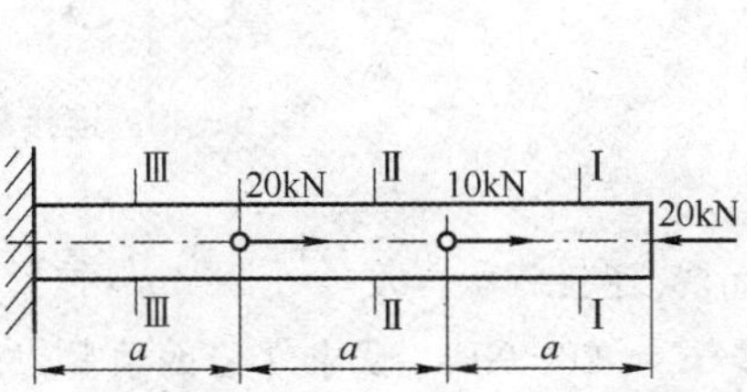

图 5－35　轴向拉压杆件

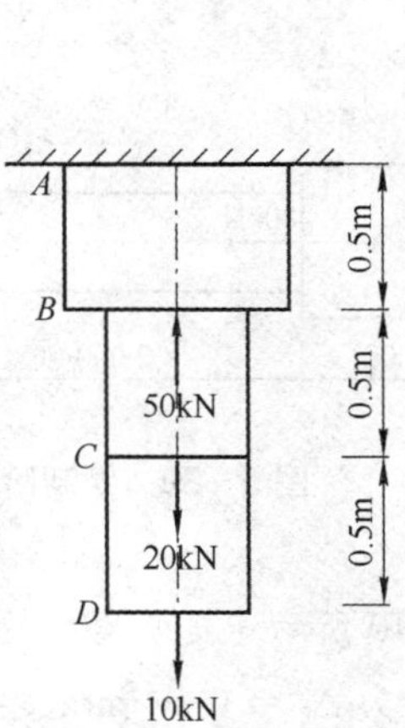

图 5－36　阶梯形杆

15. 一阶梯形杆受力如图 5－36 所示。AB 段的横截面面积 $A_{\mathrm{I}} = 300\ \mathrm{mm}^2$，$BC$ 和 CD 段的横截面面积 $A_{\mathrm{II}} = 200\ \mathrm{mm}^2$，已知 $E = 200\ \mathrm{GPa}$。试求：①杆的最大正应力；②杆下端 D 截面的轴向

位移。

16. 如图 5-37 所示圆钢杆上铣去一槽。已知受拉力 $F=15$ kN 作用，直径 $d=20$ mm，试求Ⅰ-Ⅰ和Ⅱ-Ⅱ截面上的应力（铣去槽的面积可近似看成矩形，暂不考虑应力集中）。

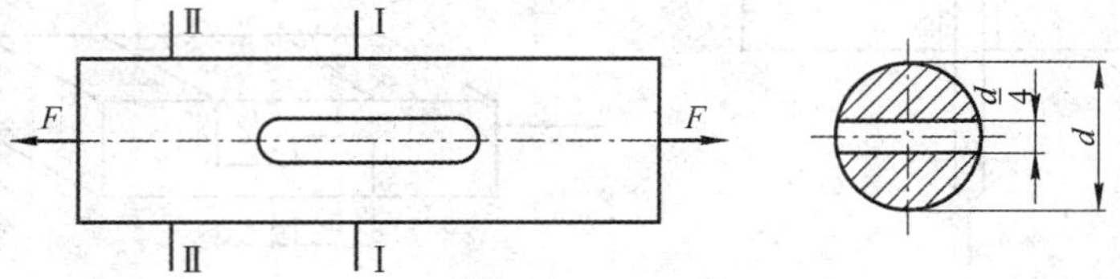

图 5-37 铣槽圆钢杆

17. 圆截面阶梯杆受力如图 5-38 所示，已知材料的弹性模量 $E=200$ GPa，试求各段的应力及应变。

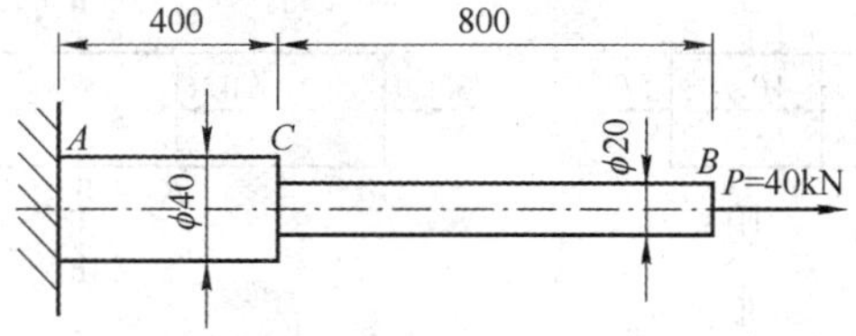

图 5-38 圆截面阶梯杆

18. 如图 5-39 所示钢制阶梯形直杆的$[\sigma]=160$ MPa，各段截面面积分别为 $A_{\mathrm{I}}=A_{\mathrm{III}}=300\ \mathrm{mm}^2$，$A_{\mathrm{II}}=200\ \mathrm{mm}^2$，$E=200$ GPa。①求各段的轴力。最大轴力发生在哪一段内？②求出各段截面的应力。最大应力在哪一段内，该段强度是否足够？③计算杆的总变形。

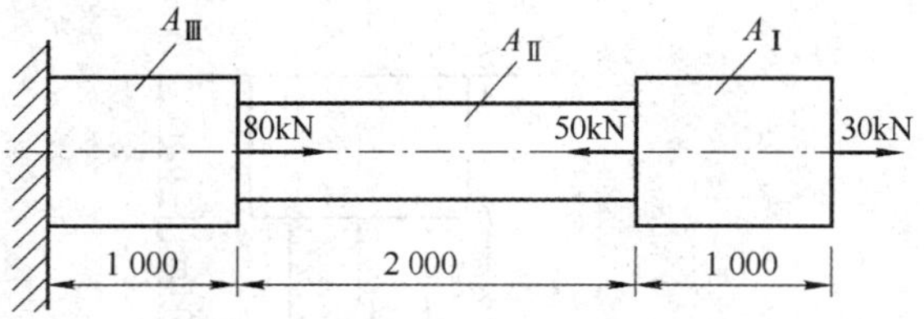

图 5-39 钢制阶梯形直杆

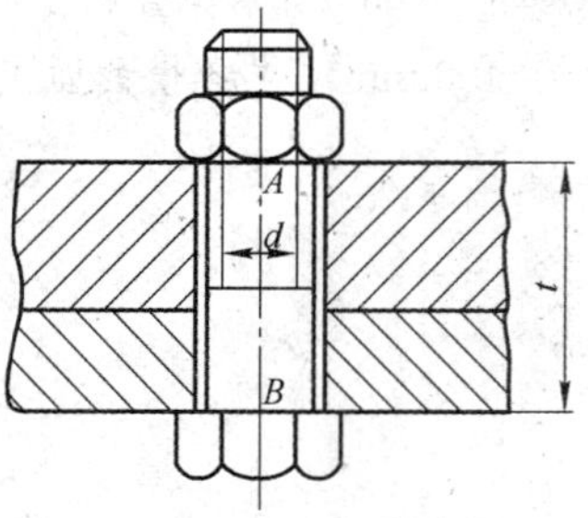

图 5-40 连接螺栓

19. 如图 5-40 所示连接螺栓小径 $d=15.3$ mm，被连接钢板厚度 $t=54$ mm，拧紧时螺栓 AB 段的伸长量为 $\Delta t=0.04$ mm，螺栓的弹性模量 $E=200$ GPa。试求螺栓的预紧力。

20. 一厚度均匀的直角三角形钢板，用 AB 和 CD 两根长度相同的钢丝绳吊起，如图 5-41 所示，欲使钢丝伸长后，钢板只有移动而无转动，问钢丝 AB 的直径应为 CD 直径的几倍？

21. 如图 5-42 所示，起重机吊钩的上端用螺母固定，起重量为 150 kN，若吊钩螺栓部分小径 $d=50$ mm，材料许用应力$[\sigma]=80$ MPa，试校核螺栓部分的强度。

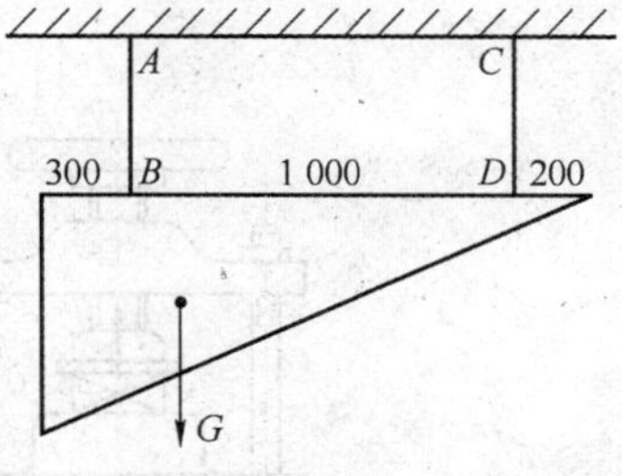

图 5-41　三角形钢板

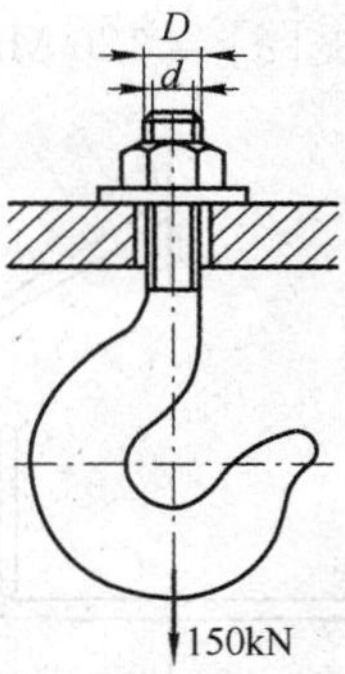

图 5-42　起重机吊钩

22. 如图 5-43 所示，重 $Q=50$ kN 的物体挂在支架 ABC 的 B 点，若 AB 杆采用钢杆，其许用应力为 $[\sigma]=120$ MPa，BC 杆采用铸铁，许用应力 $[\sigma_y]=80$ MPa。试求 AB 和 BC 杆的横截面面积。

23. 如图 5-44 所示，滑轮由 AB、AC 两圆截面杆支承，起重绳索的一端绕在卷筒上。已知 AB 杆为 Q235 钢，$[\sigma]=160$ MPa，直径 $d_{钢}=20$ mm；AC 杆为铸铁，$[\sigma]=100$ MPa，直径 $d_{铁}=40$ mm。试根据两杆的强度条件，求允许吊起的最大重量 G_{max}。

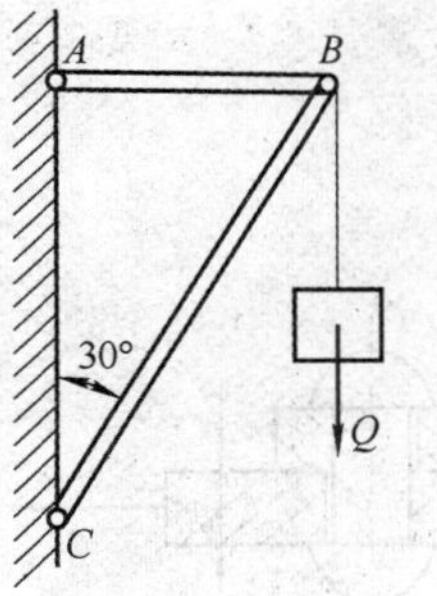

图 5-43　悬挂重物支架

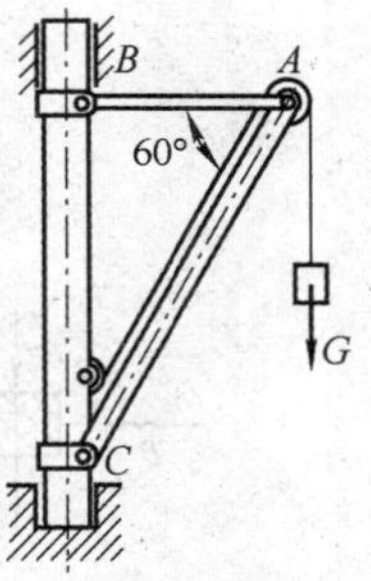

图 5-44　滑轮起吊重物

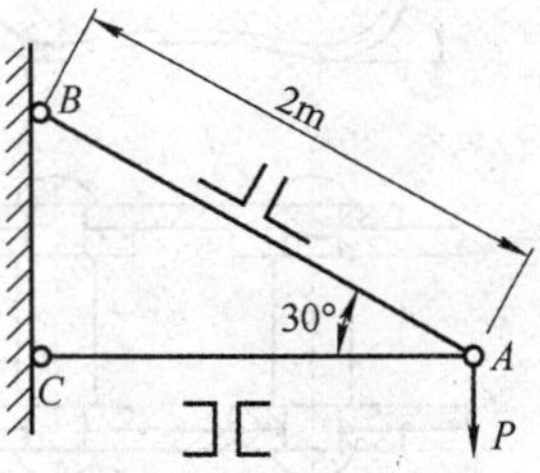

图 5-45　三角形支架

24. 如图 5-45 所示三角形支架，斜杆 AB 由两根 ∟80×80×7 的等边角钢制成，横杆 AC 由两根槽钢制成，其许用应力 $[\sigma]=120$ MPa。已知 $P=130$ kN。①校核斜杆 AB 的强度；②确定横杆 AC 的槽钢型号。

25. 如图 5-46 所示，钢拉杆受力 $P=50$ kN，若拉杆材料的许用应力 $[\sigma]=100$ MPa，横截面为矩形，如 $b=2a$，试确定 a 和 b 的大小。

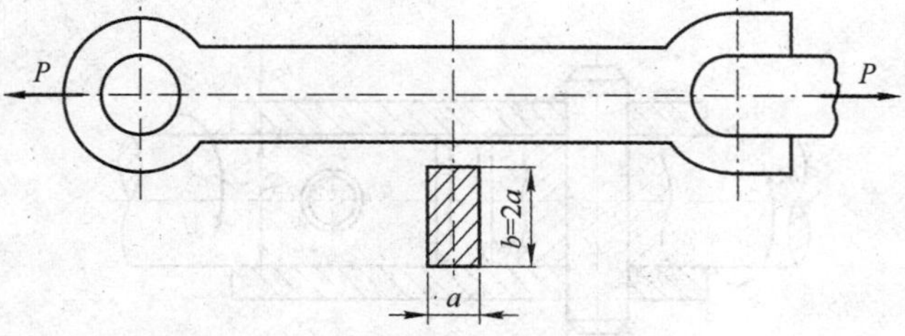

图 5-46　钢拉杆

26. 如图 5－47 所示，梁 AB 和 CD 用拉杆 BC 和 HL 拉住。若载荷 $P=40\,\text{kN}$，拉杆 BC 和 HL 的许用应力都是 $[\sigma]=120\,\text{MPa}$，试求拉杆 BC 和 HL 应有的横截面面积。

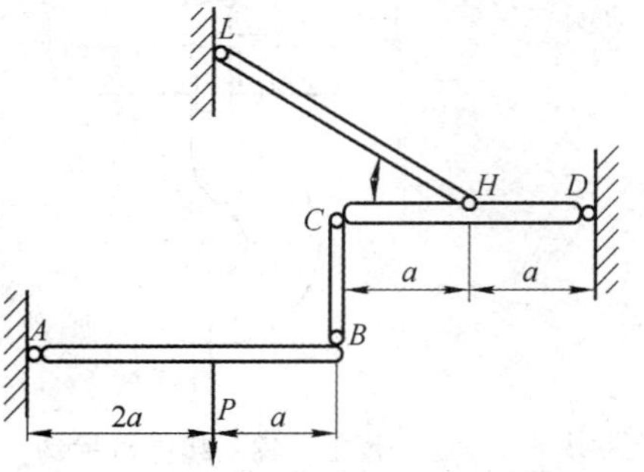

图 5－47　机构起吊重物

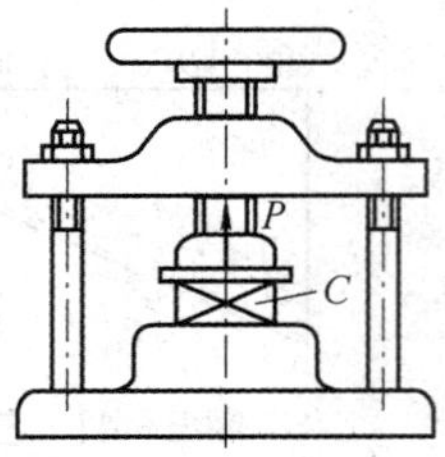

图 5－48　压力机

27. 压力机如图 5－48 所示，立柱与螺杆所用材料的屈服点 $\sigma_s=235\,\text{MPa}$，安全系数取 1.5，立柱的直径 $D=250\,\text{mm}$，螺杆的小径 $d=40\,\text{mm}$。试求该压力机能承担的最大压力。

28. 一根链条如图 5－49 所示，已知尺寸 $H=35\,\text{mm}$，$h=25\,\text{mm}$，$t=5\,\text{mm}$，$d=11\,\text{mm}$，许用应力 $[\sigma]=80\,\text{MPa}$。截面的倒角略去不计，试求许可载荷 F。

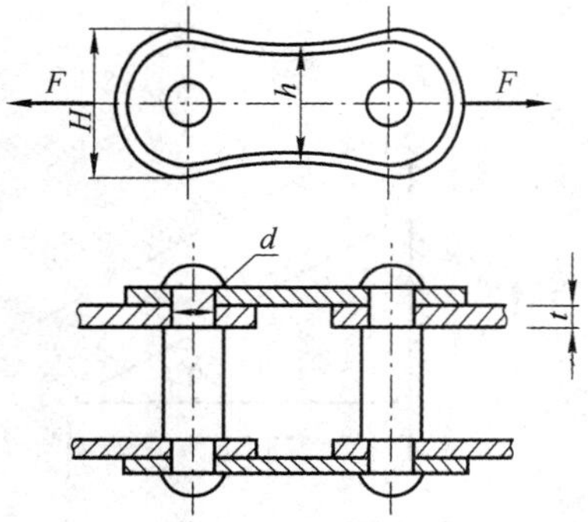

图 5－49　链条

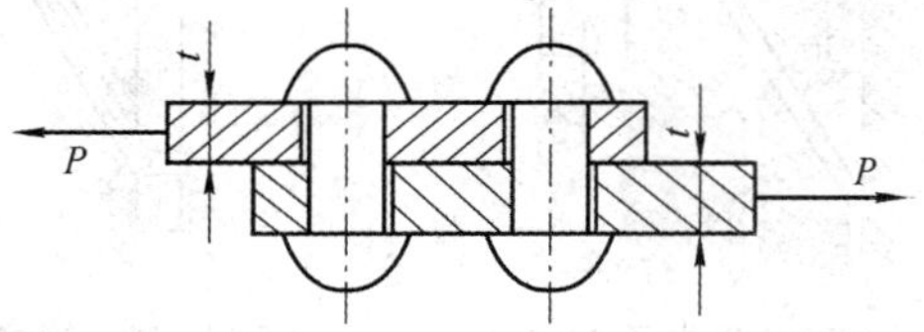

图 5－50　铆钉连接

29. 如图 5－33a 所示，拉杆头部直径 $D=32\,\text{mm}$，高 $h=12\,\text{mm}$，拉杆直径 $d=20\,\text{mm}$，材料的许用切应力 $[\tau]=100\,\text{MPa}$，许用挤压应力 $[\sigma_{jy}]=240\,\text{MPa}$，$P=50\,\text{kN}$，试校核拉杆头部的强度。

30. 在图 5－50 所示铆钉连接中，已知拉力 $P=20\,\text{kN}$，板厚 $t=20\,\text{mm}$，铆钉直径 $d=12\,\text{mm}$。铆钉的许用切应力 $[\tau]=80\,\text{MPa}$，许用挤压应力 $[\sigma_{jy}]=200\,\text{MPa}$。试校核铆钉连接的强度。

31. 套筒式联轴节如图 5－51 所示，已知轴的直径 $D=30\,\text{mm}$，套筒厚度 $\delta=8\,\text{mm}$，允许传递的最大力偶矩 $M=200\,\text{N}\cdot\text{m}$，若销钉材料许用切应力 $[\tau]=100\,\text{MPa}$，试求销钉的直径 d。

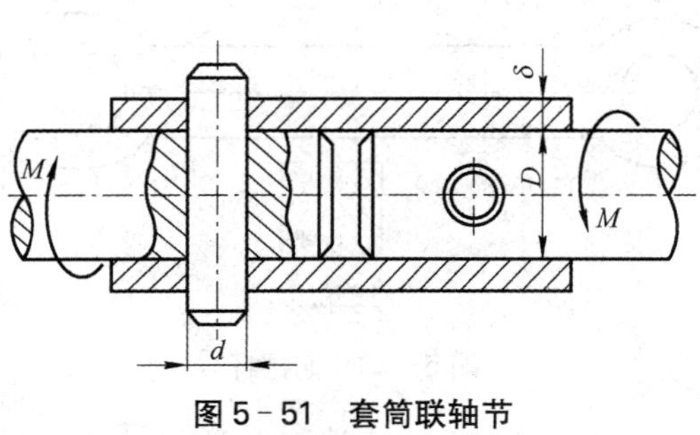

图 5－51　套筒联轴节

第六章 圆轴的扭转

【学习目标】

1. 理解圆轴扭转的概念。
2. 掌握扭矩、切应力及变形的计算方法。
3. 应用强度、刚度条件解决工程实际问题。

第一节 扭转的概念与实例

工程中常遇到受扭转的构件，如图 6－1 所示轧钢机中带动轧辊转动的传动轴，通过对这类杆件的受力和变形分析，可知它们的共同特点是：在杆件的两端垂直于杆件轴线的平面内，作用有大小相等、转向相反的两个力偶；各横截面都绕杆的轴线产生相对转动，但杆的轴线位置和形状保持不变，这种变形称为扭转。以扭转为主要变形的杆件称为轴。

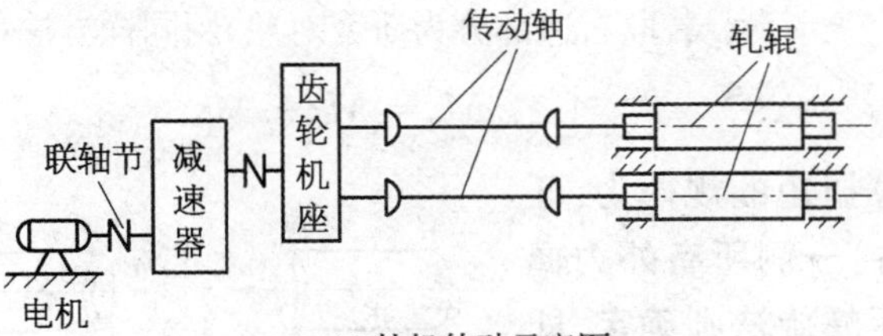

(a) 轧机传动示意图

(b)

图 6－1 扭转实例

本章主要研究在单纯扭转变形下圆轴的强度和刚度问题。

第二节 圆轴扭转时横截面上的内力

一、外力偶矩的计算

在工程中，作用于圆轴上的外力偶矩一般不是直接给出的，通常给出的是圆轴所传递的功率和转速。因此，需要了解功率、转速和外力偶矩三者之间的关系，即

$$M = 9\,550\,\frac{P}{n} \tag{6-1}$$

式中 M——作用于轴上的外力偶矩(N·m)；

P——轴所传递的功率(kW)；

n——轴的转速(r/min)。

二、圆轴扭转时横截面上的内力——扭矩

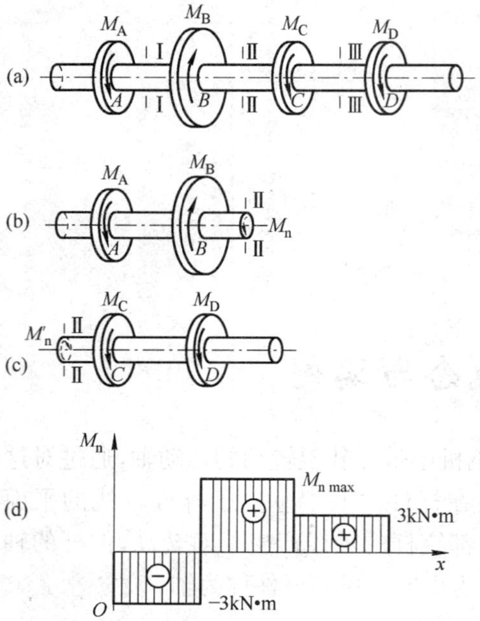

图 6-2 扭矩的计算

圆轴横截面上的内力采用截面法求得。如图 6-2a 所示，轴上装有四个轮子，所传递的力偶矩分别为 $M_A = 3$ kN·m, $M_B = 10$ kN·m, $M_C = 4$ kN·m, $M_D = 3$ kN·m。若计算 BC 段任意截面上的内力，可假想在该段内沿Ⅱ-Ⅱ截面截开，将轴分成两部分，任取一部分为研究对象，如图 6-2b 所示取左端，由于整个轴是平衡的，该部分也必须处于平衡状态，则截面上必然存在一个内力偶矩 M_n 与外力偶矩平衡，方向如图所示，该内力偶矩 M_n 称为扭矩。其大小由平衡条件求得。

由 $\sum M = 0$ 得

$$M_A - M_B + M_n = 0 \qquad M_n = M_B - M_A \tag{6-2}$$

若取右边部分为研究对象，用同样方法可求得

$$M'_n = M_C + M_D \tag{6-3}$$

由式(6-2)和式(6-3)可确定计算扭矩的规律为：**任意截面上的扭矩等于研究对象(左或右)一侧所有外力偶矩的代数和。外力偶矩的正负可由右手螺旋法则确定，即用右手拇指指向截面外法线方向，四指转向与外力偶矩相反者为正，相同者为负。**如图 6-3 所示，表示扭矩转向的正负关系。

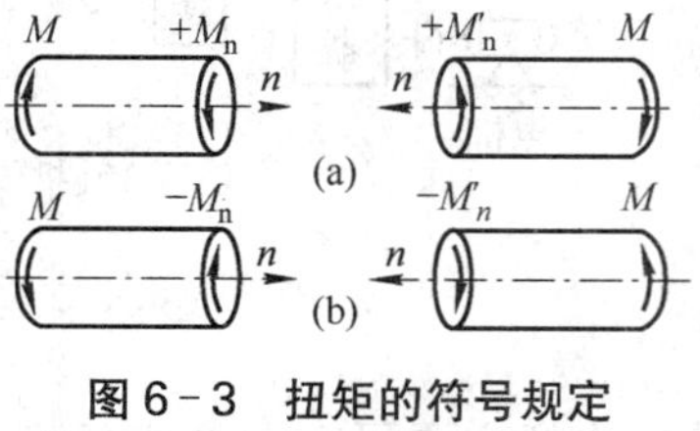

图 6-3 扭矩的符号规定

三、扭矩图

为了直观地表示圆轴上扭矩的变化情况，以便确定最大扭矩及其所在截面的位置，通常把圆轴的轴线作为 x 轴(横坐标轴)，以纵坐标轴表示扭矩 M_n，这种用来表示圆轴横截面上扭矩沿轴线方向变化情况的图形称为扭矩图。图 6-2d 即为图 6-2a 轴的扭矩图，其中最大扭矩在 BC 段，其值 $M_{n\max} = 7$ kN·m。

例 6-1 传动轴如图 6-4a 所示。已知 A 轮输入的功率 $P_A = 15$ kW, B、C 轮输出功率分别为 $P_B = 9$ kW, $P_C = 6$ kW，轴的转速 $n = 200$ r/min，试绘制该轴的扭矩图。

解 (1) 计算各轮上的外力偶矩：

$$M_A = 9\,550\frac{P_A}{n} = 9\,550\frac{15}{200} = 716.2\ \text{N}\cdot\text{m}$$

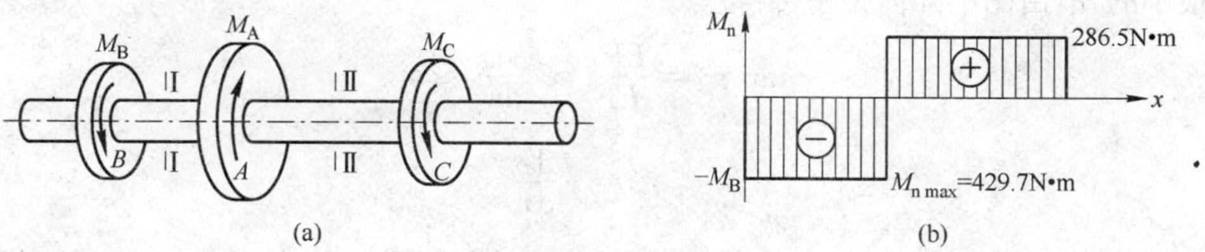

图 6-4　传动轴

$$M_B = 9\,550\,\frac{P_B}{n} = 9\,550\,\frac{9}{200} = 429.7\ \text{N} \cdot \text{m}$$

$$M_C = 9\,550\,\frac{P_C}{n} = 9\,550\,\frac{6}{200} = 286.5\ \text{N} \cdot \text{m}$$

(2) 计算各段扭矩值：

BA 段　　　　$M_{n1}^{左} = -M_B = -429.7\ \text{N} \cdot \text{m}$

AC 段　　　　$M_{n2}^{右} = M_C = 286.5\ \text{N} \cdot \text{m}$

(3) 绘制扭矩图如图 6-4b 所示。

第三节　圆轴扭转的切应力

一、变形几何关系

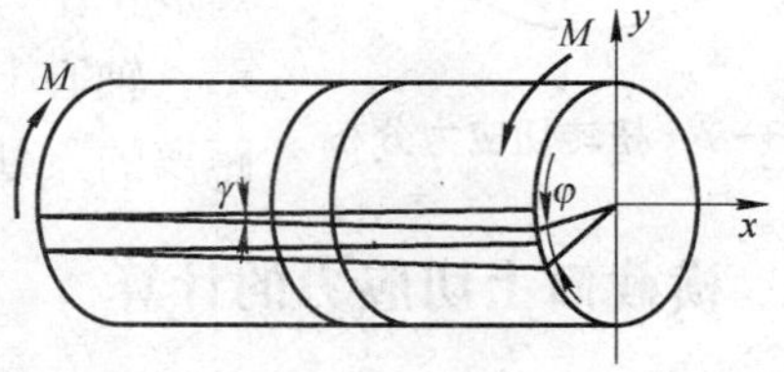

图 6-5　圆轴扭转变形

取一等截面圆轴，在其表面上作出两条平行于轴线的纵向线和两条圆周线如图 6-5 所示。再在圆轴的两端分别作用一对外力偶矩 M，使杆件发生扭转变形。由图 6-5 可以看到以下变形现象：各圆周线的形状、大小、间距保持不变，只绕轴线作相对转动；各纵向线倾斜了一个相同的角度 γ，由圆周线与纵向线组成的原小矩形变成了平行四边形。

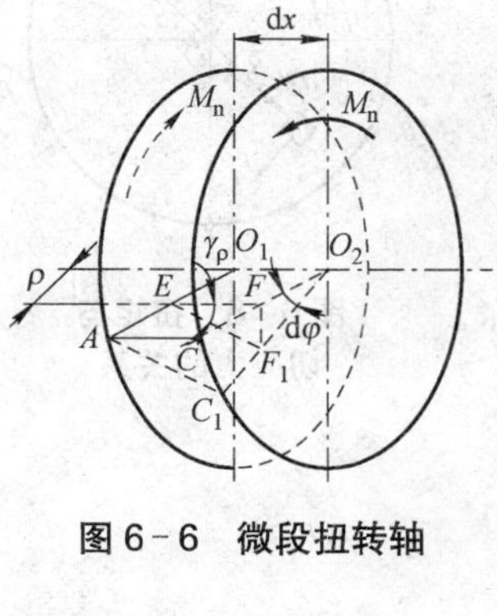

图 6-6　微段扭转轴

由上述现象可以推断出：圆轴扭转前各横截面为平面，扭转后仍保持为平面，且相互平行，只是相对转过了一个角度，这就是圆轴扭转时的平面假设。

根据平面假设可得如下结论：①由于相邻横截面的间距不变，杆件无纵向伸长和缩短，因此横截面上无正应力作用。②由于相邻横截面发生绕轴线的相对转动，所以横截面上必有沿截面切线，且垂直于半径方向的切应力 τ。

在圆轴上取一微段 dx，如图 6-6 所示，右截面相对于左截面转过了一个角度 $d\varphi$，半径由 O_2C 转至 O_2C_1。在图中任取一距圆心为 ρ 的内层圆柱面，该面上的纵向线 EF 倾斜到了 EF_1，倾斜角为 γ_ρ，此倾斜角度称为切应变。在弹性范围内，切应变

γ_ρ 是很小的，故由图中几何关系可得

$$\tan\gamma_\rho = \frac{FF_1}{EF} \approx \frac{\rho \mathrm{d}\varphi}{\mathrm{d}x} \approx \gamma_\rho$$

即

$$\gamma_\rho = \rho\frac{\mathrm{d}\varphi}{\mathrm{d}x} \tag{6-4}$$

对于给定的横截面 $\mathrm{d}\varphi/\mathrm{d}x$ 为常量，叫做单位长度扭转角。故由式(6－4)可知，横截面上任意一点的切应变与该点到圆心的距离 ρ 成正比。

二、横截面上切应力的分布

根据剪切胡克定律：当材料所受切应力不超过材料的剪切弹性极限时，则有

$$\tau = G\gamma \tag{6-5}$$

将式(6－4)代入式(6－5)中，可得

$$\tau_\rho = G\gamma_\rho = G\rho\frac{\mathrm{d}\varphi}{\mathrm{d}x} \tag{6-6}$$

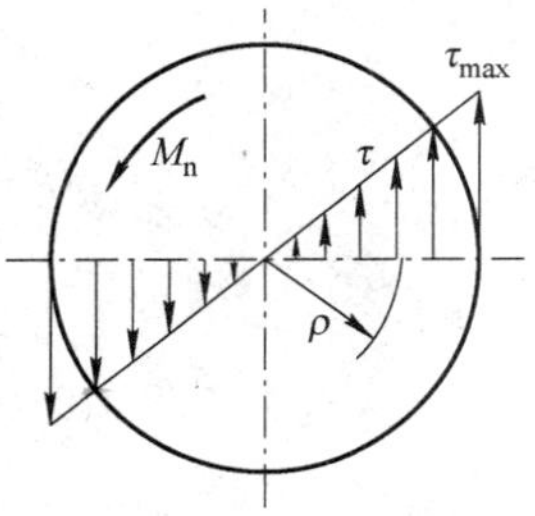

图6－7 扭转切应力分布

式中 G——材料的切变模量，其数值可由实验测得，常用单位为 GPa；

ρ——为点到距轴心的距离(mm)。

τ_ρ——距轴心为 ρ 的各点处的切应力(MPa)。

式(6－6)表明：横截面上任意一点的切应力与该点到轴心的距离成正比，其方向与半径垂直，并指向扭矩转向一方，如图 6－7 所示。轴心上的切应力为零，周边上的切应力最大，而所有距圆心等距离的点处，切应力相等。

三、横截面上切应力的计算

由于横截面上任意点处的切应力均垂直半径，故截面内每一微面积上内力的合力 $\tau_\rho \mathrm{d}A$ 对圆心产生一微力矩 $\mathrm{d}M_\mathrm{n} = \tau_\rho \mathrm{d}A \cdot \rho$，如图 6－8 所示。而截面上所有微力矩的合成结果应等于截面上的扭矩 M_n，即

$$M_\mathrm{n} = \int_A \mathrm{d}M_\mathrm{n} = \int_A \rho\tau_\rho \mathrm{d}A \tag{6-7}$$

式中 A——整个横截面面积。

将式(6－6)代入式(6－7)中得

$$M_\mathrm{n} = \int_A G\rho^2\frac{\mathrm{d}\varphi}{\mathrm{d}x}\mathrm{d}A = G\frac{\mathrm{d}\varphi}{\mathrm{d}x}\int_A \rho^2 \mathrm{d}A \tag{6-8}$$

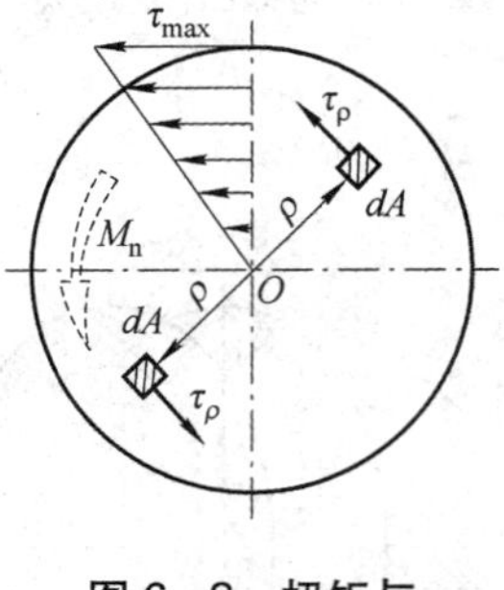

图6－8 扭矩与切应力的关系

$\int_A \rho^2 \mathrm{d}A$ 只与截面的尺寸有关，它表示截面的一种几何性质，称为截面的极惯性矩，用 I_ρ 表示，即

$$I_\rho = \int_A \rho^2 \mathrm{d}A \tag{6-9}$$

I_ρ 为长度单位的四次方，即 mm^4。故式(6-8)可写成

$$M_n = GI_\rho \frac{d\varphi}{dx} \text{或} \frac{d\varphi}{dx} = \frac{M_n}{GI_\rho} \tag{6-10}$$

将式(6-10)代入式(6-6)中，即得圆轴扭转时横截面上任意点的切应力计算公式

$$\tau_\rho = \frac{M_n}{I_\rho}\rho \tag{6-11}$$

对于同一截面而言，M_n 和 I_ρ 均为常量，因此式(6-11)也表明：圆轴扭转时，横截面上任意点的切应力与该点半径成正比。

当 $\rho_{max} = \dfrac{d}{2}$ 时，切应力最大，于是得到横截面上最大切应力计算公式为

$$\tau_{max} = \frac{M_n}{I_\rho}\frac{d}{2} \tag{6-12}$$

因 I_ρ 与 $d/2$ 均与截面的尺寸有关，若令 $W_n = \dfrac{I_\rho}{d/2}$，则式(6-12)又可写成

$$\tau_{max} = \frac{M_n}{W_n} \tag{6-13}$$

W_n 称为抗扭截面模量，常用单位为 mm^3。

关于 I_ρ 和 W_n 的计算如下：

(1) 实心圆截面。直径为 d，则有：

$$I_\rho = \frac{\pi d^4}{32} \approx 0.1d^4$$

$$W_n = \frac{I_\rho}{d/2} = \frac{\pi d^3}{16} \approx 0.2d^3$$

(2) 空心圆截面。外径为 D，内径为 d，令 $\alpha = \dfrac{d}{D}$，则有：

$$I_\rho = \frac{\pi D^4}{32} - \frac{\pi d^4}{32} = \frac{\pi D^4}{32}(1-\alpha^4) \approx 0.1D^4(1-\alpha^4)$$

$$W_n = \frac{I_\rho}{d/2} = \frac{\pi D^3}{16}(1-\alpha^4) \approx 0.2D^3(1-\alpha^4)$$

例 6-2　若已知如图 6-4a 所示轴的直径 $d = 30$ mm，扭矩图如图 6-4b 所示，试求Ⅰ-Ⅰ和Ⅱ-Ⅱ截面上的最大切应力。

解　(1) 计算抗扭截面模量：

$$W_n = \frac{\pi d^3}{16} = \frac{3.14 \times 30^3}{16} = 5\,298.75 \text{ mm}^3$$

(2) 计算Ⅰ-Ⅰ截面上的最大切应力：

$$\tau_{max} = \frac{M_{n1}}{W_n} = \frac{429.7 \times 10^3}{5\,298.75} = 81 \text{ MPa}$$

(3) 计算Ⅱ-Ⅱ截面上的最大切应力：

$$\tau_{\max}=\frac{M_{n2}}{W_n}=\frac{286.5\times10^3}{5\,298.75}=54\ \text{MPa}$$

第四节　圆轴扭转变形计算

圆轴扭转时的变形采用两个横截面之间的相对转角 φ 来表示。对于长度为 L，扭矩为 M_n，且截面大小不变的等截面圆轴，其变形计算公式为

$$\varphi=\frac{M_nL}{GI_\rho}\tag{6-14}$$

式中　M_n——扭矩(N·m)；

L——两横截面间的距离(m)；

G——轴材料的切变模量(Pa)；

I_ρ——横截面对圆心的极惯性矩(m^4)；

φ——相对扭转角(rad)，其转向与扭矩转向相同。

式(6-14)说明，在长度和扭矩一定的情况下，GI_ρ 越大，相对扭转角越小，即变形越小。可见 GI_ρ 反映了圆轴抵抗扭转变形的能力，称为抗扭刚度。

对于直径变化的圆轴(阶梯轴)，或者扭矩分段变化的等截面圆轴，必须分段计算相对转角，然后计算代数和。

单位长度上的扭转角称为单位扭转角，用 θ 表示，显然

$$\theta=\frac{\varphi}{l}=\frac{M_n}{GI_\rho}$$

在工程上常用度/米(°/m)来表示单位扭转角，则

$$\theta_{\max}=\frac{M_n}{GI_\rho}\cdot\frac{180}{\pi}\tag{6-15}$$

例6-3　传动轴如图6-9a所示，已知其扭矩图为图6-9b，轴材料的切变模量 $G=80$ GPa。试求该轴上截面 A 相对截面 C 的扭转角 φ_{AC}。

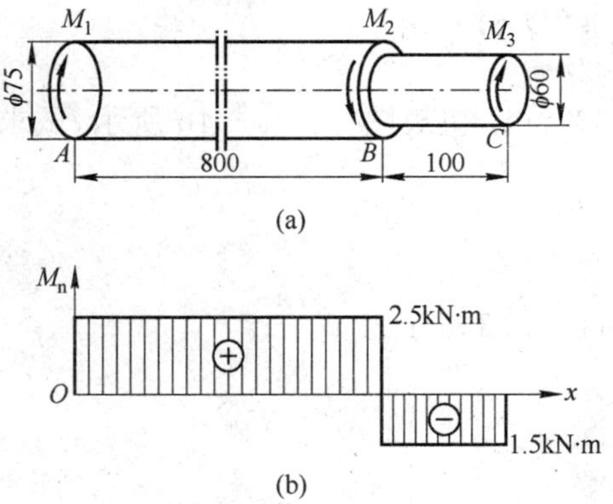

图6-9　阶梯形传动轴

解　因该轴上各截面扭矩不等，直径不同，故应分段计算，然后叠加。

$$\varphi_{AC}=\varphi_{AB}+\varphi_{BC}=\frac{M_{nAB}\cdot l_{AB}}{GI_{\rho AB}}+\frac{M_{nBC}\cdot l_{BC}}{GI_{\rho BC}}$$

$$=\frac{2.5\times10^3\times800\times10^{-3}}{80\times10^9\times3.14/32\times(75\times10^{-3})^4}-\frac{1.5\times10^3\times100\times10^{-3}}{80\times10^9\times3.14/32\times(60\times10^{-3})^4}$$

$$=0.006\,6\ \text{rad}$$

第五节　圆轴扭转时的强度和刚度计算

一、强度计算

为了使受扭圆轴能安全可靠地工作，首先必须保证工作时危险截面上的最大切应力不超过材料的许用切应力，即

$$\tau_{max}=\frac{M_{nmax}}{W_n}\leqslant[\tau] \tag{6-16}$$

式(6－16)即为圆轴扭转时的强度条件。式中$[\tau]$为材料的许用切应力，它是根据试验得出抗剪切强度极限τ_b，并考虑安全系数得出的。常用材料的许用切应力可从有关规范中查得。一般情况下，材料的许用切应力$[\tau]$与许用拉应力$[\sigma]$之间有以下近似关系：

对于塑性材料 $[\tau]=(0.6\sim0.8)[\sigma]$，对于脆性材料 $[\tau]=(0.8\sim1.0)[\sigma]$。

必须注意：危险截面是切应力最大的截面，而不一定是扭矩最大的截面，因此须经分析或计算后确定。

二、刚度计算

对于轴类零件，为避免在扭转时产生过大变形而影响精度或产生振动，因此工程上有时要求轴的最大单位长度扭转角θ_{max}不超过许用单位扭转角$[\theta]$。即

$$\theta_{max}=\frac{M_n}{GI_\rho}\times\frac{180}{\pi}\leqslant[\theta] \tag{6-17}$$

式(6－17)即为圆轴扭转时的刚度条件。

最大单位长度扭转角θ_{max}，当扭矩或直径不同时，需分段计算确定。

圆轴扭转的强度条件和刚度条件均能解决三类问题，即：①强度或刚度校核；②设计截面尺寸；③确定需用外力偶矩。

例 6－4　传动轴受力情况如图 6－10a 所示。已知 $M_1=1\,500\ \text{kN}\cdot\text{m}$，$M_2=500\ \text{kN}\cdot\text{m}$，$M_3=1\,000\ \text{kN}\cdot\text{m}$，材料的许用切应力$[\tau]=60\ \text{MPa}$，许用单位扭转角$[\theta]=0.5°/\text{m}$，材料的切变模量$G=80\ \text{GPa}$，试设计轴的直径。

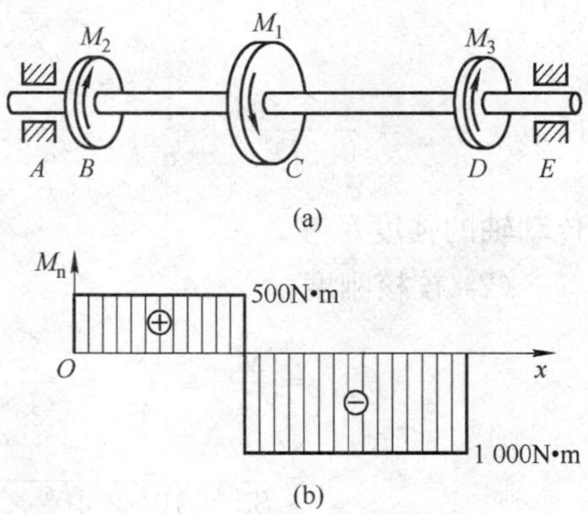

图 6－10　传动轴

解　(1) 计算各段扭矩，画出扭矩图：

$$M_{nBC}=500\ \text{N}\cdot\text{m}$$

$$M_{nCD}=500-1\,500=-1\,000\ \text{N}\cdot\text{m}$$

根据计算结果，画出扭矩图如图 6－10b 所示。

(2) 按强度条件设计轴的直径：

$$\tau_{max}=\frac{M_{nmax}}{W_n}=\frac{1\,000\times10^3}{0.2d^3}\leqslant[\tau]=60$$

所以 $$d \geqslant \sqrt[3]{\frac{1\,000 \times 10^3}{0.2 \times 60}} = 43.7\ \text{mm}$$

(3) 按刚度条件设计轴的直径:

$$\theta_{\max} = \frac{M_n}{GI_\rho} \times \frac{180}{\pi} = \frac{1\,000 \times 180}{80 \times 10^9 \times 0.1 d^4 \pi} \leqslant 0.5$$

$$d \geqslant \sqrt[4]{\frac{1\,000 \times 180}{80 \times 10^9 \times 0.1\pi \times 0.5}} = 0.062\ \text{m} = 62\ \text{mm}$$

要使轴同时满足强度和刚度条件,取轴的直径 $d = 62$ mm。

例 6-5 某机器减速箱中的一实心轴,直径 $d = 45$ mm,材料的许用切应力$[\tau] =$ 60 MPa,转速 $n = 1\,200$ r/min,试求轴所传递的功率。

解 根据扭转强度条件,确定许用扭矩:

$$M_{\text{nmax}} \leqslant W_n[\tau] = \frac{\pi d^3}{16}[\tau] = \frac{\pi 45^3}{16} \times 60 = 1\,072\,997\ \text{N} \cdot \text{mm} \approx 1\,073\ \text{N} \cdot \text{m}$$

由公式 $M = 9\,550\,\dfrac{P}{n}$ 可得

$$P = \frac{M \cdot n}{9\,550} = \frac{1\,073 \times 1\,200}{9\,550} = 134\ \text{kW}$$

例 6-6 空心传动轴,其外径 $D = 90$ mm,壁厚 $t = 2.5$ mm,轴材料为 45 号钢,其许用切应力$[\tau] = 60$ MPa,许用单位扭转角$[\theta] = 1°/\text{m}$。传递的最大力偶矩 $M = 1\,700$ N·m,材料的切变模量 $G = 8 \times 10^4$ MPa。试校核空心轴的强度和刚度。若将空心轴变成实心轴时,按强度设计轴的直径,并比较二者的材料消耗。

解 (1) 校核强度。因传动轴所受外力偶矩 $M = 1\,700$ N·m,故各截面上的扭矩相等,均为 $M_n = 1\,700$ N·m,最大切应力为

$$\tau_{\max} = \frac{M_n}{W_n} = \frac{M_n}{0.2D^3(1-\alpha^4)}$$

其中 $$\alpha = \frac{90 - 2 \times 2.5}{90} = 0.944$$

所以 $$\tau_{\max} = \frac{M_n}{0.2D^3(1-\alpha^4)} = \frac{1\,700 \times 10^3}{0.2 \times 90^3 \times (1 - 0.944^4)} = 56.6\ \text{MPa} < [\tau] = 60\ \text{MPa}$$

传动轴的强度足够。

(2) 校核刚度:

$$\begin{aligned}
\theta_{\max} &= \frac{M_n}{GI_\rho} \times \frac{180}{\pi} = \frac{M_n \times 180}{G \times 0.1D^4(1-\alpha^4)\pi} \\
&= \frac{1\,700 \times 180}{80 \times 10^4 \times 10^6 \times 0.1 \times 90^4 \times 10^{-12} \times (1 - 0.944^4) \times 3.14} \\
&= 0.902°/\text{m}
\end{aligned}$$

传动轴的刚度足够，故此轴安全可用。

(3) 改为实心轴，按强度条件设计轴的直径 d_1：

$$\tau_{max}=\frac{M_n}{W_n}\leqslant[\tau]=60$$

其中
$$W_n=0.2d_1^3$$

故
$$\frac{1\,700\times10^3}{0.2d_1^3}\leqslant60$$

所以
$$d_1\geqslant\sqrt[3]{\frac{1\,700\times10^3}{0.2\times60}}=52\ \mathrm{mm}$$

(4) 比较二者材料消耗：

$$\frac{A_{空}}{A_{实}}=\frac{\frac{\pi}{4}(D^2-d^2)}{\frac{\pi}{4}d_1^2}=\frac{D^2-d^2}{d_1^2}=\frac{90^2-85^2}{52^2}=0.32$$

该比值说明空心轴材料消耗量仅为实心轴的32%，可节约材料2/3。因空心轴材料分布离轴线较远，故相同界面的极惯性矩较大，所以空心轴是比较经济的。在工程实际中，以钢管代替实心轴，不仅节约材料，还可以减轻机器自重。但应注意，当采用焊接管做抗扭构件时，必须保证焊缝的质量。

思考与练习

1. 杆件在什么情况下发生扭转变形，试举例说明。

2. 在减速箱中，高速轴直径大还是低速轴直径大，为什么？

3. 若将圆轴的直径增大一倍，其他条件不变，则 τ_{max} 和 φ_{max} 各有何变化？

4. 在强度条件相同的情况下，空心轴为什么比实心轴省料？

5. 试分析如图6-11所示扭转切应力分布是否正确，为什么？

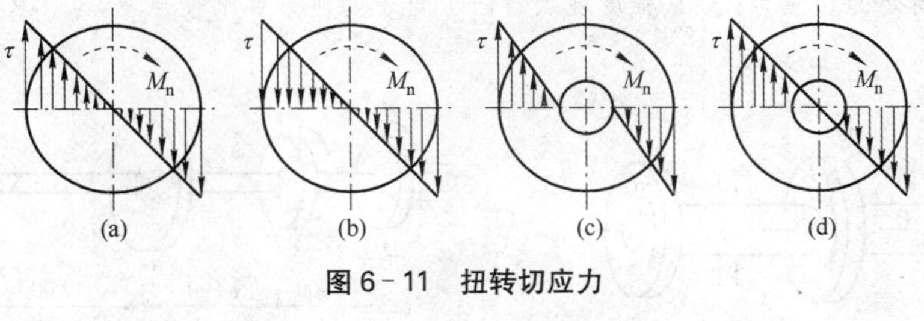

图6-11　扭转切应力

6. 若直径 d 和长度 l 均相同，而材料不同的两根轴，在相同的扭矩 M_n 作用下，它们的最大切应力是否相同，扭转角是否相同，为什么？

7. 如图6-12所示两个传动轴中，哪一种轮的布置对提高轴的承载能力有利？

8. 如图6-13所示空心轴的极惯性矩和抗扭截面模量是否可按下式计算，为什么？

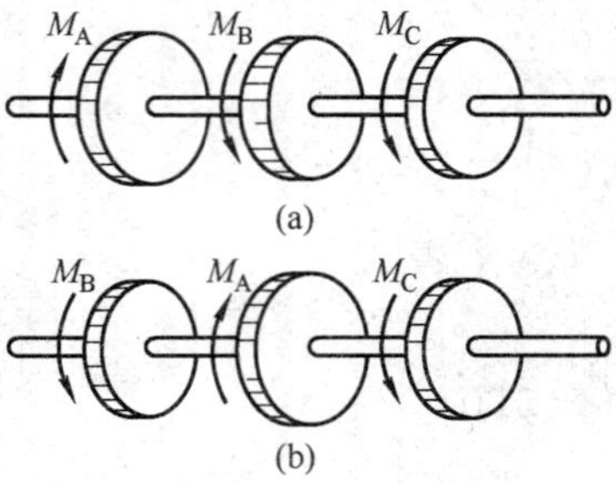

图 6-12 两个传动轴

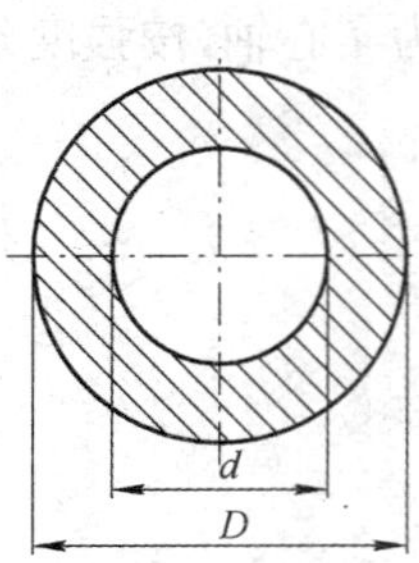

图 6-13 空心轴

$$I_\rho = I_{\rho外} - I_{\rho内} = \frac{\pi D^4}{32} - \frac{\pi d^4}{32}$$

$$W_n = W_{n外} - W_{n内} = \frac{\pi D^3}{16} - \frac{\pi d^3}{16}$$

9. 如图 6-14 所示圆轴上作用四个外力偶，其矩为 $M_1 = 1\,200\ \mathrm{N\cdot m}$, $M_2 = 600\ \mathrm{N\cdot m}$, $M_3 = 800\ \mathrm{N\cdot m}$, $M_4 = 200\ \mathrm{N\cdot m}$。①求指定截面上的扭矩；②绘轴的扭矩图。

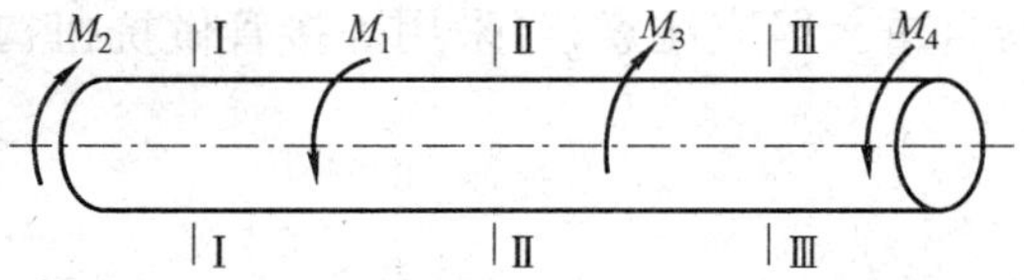

图 6-14 圆轴受力偶作用

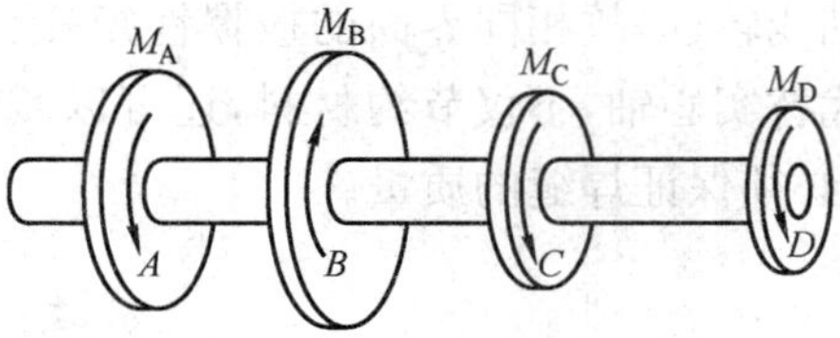

图 6-15 带动四轮的传动轴

10. 如图 6-15 所示传动轴转速 $n = 300\ \mathrm{r/min}$，主动轮输入功率 $P_B = 10\ \mathrm{kW}$，从动轮 A、C、D 分别输出功率 $P_A = 5\ \mathrm{kW}$, $P_C = 3\ \mathrm{kW}$, $P_D = 2\ \mathrm{kW}$，试画出该轴的扭矩图。若将 A、B 对调，扭矩图如何？

11. 传动轴如图 6-16 所示，已知轴的直径 $d = 50\ \mathrm{mm}$, $M_1 = 1.5\ \mathrm{kN\cdot m}$, $M_2 = 1\ \mathrm{kN\cdot m}$, $M_3 = 0.5\ \mathrm{kN\cdot m}$，试计算：① 轴上 Ⅰ-Ⅰ 和 Ⅱ-Ⅱ 截面上的最大切应力；② 截面 Ⅰ-Ⅰ 上半径为 20 mm 圆周处的切应力；③ 从强度观点看三个轮子如何布置比较合理，为什么？

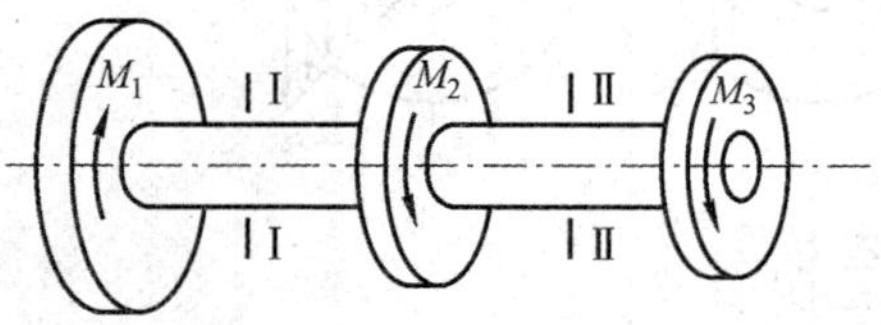

图 6-16 带动三轮的传动轴

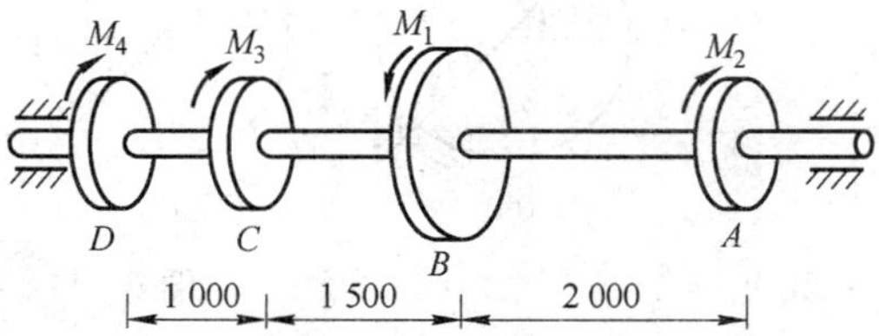

图 6-17 传动轴

12. 传动轴如图 6-17 所示，已知轴的直径 $d = 75\ \mathrm{mm}$，力偶矩 $M_1 = 1\,000\ \mathrm{N\cdot m}$, $M_2 = 600\ \mathrm{N\cdot m}$, $M_3 = 300\ \mathrm{N\cdot m}$, $M_4 = 100\ \mathrm{N\cdot m}$。轴材料的切变模量 $G = 80\ \mathrm{GPa}$。①画出轴的扭矩图；②求各段内的最大切应力；③求 B、C 两截面的相对扭转角。

13. 一等截面圆轴，转速 $n=120\ r/min$，传递功率 $P=17.5\ kW$，轴的直径 $d=40\ mm$，轴材料的许用切应力 $[\tau]=140\ MPa$，试校核该轴的扭转强度。

14. 图 6－18 中给出了圆轴 AB 所受的外力偶矩 $M_{e1}=800\ N\cdot m$，$M_{e2}=1\,200\ N\cdot m$，$M_{e3}=400\ N\cdot m$，$l_2=2l_1=600\ mm$，$G=80\ GPa$，$[\tau]=50\ MPa$，$[\theta]=0.25°/m$。试设计轴的直径。

15. 圆轴的直径 $d=50\ mm$，转速 $n=200\ r/min$，轴材料的许用切应力 $[\tau]=60\ MPa$，按强度条件求该轴所传递的功率。

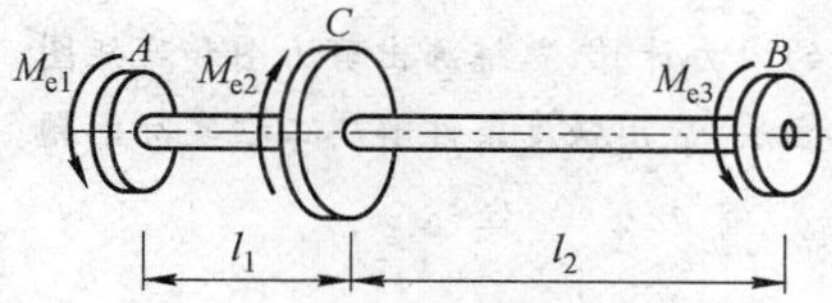

图 6－18 圆轴扭转

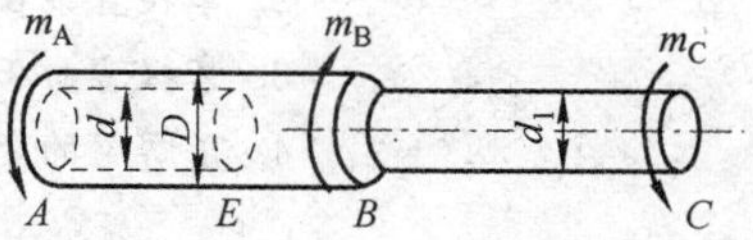

图 6－19 阶梯轴

16. 如图 6－19 所示阶梯轴 ABC，BC 为实心轴，直径 $d_1=100\ mm$，AE 为空心轴，外径 $D=141\ mm$，内径 $d=100\ mm$，轴上装有三个带轮，已知作用在三个带轮上的外力偶矩分别为 $M_A=18\ kN\cdot m$，$M_B=32\ kN\cdot m$，$M_C=14\ kN\cdot m$。材料的切变模量 $G=80\ GPa$，许用切应力 $[\tau]=80\ MPa$，单位扭转角 $[\theta]=1.2°/m$，校核轴的强度和刚度。

17. 等截面轴如图 6－20 所示，轴上装有三个带轮，若已知输入功率 $P_A=15\ kW$，输出功率 $P_B=7.5\ kW$，$P_C=7.5\ kW$，轴的转速 $n=900\ r/min$；许用切应力 $[\tau]=40\ MPa$，切变模量 $G=80\ GPa$，单位长度扭转角 $[\theta]=0.3°/m$，试设计轴的直径。

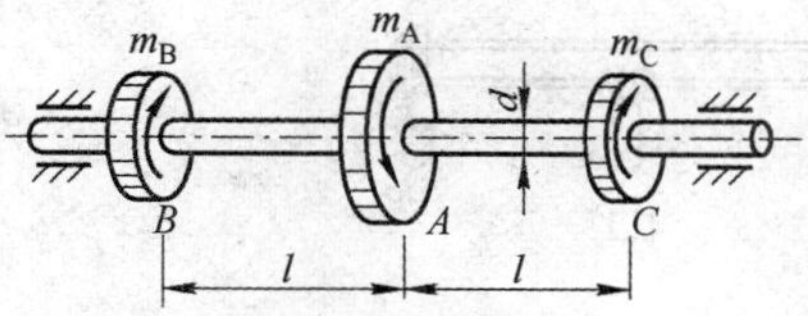

图 6－20 等截面轴

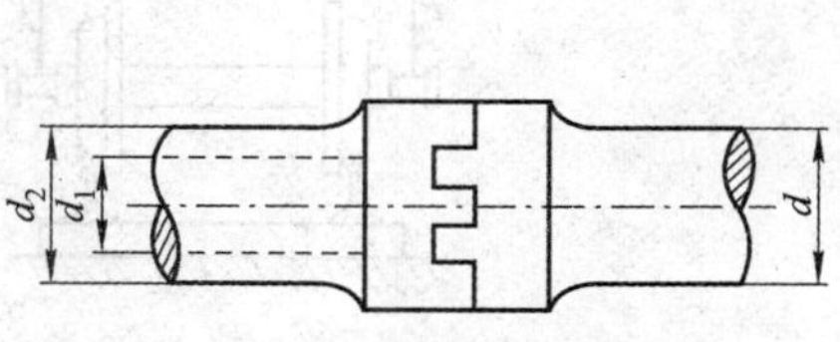

图 6－21 牙嵌式离合器

18. 如图 6－21 所示实心轴通过牙嵌离合器把功率传递给空心轴。已知轴的转速 $n=100\ r/min$，传递的功率 $P=7.5\ kW$，内径与外径之比为 0.5，许用切应力 $[\tau]=40\ MPa$，试计算实心轴的直径 d 和空心轴的外径 d_2。

第七章　直梁的弯曲

【学习目标】

1. 理解平面弯曲的概念。
2. 掌握直梁在平面弯曲时的内力计算，熟练画出剪力图和弯矩图。
3. 掌握弯曲正应力的计算方法，应用强度条件解决工程实际问题。
4. 了解梁的变形计算。

第一节　平面弯曲的概念

杆件的弯曲变形是工程中最常见的一种变形形式，如图 7-1 所示机车轮轴，桥式吊车的横梁。它的受力及变形特点是：作用于这些杆件上的外力垂直于杆件的轴线，杆的轴线由原来的直线变为曲线，这样的变形称为弯曲变形。凡以弯曲变形为主要变形的构件，称之为梁。

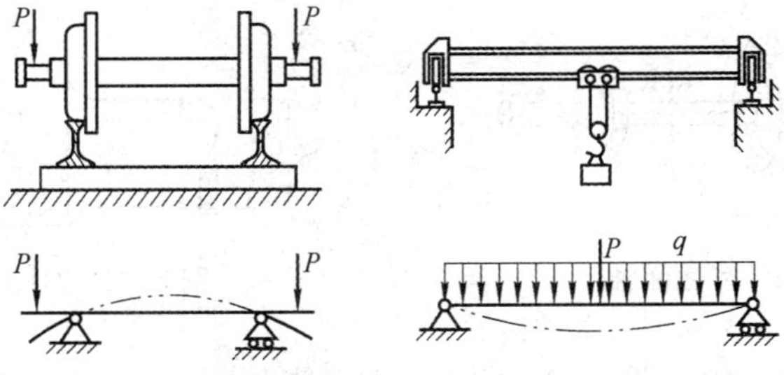

图 7-1　弯曲变形实例

工程上大多数梁的横截面都具有对称轴，该轴称为纵向对称轴；梁的轴线和截面的纵向对称轴所决定的平面称为纵向对称面，如图 7-2 所示。若梁上的外力或力偶都作用在纵向对称面内，且各力都与梁的轴线垂直，则梁的轴线在纵向对称面内由直线弯成一条平面曲线，这种弯曲称为平面弯曲。平面弯曲是弯曲问题中最基本、最常见的。所以，本章中只讨论平面弯曲问题。

梁的结构形式很多，但按其支座情况可分为以下三种形式，即简支梁、外伸梁和悬臂梁，如图 7-3 所示。

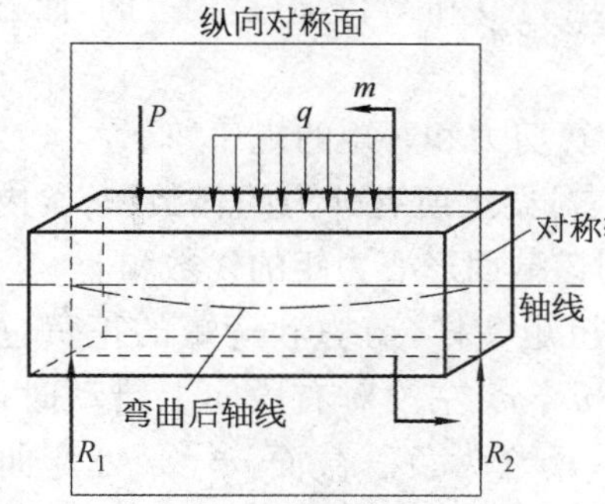

图 7-2　平面弯曲

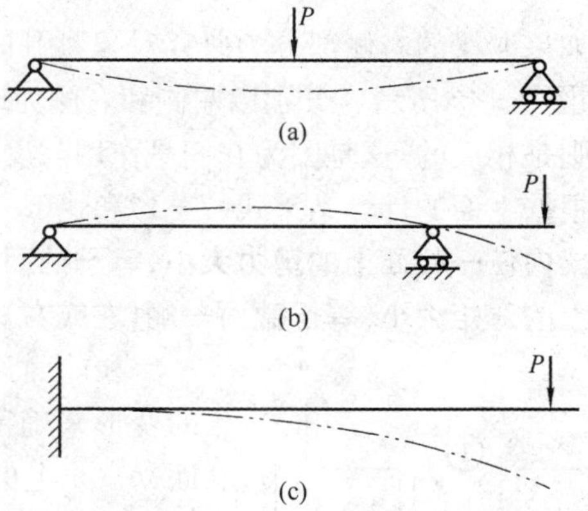

图 7-3　梁的结构形式

第二节　梁弯曲时横截面上的内力

求解梁横截面上内力的方法是截面法。

如图 7-4a 所示简支梁，受集中力 P_1 和 P_2 作用。为了求出距 A 端支座为 x 处横截面 $m-m$ 上的内力，首先按静力学中的平衡方程求出梁的支座反力 R_A 和 R_B，然后用截面法沿 $m-m$ 截面假想地把梁截开，并以左边部分为研究对象，如图 7-4b 所示。因 R_A 与 P_1 一般不能互相平衡，为了保持左段梁的平衡，截面 $m-m$ 上必有一个与截面相切的内力 Q 来代替右边部分对左边部分沿截面切线方向移动趋势所起的约束作用；又因 R_A 与 P_1 对截面形心 O 点的力矩一般不能相互抵消，为保持左边部分不发生转动，在横截面 $m-m$ 上必有一个位于载荷平面的内力偶，其力偶矩为 M，用来代替右边部分对左边部分转动趋势所起的约束作用。由此可见，梁弯曲时，横截面上一般存在两个内力因素，其中 Q 称为剪力，M 称为弯矩。

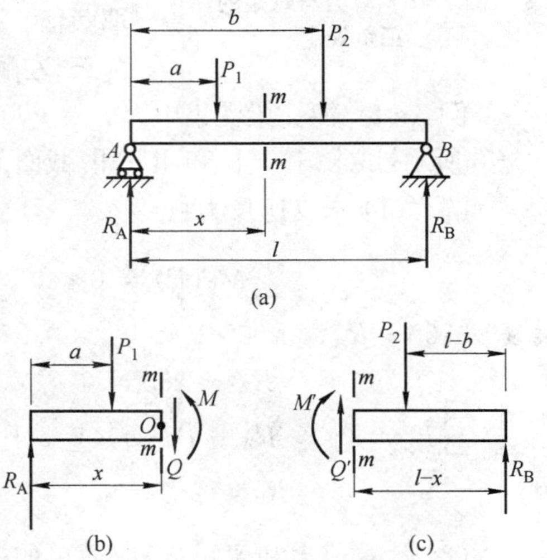

图 7-4　简支梁

剪力 Q 和弯矩 M 的大小和方向都可以依据左边部分的平衡关系来确定。由图 7-4b 可得

$$\sum F_y = 0 \qquad R_A - P_1 - Q = 0$$

即
$$Q = R_A - P_1 \tag{7-1}$$

再由
$$\sum M_O(F) = 0 \qquad -R_A x + P_1(x-a) + M = 0$$

得
$$M = R_A x - P_1(x-a) \tag{7-2}$$

如果取梁的右侧部分为研究对象，用同样方法亦可求得截面 $m-m$ 上的剪力 Q 和弯矩 M，如图 7-4c 所示。分别以左侧和右侧为研究对象求出的 Q 和 M，数值是相等的，而方向和转向则是相反的，这是因为它们是作用与反作用的关系。

根据上面的计算结果式(7-1)和式(7-2)，可得计算剪力和弯矩的规律如下：

梁内任一截面上的剪力大小，等于截面一侧(左或右)梁上所有外力的代数和；梁内任一截面上的弯矩大小，等于截面一侧(左或右)梁上外力对该截面形心力矩的代数和。

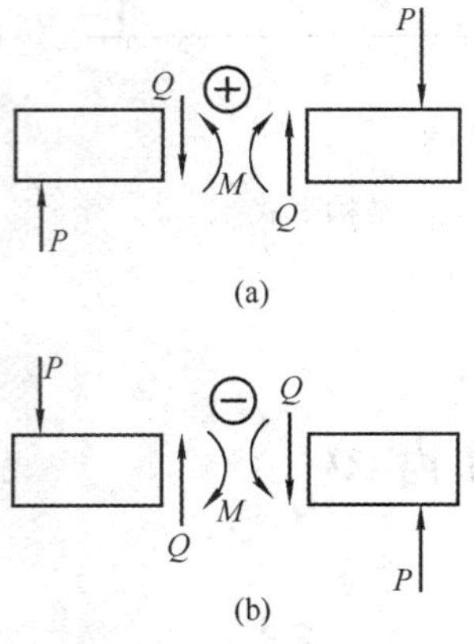

图 7-5 剪力与弯矩的正负规定

和前面计算轴力和扭矩一样，剪力和弯矩的正负也按梁的变形来确定。即截面 $m-m$ 左段对右段向上错动时，则截面 $m-m$ 上的剪力为正；反之为负。截面 $m-m$ 处弯曲变形向下凸起时，则横截面上的弯矩为正；反之为负，如图 7-5 所示。

根据上述剪力和弯矩的正负规定，任一截面上的剪力和弯矩无论用这个截面左侧和右侧的外力来计算，所得数值的正负号都是一样的，由此确定外力的正负。计算剪力时，**截面左侧向上的外力或截面右侧向下的外力取正值；反之取负值**。计算弯矩时，**截面左侧梁上外力对截面形心的力矩顺时针转向，截面右侧梁上外力对截面形心的力矩逆时针转向时取正值；反之取负值**。可将此规定归纳为一个简单的口诀：**"左上右下，剪力为正；左顺右逆，弯矩为正"**。

例 7-1 简支梁受集中力 $P=1000\ \text{N}$，力偶 $M=1\ \text{kN}\cdot\text{m}$，均布载荷 $q=4\ \text{kN/m}$，如图 7-6 所示，试求 Ⅰ-Ⅰ 和 Ⅱ-Ⅱ 截面上的剪力和弯矩。

解 (1) 求支座反力：

$$\sum M_B(F) = 0$$
$$P\times 750 - R_A \times 1\,000 - M + q\times 0.5\times 250 = 0$$
$$R_A = 250\ \text{N}$$
$$\sum F_y = 0 \qquad R_A - P - q\times 0.5 + R_B = 0$$
$$R_B = 2\,750\ \text{N}$$

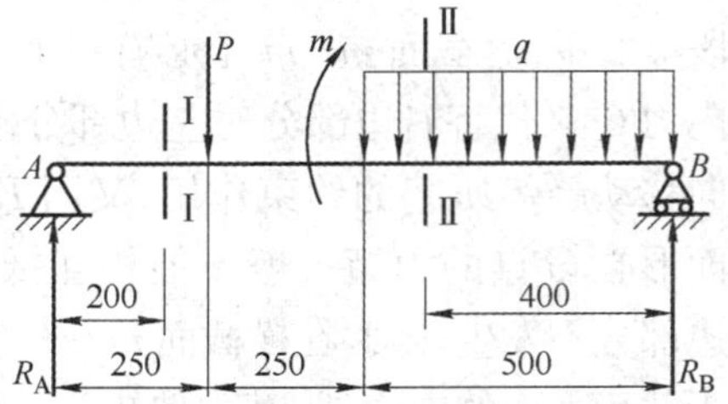

图 7-6 受载荷作用的简支梁

(2) 计算剪力和弯矩(应取简单的一侧为研究对象)：

Ⅰ-Ⅰ：$Q_1 = R_A = 250\ \text{N}$

$$M_1 = R_A \times 200 = 250\times 0.2 = 50\ \text{N}\cdot\text{m}$$

Ⅱ-Ⅱ：$Q_2 = q\times 0.4 - R_B = 4\times 0.4 - 2.75 = -1.15\ \text{kN} = 1\,150\ \text{N}$

$$M_2 = R_B \times 400 - q\times 0.4\times 200$$
$$= 2\,750\times 400\times 10^{-3} - 4\times 10^3 \times 0.4\times 0.2 = 780\ \text{N}\cdot\text{m}$$

第三节　剪力图和弯矩图

一、剪力方程和弯矩方程

由例 7-1 可知，在一般情况下，剪力和弯矩是随着截面的位置不同而变化的。如取梁的轴线为 x 轴，以坐标 x 表示横截面的位置，则剪力和弯矩可表示为截面位置 x 的函数，即

$$Q = Q(x) \qquad M = M(x) \tag{7-3}$$

上述两函数表达了剪力和弯矩沿梁轴线的变化规律，故分别称为梁的剪力方程和弯矩方程。

二、剪力图、弯矩图

为了能看出梁各截面上的剪力和弯矩沿梁轴线的变化情况，在设计计算中常把各截面上的剪力和弯矩用图形来表示。即取一平行于梁轴线的横坐标 x 来表示横截面的位置，以纵坐标表示对应横截面上的剪力和弯矩，画出剪力和弯矩与 x 的函数曲线。这样得出的图形叫梁的剪力图和弯矩图。

剪力图和弯矩图的做法是先求出梁的支座反力，然后以力和力偶的作用点为分界点，将梁分为几段，分段列出剪力和弯矩方程。取横坐标 x 表示截面的位置，纵坐标表示各截面的剪力和弯矩，按方程绘图。举例如下。

例 7-2　如图 7-7a 所示一简支梁 AB，在 C 点受集中力 P 作用，画出此梁的剪力图和弯矩图。

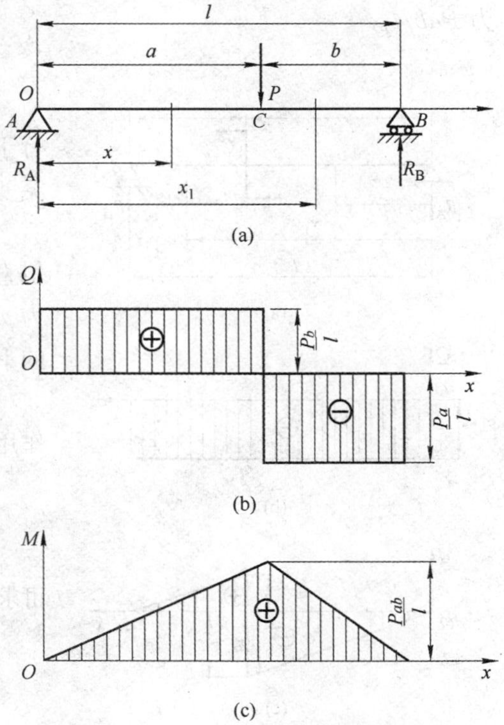

图 7-7　受集中力作用的简支梁

解　(1) 求支座反力。以整个梁为研究对象，由平衡方程 $\begin{cases} \sum F_y = 0 \\ \sum M_A(F) = 0 \end{cases}$ 求得

$$R_A = \frac{Pb}{l} \qquad R_B = \frac{Pa}{l}$$

(2) 列剪力方程和弯矩方程。因 A、C、B 处受集中力作用，故共有三个界点，即 A、C、B 三点。因此可将梁分为两段（AC 和 CB）列出剪力方程和弯矩方程。

AC 段：距 A 端 x 处任取一横截面，取左侧为研究对象，列出剪力方程和弯矩方程：

$$Q_1 = R_A = Pb/l \quad (0 < x < a) \tag{1}$$

$$M_1 = R_A x = Pbx/l \quad (0 \leqslant x \leqslant a) \tag{2}$$

CB 段:在 CB 段内距 A 端 x 处取横截面,取右侧为研究对象,列出该段的剪力方程和弯矩方程:

$$Q_2 = -R_B = -Pa/l \quad (a < x < l) \tag{3}$$

$$M_2 = R_B(l-x) = \frac{Pa(l-x)}{l} \quad (a \leqslant x \leqslant l) \tag{4}$$

(3) 按方程分段绘图。由式(1)和式(3)可知,AC 段和 CB 段剪力均为常数,所以剪力图是平行于 x 轴的直线,AC 段的剪力为正,画在 x 轴之上,CB 段剪力为负,画在 x 轴之下,如图 7-7b 所示。

由式(2)和式(4)可知,弯矩都是 x 的一次方程,所以弯矩图是两段倾斜直线。根据式(2)和式(4)确定界点处的弯矩值:

$$x = 0 \quad M_1 = 0,\ x = a \quad M_1 = \frac{pab}{l}$$

$$x_1 = a \quad M_2 = \frac{Pab}{l},\ x_2 = l \quad M_2 = 0$$

由这三点分别绘出 AC 段和 CB 段的弯矩图,如图 7-7c 所示。

(4) 讨论。由图 7-7b 可以看出,当 $x = a$ 时,剪力图上有两个值,即 Pb/l 和 $-Pa/l$,此种情况称为剪力图突变。可理解为当截面从左向右无限趋近截面 C 时,即在 C 点左侧时,剪力为 Pb/l,一旦越过截面 C,即在 C 点右侧时,则剪力变为 $-Pa/l$。图 7-7b 中集中力作用点 A、B、C 都是剪力图的突变点。

由弯矩图 7-7c 可知,集中力 P 作用点 C,弯矩图发生转折。且该截面上的弯矩值最大为 Pab/l。

分析此例,可得出如下规律:

(1) 集中力作用时,两集中力之间的剪力图为一平行于梁轴的直线;集中力作用点处,剪力图发生突变,突变方向与外力方向相同,突变幅度等于外力大小。

(2) 剪力图为直线时,其对应区间的弯矩图为一倾斜直线,直线的斜率等于对应的剪力图的值。剪力图为 x 轴的上平行线时,弯矩图向上倾斜;弯矩图为 x 轴的下平行线时,弯矩图向下倾斜。

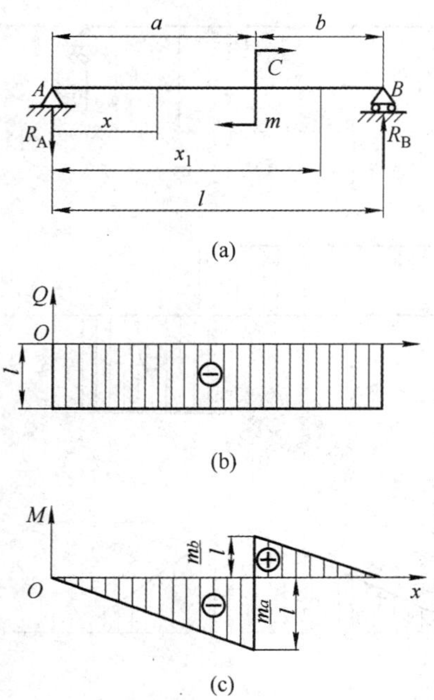

图 7-8 受集中力偶作用的简支梁

例 7-3 如图 7-8a 所示简支梁,受集中力偶 m 作用,试绘此梁的剪力图和弯矩图。

解 (1) 求支座反力。由平衡方程 $\begin{cases} \sum M_A(F) = 0 \\ \sum M_B(F) = 0 \end{cases}$

可求得

$$R_A = R_B = m/l$$

(2) 分段列出剪力方程和弯矩方程。本题中有三个界点,将梁分为 AC 和 CB 两段,分别在两段内取截面，列出各段的剪力和弯矩方程：

AC 段　　$Q_1 = -R_A = -m/l \quad (0 < x \leqslant a)$　　(1)

$$M_1 = -R_A x = -\frac{m}{l}x \quad (0 \leqslant x < a) \qquad (2)$$

CB 段　　$Q_2 = -R_B = -m/l \quad (a \leqslant x < l)$　　(3)

$$M_2 = R_B(l - x) = \frac{m}{l}(l - x) \quad (a < x \leqslant l) \qquad (4)$$

(3) 按方程分段绘图。式(1)和式(2)表明剪力图为一直线，如图 7-8b 所示。由式(3)得

$$x = 0 \qquad M_1 = 0,\ x = a \qquad M_1 = -ma/l$$

根据这两点作 AC 段的弯矩图，如图 7-8c 所示。由式(4)得

$$x_1 = a \qquad M_2 = mb/l,\ x_1 = l \qquad M_2 = 0$$

根据这两点作 CB 段弯矩图。

分析此例可得出如下规律：

梁上在集中力偶作用点处，剪力图不变，弯矩图突变。突变方向为：若力偶为顺时针转向，则弯矩图向上突变；反之力偶逆时针转向时，则弯矩图向下突变。为此可简记为“顺上逆下”。突变幅度等于力偶矩的大小。

例 7-4　如图 7-9a 所示简支梁受集度为 q 的均布载荷作用，试绘出此梁的剪力图和弯矩图。

解　(1) 求支座反力。由于 q 是单位长度上的载荷，所以梁上的总载荷为 ql，又因梁左右对称，可知两个支座反力相等，即

$$R_A = R_B = ql/2$$

(2) 列剪力方程和弯矩方程。本题中有两个界点，故将梁分为一段，距梁左端为 x 的任意截面上的剪力和弯矩方程分别为：

$$Q = R_A - qx = \frac{ql}{2} - qx \quad (0 < x < l) \qquad (1)$$

$$M = R_A x - \frac{qx^2}{2} = \frac{ql}{2} - \frac{qx^2}{2} \quad (0 \leqslant x \leqslant l) \qquad (2)$$

(3) 按方程分段绘图。式(1)表明剪力图为斜直线，且由 $x = 0$，$Q = ql/2$；$x = l$，$Q = -ql/2$ 得两点的剪力值，绘出剪力图，如图 7-9b 所示。

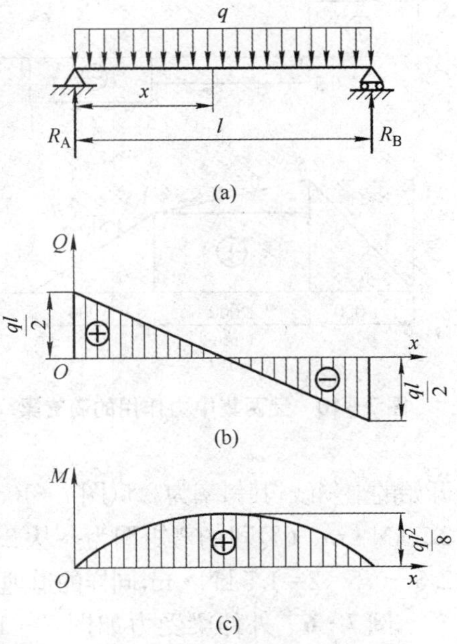

图 7-9　受均布载荷作用的简支梁

式(2)表明弯矩图为二次抛物线，选取几个点，选取数值及所求得的弯矩值如下表所示，根据下表数据即可作出弯矩图，如图 7-9c 所示。

x	0	$l/4$	$l/2$	$3l/4$	l
M	0	$3ql^2/32$	$ql^2/8$	$3ql^2/32$	0

分析此例即可得出下列规律：

(1) 梁上有均布载荷作用时，其对应区间的剪力图为倾斜直线，均布载荷向下时，直线由左上向右下倾斜(\)，斜线的斜率等于均布载荷的载荷集度 q。

(2) 剪力图为斜线时，对应的弯矩图为抛物线，剪力图下斜(\)，弯矩图上弯(⌒)，反之则相反。

(3) 剪力图 $Q=0$ 的点其弯矩值最大。抛物线部分的最大值等于抛物线起点至最大值点对应的剪力图形的面积。如图 7-9c 所示，$M_{\max}=\dfrac{ql}{2}\times\dfrac{l}{2}\times\dfrac{1}{2}=ql^2/8$。

三、剪力图和弯矩图的画法

前面总结了集中力、集中力偶和均布载荷作用时，剪力图和弯矩图的作图规律，下面根据这些规律快速而准确地作出梁的剪力图和弯矩图。

例 7-5 如图 7-10a 所示简支梁受集中力 $P_1=3\text{ kN}$，$P_2=1\text{ kN}$ 的作用，已知约束反力 $R_A=2.5\text{ kN}$，$R_B=1.5\text{ kN}$，其他尺寸如图所示，试绘出该梁的剪力图和弯矩图。

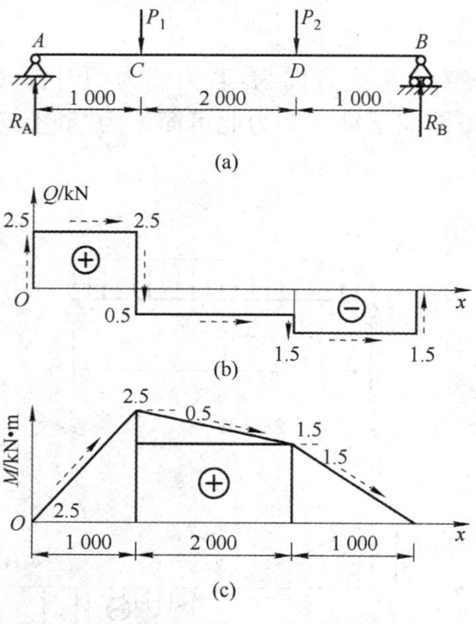

图 7-10 受两集中力作用的简支梁

解 (1) 绘剪力图。剪力图从零开始，一般自左向右，逐段画出。根据规律可知，因 A 点有集中力 R_A，故在 A 点剪力图突变，由零向上突变 2.5 kN，从 A 点右侧到 C 点左侧，两点之间无力作用，故剪力图为平行于 x 轴的直线。因 C 点有集中力 P_1，故在 C 点剪力图由 2.5 kN 向下突变 3 kN，C 点左侧的剪力值为 2.5 kN，C 点右侧的剪力值为 −0.5 kN。同样的道理，以此类推，可完成其剪力图，如图 7-10b 所示。需要说明剪力图最后应回到零。图中虚线箭头只表示画图走向和突变方向。

(2) 绘弯矩图。弯矩图也是从零开始，自左向右，逐段画出。A 点因无力偶作用，故无突变。因 AC 段剪力图为 x 轴的上平行线，故其弯矩图为一条从零开始的上斜线，其斜率为 2.5(图 7-10c 中斜率仅为绘图方便而标出)，故 C 点的弯矩值为$2.5\times1=2.5\text{ kN}\cdot\text{m}$。$CD$ 段的弯矩图为一从 2.5 kN·m 开始的下斜线，斜率为 0.5，故 D 点的弯矩值为 $2.5-0.5\times2=1.5\text{ kN}\cdot\text{m}$，同样的道理可画出 DB 段弯矩图，最后回到零，如图 7-10c 所示。

例 7-6 外伸梁受力如图 7-11a 所示，$M=4\text{ kN}\cdot\text{m}$，$P=10\text{ kN}$，$R_A=-6\text{ kN}$，$R_B=16\text{ kN}$，其他尺寸如图所示。试绘出梁的剪力图和弯矩图。

解 (1) 绘剪力图。根据规律画剪力图时可不考虑力偶的影响。因此，绘其剪力图时，从 A 点零开始，向下突变 6 kN，从 6 kN 开始画 x 轴平行线至 B 点，向上突变 16 kN，再画 x 轴平行线，最后在 D 点向下突变 10 kN 而回到零，如图 7-11b 所示。

(2) 绘弯矩图。从 A 点零开始，画斜率为 6 的下斜线至 C 点，因 C 点有力偶作用，故弯矩图有突变，根据“顺上逆下”，故弯矩向上突变4 kN · m，再画斜率为 6 的下斜线至 B 点，在 B 点转折，作斜率为 10 的上斜线至 D 点而回到零，如图 7 - 11c 所示。

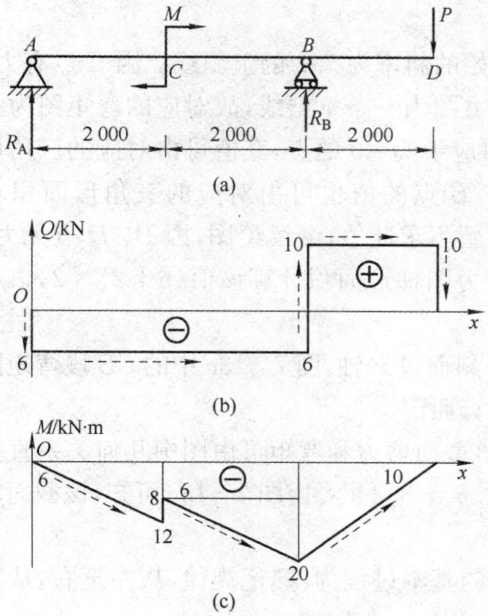

图 7 - 11　外伸梁

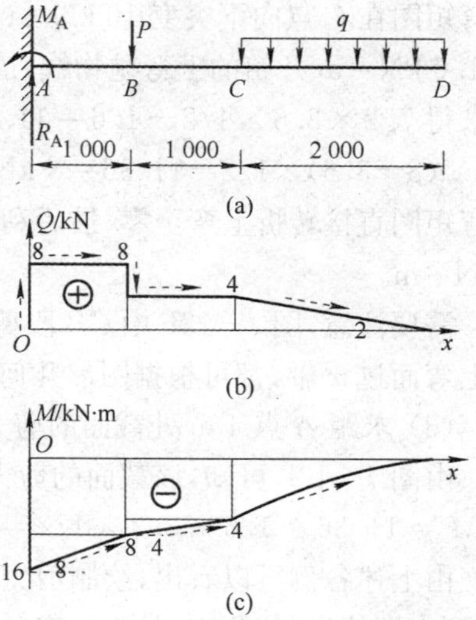

图 7 - 12　悬臂梁

例 7 - 7　悬臂梁如图 7 - 12a 所示，已知 $P = 4$ kN，$q = 2$ kN/m，A 点的约束反力 $R_A = 8$ kN，$M_A = 16$ kN · m，其他尺寸如图所示，试绘出该梁的剪力图和弯矩图。

解　(1) 绘剪力图。A 点至 C 点的剪力图画法与前例相同，C 点至 D 点因受均布力作用，根据规律，剪力图为从 4 kN 开始的斜率为 2 的下斜线，最后回到零，如图 7 - 12b 所示。

(2) 绘弯矩图。因 A 点有约束反力偶 M_A，故 A 点的弯矩图由零向下突变 16 kN · m。A 点至 C 点的弯矩图做法同前例。C 点到 D 点，因剪力图下斜，故弯矩图上弯而回到零，如图 7 - 12c 所示。C 点的弯矩值 4 kN · m 也可用 CD 段的剪力图的面积求得($4 \times 2 \times 1/2 = 4$ kN · m)。

例 7 - 8　外伸梁受力如图 7 - 13a 所示，已知 $M = 16$ kN · m，$q = 2$ kN/m，$P = 2$ kN，约束反力 $R_A = 7.2$ kN，$R_B = 14.8$ kN，试绘出梁的剪力图和弯矩图，并求距 A 点 4 m 处截面的剪力和弯矩。

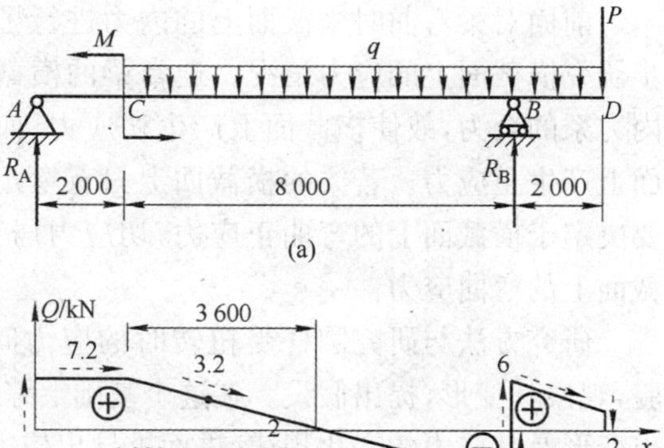

图 7 - 13　受载荷作用的外伸梁

解 (1) 绘剪力图。从 A 点零开始向上突变 7.2 kN，AC 段为 x 轴的平行线，CB 段剪力图从 7.2 kN 下斜至 B 点，斜率为 2，故 B 点左侧的剪力值为 8.8 kN，从 8.8 kN 向上突变 14.8 kN，即到 B 点右侧。BD 段剪力图仍是斜率为 2 的下斜线至 D 点左侧，因 D 点有集中力 P，故向下突变回到零，如图 7－13b 所示。剪力图中 $Q=0$ 的点的位置可由几何关系求得 $7.2/2=3.6$ m。

(2) 绘弯矩图。AC 段弯矩图为一条从零开始的斜率为 7.2 的上斜线。因 C 点有力偶，故弯矩图在 C 点向下突变 16 kN·m。CB 段剪力图为一条下斜线，故对应的弯矩图为一条从 1.6 kN·m 开始的上弯抛物线，最大值点应对应于 $Q=0$ 的点，其值可由对应的三角形面积求得 $7.2\times3.6\times1/2-1.6=11.36$ kN·m。B 点的值也可由对应的三角形面积求得 $8.8\times(8-3.6)\times1/2-11.36=8$ kN·m。也可暂不求此值，继续绘图，因 B、D 点无力偶，故弯矩图直接转折上弯至零，最后利用对应的剪力图梯形面积计算该值 $(6+2)\times2\times1/2=8$ kN·m。

需要注意，图 7－13b 中 CB 段剪力图能否下斜而过 x 轴，图 7－13c 中的 CB 段弯矩图能否上弯而过 x 轴，都可根据图形几何关系预先测算而定。

(3) 求距 A 点 4 m 处截面的剪力和弯矩。该截面剪力和弯矩可由图中几何关系直接求得。由图 7－13b 可知，该截面的剪力 $Q=2\times1.6=3.2$ kN。由图 7－13c 可知，该截面的弯矩 $M=11.36-1.6\times3.2\times1/2=8.8$ kN·m。

由上述各例可以看出，绘制剪力图和弯矩图的基本过程为：熟记规律，从左至右，从零开始，到点即停，标值判定(是否突变)，最终回零。

第四节　纯弯曲时梁横截面上的应力

前面对梁弯曲时横截面上的内力进行了分析讨论。为了进行梁的强度计算，还需进一步研究横截面上的应力情况。通常梁的横截面上既有剪力又有弯矩，剪力是与横截面相切内力系的合力，故使横截面上产生切应力；而弯矩是横截面上垂直内力系的合力，故使横截面上产生正应力。若梁的横截面上只有弯矩而无剪力，这种弯曲称为纯弯曲。梁的强度主要决定于横截面上的弯曲正应力，切应力居于次要地位。所以本节只讨论梁在纯弯曲时横截面上的弯曲应力。

研究方法与研究圆杆受扭转时的应力问题一样，研究梁的弯曲应力时，也是先通过实验，观察其变形，提出假设。在这个基础上综合应用物理、几何和静力平衡三方面的条件，找出变形及其应力的变化规律，进而推导出应力计算公式。

一、实验观察与假设

取一矩形截面直杆，实验前在梁的侧面上，画上垂直于梁轴的横向线Ⅰ－Ⅰ和Ⅱ－Ⅱ及平行于梁轴的纵向线 ab 和 cd，如图 7－14a 所示，然后在梁的纵向对称平面内两端，施加集中力偶 M，使梁产生纯弯曲，如图 7－14b 所示。这时可以观察到：梁表面各横向线仍为垂直于梁轴的直线，只是相对旋转了一个角度。各纵向线弯曲成弧线后仍平行于梁轴线，但内凹一侧的纵向线 ab 缩短，而外凸一侧的纵向线 cd 伸长。

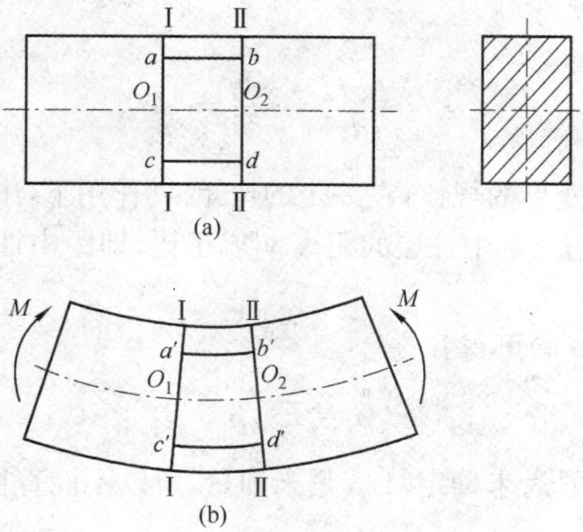

图 7-14　纯弯曲梁的变形

根据以上表面现象，对梁内部的变形作出如下推断：

(1) 梁的平面横截面，在变形后仍保持为垂直于梁轴的平面，仅旋转了一个角度。这就是梁弯曲时的平面假设。

若设想梁由无数条纵向纤维所组成，根据平面假设可知，由于横截面的转动，将使梁内凹一侧的纤维层发生不同程度的缩短，外凸一侧的纤维层发生不同程度的伸长，中间必有一层既不伸长，也不缩短、保持其原来长度的纤维层，称为中性层。中性层与横截面的交线称为中性轴，如图 7-15 所示。

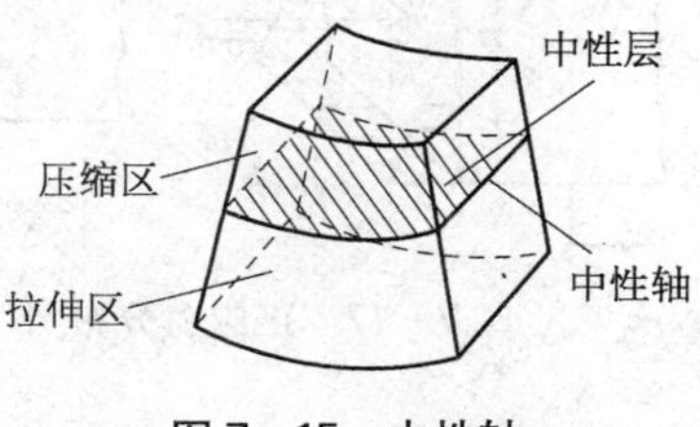

图 7-15　中性轴

(2) 纵向线代表纵向纤维，仅发生伸长或缩短，纤维之间无牵拉或挤压。

由平面假设可得：①由于横截面与纵向线段始终保持垂直，说明横截面间无相对错动，即无剪切变形，因此横截面上无切应力；②由于横截面相对转过了一个角度，使纵向纤维产生伸长与缩短变形，因而在横截面上相应的有拉伸与压缩正应力。

二、应变与应力分布规律

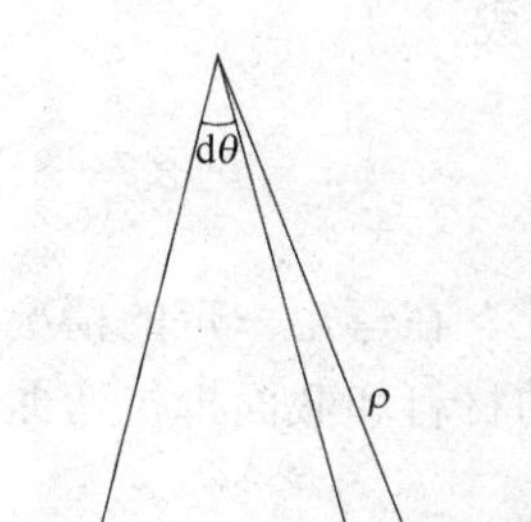

图 7-16　微段梁

由于纯弯曲时，各层纵向纤维受到轴向拉伸或压缩的作用，因此材料的应力和应变的关系应符合拉压胡克定律

$$\sigma = E\varepsilon \tag{7-4}$$

由式(7-4)可知，若搞清应力分布规律，必须搞清应变 ε 变化规律，为此在变形后的梁中取一微段来进行研究，如图 7-16 所示。两截面Ⅰ-Ⅰ和Ⅱ-Ⅱ原来是平行的，现在相互倾斜了一个微小角度 $d\theta$。图中 OO' 为中性层，设其曲率半径为 ρ，$c'd'$ 到中性轴的距离为 y，则纵向线 cd 的绝对伸长为

$$\Delta cd = c'd' - cd = (\rho + y)d\theta - \rho d\theta = y d\theta$$

纵向线 cd 的线应变为

$$\varepsilon=\frac{\Delta cd}{cd}=\frac{y\mathrm{d}\theta}{\rho\mathrm{d}\theta}=\frac{y}{\rho} \tag{7-5}$$

式(7－5)反映了弯曲变形的规律：在一定的弯矩 M 作用下，中性层曲率半径 ρ 是常量，所以纵向纤维层的应变 ε 与它到中性层的距离 y 成正比，即距中性层最远的上、下纤维层的应变最大。

将式(7－5)代入式(7－4)可得

$$\sigma=Ey/\rho \tag{7-6}$$

式(7－6)中中性轴位置尚未确定，$1/\rho$ 是未知量，所以不能直接求出正应力 σ，为此必须通过静力学关系来解决。

式(7－6)表明：横截面上任一点的正应力与该点到中性轴的距离 y 成正比。即应力沿梁高度按直线规律分布，如图 7－17 所示。

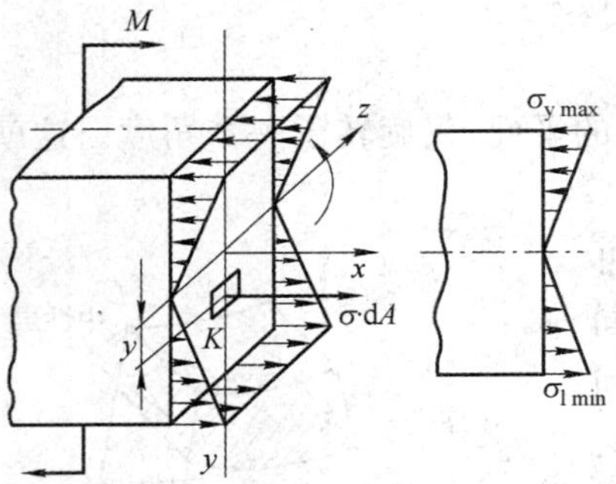

图 7－17　正应力分布

三、弯曲正应力计算公式

可以证明横截面的形心在 z 轴上，即中性轴必过横截面的形心。微面积 $\mathrm{d}A$ 上的内力 $\sigma\mathrm{d}A$，对中性轴产生一微小力矩 $\mathrm{d}M=y\sigma\mathrm{d}A$，则整个截面上的内力矩的总和为 $\int_A y\sigma\mathrm{d}A$，如图 7－17 所示。由静力平衡条件 $\sum M_z=0$ 得

$$M=\int_A y\sigma\mathrm{d}A \tag{7-7}$$

将式(7－6)代入式(7－7)得

$$M=\int_A\frac{E}{\rho}y^2\mathrm{d}A=\frac{E}{\rho}\int_A y^2\mathrm{d}A$$

定积分 $\int_A y^2\mathrm{d}A$ 是横截面对中性轴 z 的惯性矩 I_z。因此，上式可写成

$$\frac{1}{\rho}=\frac{M}{EI_z} \tag{7-8}$$

式(7－8)表明：梁弯曲变形的曲率与弯矩 M 成正比，与 EI_z 成反比。在弯矩一定的情况下，EI_z 愈大，则曲率愈小，即弯曲的程度愈小。所以乘积 EI_z 表示梁的材料和截面抵抗弯曲变形的能力，称为梁的抗弯刚度。

将式(7－8)代入式(7－6)得

$$\sigma=\frac{M}{I_z}y \tag{7-9}$$

式(7－9)即为梁弯曲时横截面上任一点的正应力计算公式。此式说明：正应力 σ 与该截面上的弯矩 M 成正比，与点到中性轴的距离 y 成正比。

σ 的正负可根据变形来确定，如图 11－18 所示，弯矩 M 为正时，梁向下弯，中性轴以下的点受拉，正应力为正值；中性轴以上的点受压，正应力为负值。

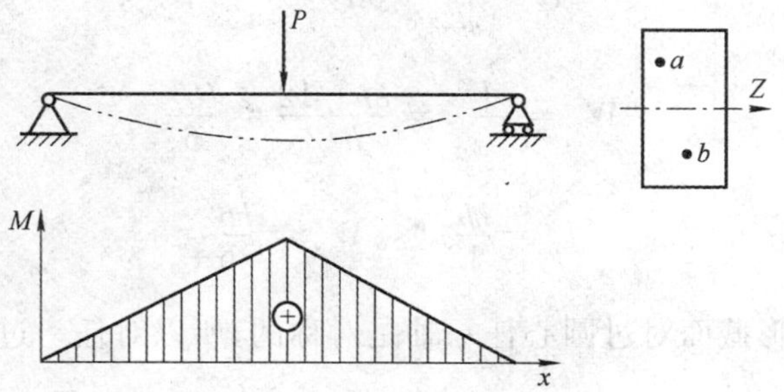

图 7－18 σ 的正负

四、最大正应力计算公式

由正应力计算公式可知：在横截面上下边缘处即 $y=y_{\max}$ 时，正应力的值最大。若以 $y_{\max}$ 表示上下边缘的点到中性轴的距离，则横截面上正应力的最大值为

$$\sigma_{\max}=\frac{M}{I_z}y_{\max} \tag{7-10}$$

由于 $y_{\max}$ 和 I_z 均与截面的大小和形状有关，因此，令 $W_z=\frac{I_z}{y_{\max}}$，故最大正应力计算公式可写为

$$\sigma_{\max}=\frac{M}{W_z} \tag{7-11}$$

式中 W_z——抗弯截面模量。它也是截面的几何性质之一，是衡量截面抗弯能力的一个物理量，常用单位为 m^3 或 mm^3。

第五节 常用截面的惯性矩、抗弯截面模量

为了计算梁弯曲时横截面上的正应力，必须确定惯性矩 I_z，根据公式

$$I_z=\int_A y^2\,dA$$

通过积分计算即可求出不同截面形状的惯性矩。

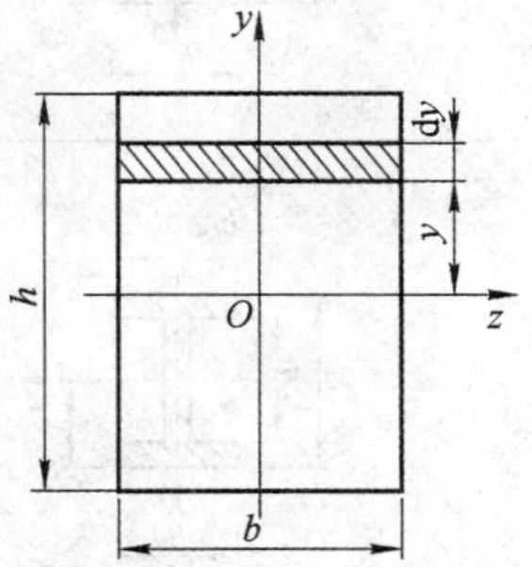

图 7－19 矩形截面

例 7－9 矩形截面如图 7－19 所示，其高度为 h，宽度为 b，试求该矩形截面对通过形心 z 轴的惯性矩 I_z 和抗弯截面模量 W_z。

解 取平行于 z 轴的狭长条小面积

$$dA=b\,dy$$

由公式 $I_z = \int_A y^2 \mathrm{d}A$ 得

$$I_z = \int_{-\frac{h}{2}}^{\frac{h}{2}} y^2 b \mathrm{d}y = \frac{bh^3}{12}$$

$$W_z = \frac{I_z}{y_{\max}} = \frac{bh^3/12}{h/2} = \frac{bh^2}{6}$$

同理可得 $$I_y = \frac{hb^3}{12} \qquad W_y = \frac{hb^2}{6}$$

圆形截面和圆环形截面对过圆心任一轴是对称的，所以对任一过圆心轴的惯性矩都相等，分别为

$$I_z = \frac{\pi d^4}{64} \qquad I_z = \frac{\pi}{64}(D^4 - d^4) = \frac{\pi D^4}{64}(1 - \alpha^4) \quad (\alpha = d/D)$$

则相应的抗弯截面系数为

$$W_z = \frac{\pi d^3}{32} \quad 和 \quad W_z = \frac{\pi D^3}{32}(1 - \alpha^4) \quad (\alpha = d/D)$$

一些常见截面的惯性矩和抗弯截面模量的计算公式列在表 7－1 中，各种型钢的 I 和 W 可查附录中的型钢规格表。

表 7－1　常用截面的 I_z 和 W_z

图　形	形心位置	惯性矩
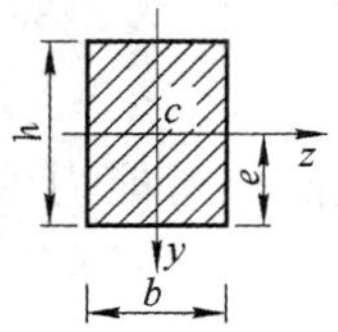	$e = \frac{h}{2}$	$I_z = \frac{bh^3}{12}$ $I_y = \frac{hb^3}{12}$
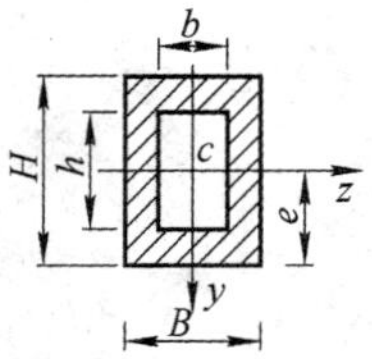	$e = \frac{H}{2}$	$I_z = \frac{BH^3 - bh^3}{12}$ $I_y = \frac{HB^3 - hb^3}{12}$
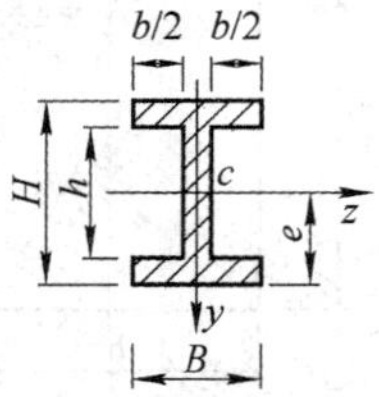	$e = \frac{H}{2}$	$I_z = \frac{BH^3 - bh^3}{12}$ $I_y = \frac{(H-h)B^3 + h(B-b)^3}{12}$

（续表）

图　形	形心位置	惯性矩
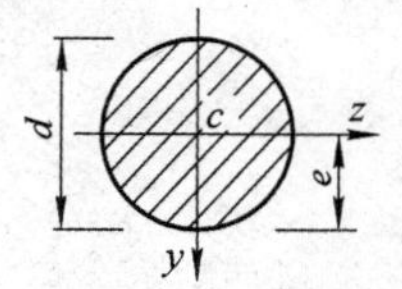	$e=\dfrac{d}{2}$	$I_z=I_y=\dfrac{\pi d^4}{64}$
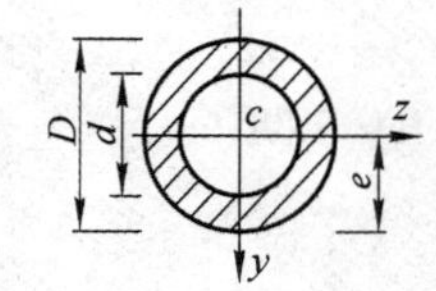	$e=\dfrac{D}{2}$	$I_z=I_y=\dfrac{\pi(D^4-d^4)}{64}$

对于不过截面形心轴惯性矩的计算应用平行移轴公式

$$I_z=I_{zc}+Aa^2 \qquad (7-12)$$

如图 7－20 所示，其中 c 为平面图形的形心，I_{zc}为过形心且平行于 z 轴的惯性矩，I_z 为过 z 轴的惯性矩，a 为 z 轴与 z_c 轴之间的垂直距离。对于组合截面可分解为若干个基本图形，求每个基本图形的惯性矩然后相加即可。

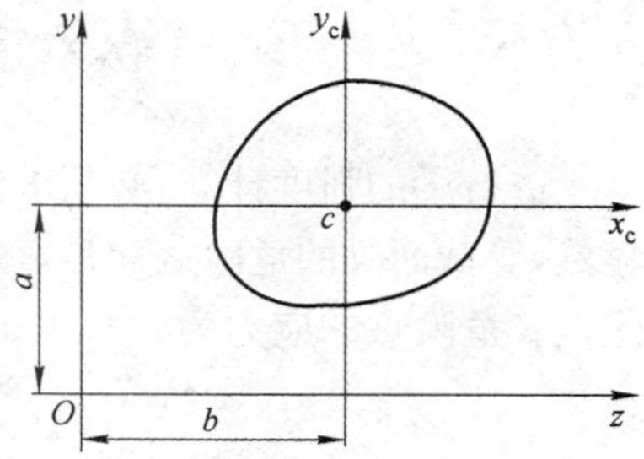

图 7－20　平行移轴公式

例 7－10　悬臂梁受力如图 7－21a 所示，已知 $F=15\ \text{kN}$，$l=400\ \text{mm}$，截面尺寸如图所示，$y_1=45\ \text{mm}$。试分别求 B 截面上的最大拉、压应力。

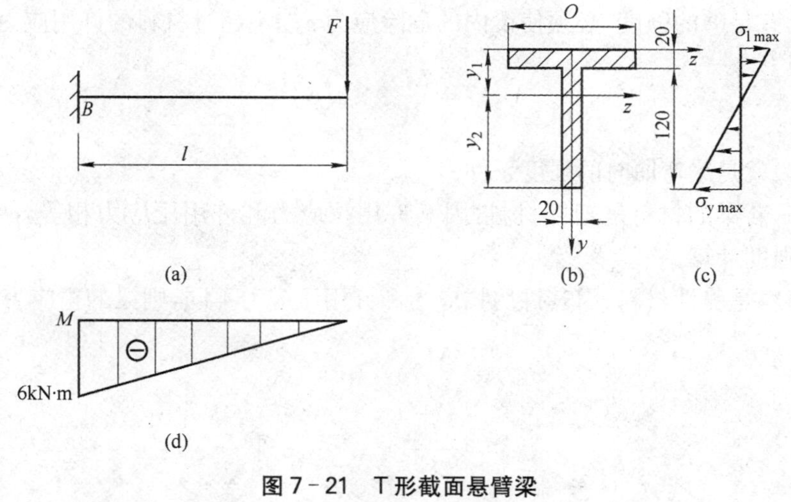

图 7－21　T 形截面悬臂梁

解　(1) 绘弯矩图如图 7－21d 所示。B 截面的弯矩值为

$$M_B=-Fl=-15\times10^3\times400=-6\times10^6\ \text{N}\cdot\text{mm}$$

(2) 计算截面对 z 轴的惯性矩 I_z，由平行移轴公式(7－12)知

$$I_z = (I_{zc1} + A_1 a_1^2) + (I_{zc2} + A_2 a_2^2)$$
$$= \left(\frac{120 \times 20^3}{12} + 120 \times 20 \times (45 - 10)^2\right) + \left[\frac{20 \times 120^3}{12} + 20 \times 120 \times \left(20 + \frac{120}{2} - 45\right)^2\right]$$
$$= 3.02 \times 10^6 + 5.82 \times 10^6 = 8.84 \times 10^6 \text{ mm}^4$$

(3) 分别计算 B 截面上的最大拉压应力：

$$\sigma_{lmax} = \frac{M_B y_1}{I_z} = \frac{6 \times 10^6 \times 45}{8.84 \times 10^6} = 30.5 \text{ MPa}$$

$$\sigma_{ymax} = \frac{M_B y_2}{I_z} = \frac{6 \times 10^6}{8.84 \times 10^6} \times [-(20 + 120 - 45)] = -64.5 \text{ MPa}$$

其分布图如图 7 - 21c 所示。

第六节　梁弯曲的强度条件

进行梁的强度计算，必须求出梁的最大正应力。产生最大正应力的截面称为危险截面。显然，等截面梁的危险截面是弯矩最大的截面。危险截面上下边缘的最大正应力点，称为危险点。危险点的应力为

$$\sigma_{max} = \frac{M_{max}}{I_z} y_{max}$$

或

$$\sigma_{max} = \frac{M_{max}}{W_z}$$

要使梁具有足够的强度，必须使梁内的危险应力 σ_{max} 不超过材料的许用应力[σ]，即

$$\sigma_{max} = \frac{M_{max}}{W_z} \leqslant [\sigma] \tag{7-13}$$

式(7 - 13)就是梁弯曲时的强度条件。

需要说明，若梁的材料是塑性材料，因其许用拉应力和许用压应力相等，故可直接按式(7 - 13)进行强度计算。

若梁的材料是脆性材料，因其许用拉应力和许用压应力不同，则梁的正应力强度条件为：

$$\sigma_{lmax} = \frac{M_{max}}{I_z} y_{lmax} \leqslant [\sigma_l]$$
$$\sigma_{ymax} = \frac{M_{max}}{I_z} y_{ymax} \leqslant [\sigma_y] \tag{7-14}$$

式中　σ_{lmax} 和 σ_{ymax}——分别为最大拉应力和最大压应力；

[σ_l]和[σ_y]——分别为许用拉应力和许用压应力；

y_{lmax} 和 y_{ymax}——分别为拉应力和压应力一侧最远点到中性轴的距离。

梁弯曲时的强度条件，可用来解决强度校核、设计截面尺寸和确定许可载荷这三类问题。现举例说明。

例7-11　如图7-22a所示托架为一T形截面的铸铁梁。已知截面对中性轴z的惯性矩$I_z = 1.35 \times 10^7 \text{ mm}^4$，$P = 4.5 \text{ kN}$，铸铁的弯曲许用应力$[\sigma_l] = 40 \text{ MPa}$，$[\sigma_y] = 80 \text{ MPa}$，若略去梁的自重，校核梁的强度。

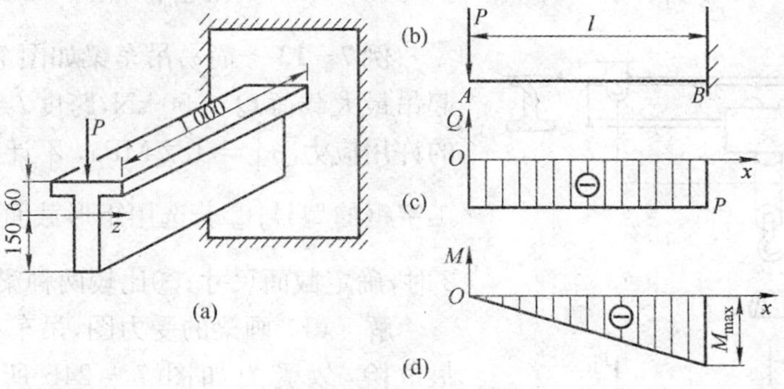

图7-22　T形截面托架

解　(1) 画受力图，如图7-22b所示。

(2) 绘剪力图，如图7-22c所示。

(3) 绘弯矩图，如图7-22d所示，并求最大弯矩值：

$$M_{max} = Pl = 4.5 \times 1 = 4.5 \text{ kN} \cdot \text{m}$$

(4) 校核强度：

$$\sigma_{lmax} = \frac{M_{max}}{I_z} y_{lmax} = \frac{4.5 \times 10^6}{1.35 \times 10^7} \times 60 = 20 \text{ MPa} < [\sigma_l]$$

$$\sigma_{ymax} = \frac{M_{max}}{I_z} y_{ymax} = \frac{4.5 \times 10^6}{1.35 \times 10^7} \times 150 = 50 \text{ MPa} < [\sigma_y]$$

所以此铸铁梁的强度足够。

例7-12　如图7-23a所示一矩形截面简支梁，$b = 200 \text{ mm}$，$h = 300 \text{ mm}$，$l = 4 \text{ m}$，$[\sigma] = 10 \text{ MPa}$。试求梁能承受的许可均布载荷$q$。

解　(1) 求支座反力

$$R_A = R_B = \frac{ql}{2}$$

(2) 绘剪力图，如图7-23b所示。

(3) 绘弯矩图，如图7-23c所示，并求最大弯矩：

$$M_{max} = \frac{ql^2}{8} = \frac{q}{8} \times 4^2 = 2q \text{ kN} \cdot \text{m}$$

(4) 确定许可载荷：

$$M_{max} \leqslant W_z[\sigma]$$

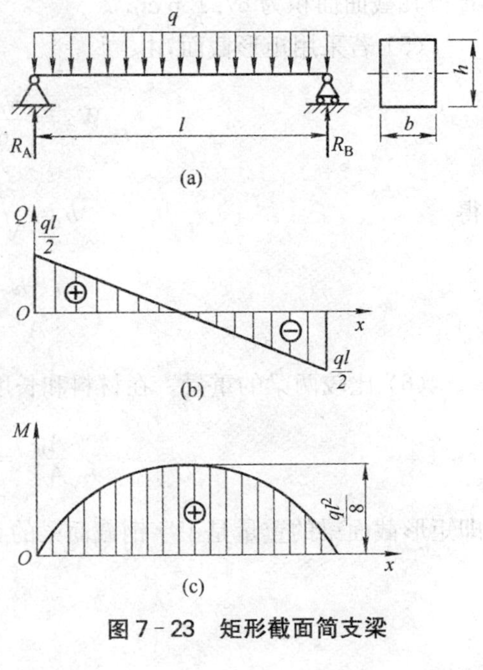

图7-23　矩形截面简支梁

因 $$W_z = \frac{bh^2}{6} = \frac{200 \times 300^2}{6} = 3 \times 10^6\ \text{mm}^3$$

故

$$2q \times 10^6 \leqslant 3 \times 10^6 \times 10 \qquad q \leqslant 15\ \text{kN/mm}$$

例 7-13 简易吊车梁如图 7-24a 所示，已知起吊最大载荷 $Q = 50$ kN，跨度 $l = 10$ m，若梁材料的许用应力$[\sigma] = 182$ MPa，不计梁的自重：①选择工字钢的型号；②若选用矩形截面其高宽比为 $\frac{h}{b} = 2$ 时，确定截面尺寸；③比较两种梁的重量。

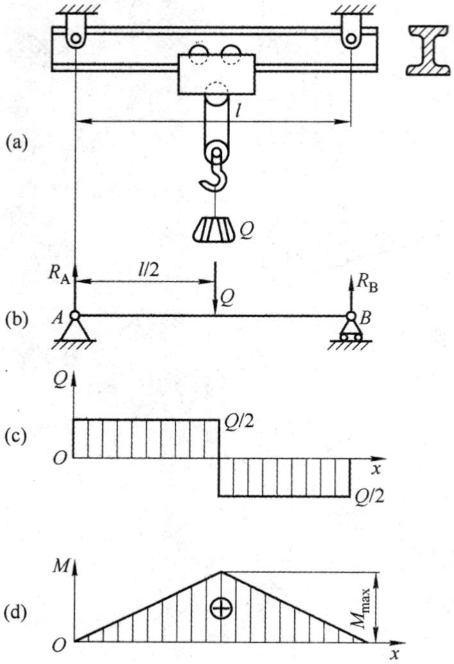

图 7-24 简易吊车梁

解 (1) 画梁的受力图，吊车在梁的中点时，梁最危险，故受力如图 7-24b 所示，求约束反力 $R_A = R_B = \frac{Q}{2}$。

(2) 绘梁的剪力图，如图 7-24c 所示。

(3) 绘梁的弯矩图，如图 7-24d 所示，并求最大弯矩：

$$M_{max} = \frac{Ql}{4} = \frac{50 \times 10}{4} = 125\ \text{kN} \cdot \text{m}$$

(4) 选择工字钢型号：

$$W_z \geqslant \frac{M_{max}}{[\sigma]} = \frac{125 \times 10^6}{182} = 686\,813\ \text{mm}^3 \approx 687\ \text{cm}^3$$

从附录型钢规格表中查得 32a 号工字钢 $W_z = 692 > 687\ \text{cm}^3$，故可选用 32a 号工字钢，查得其截面面积为 67.156 cm^2。

(5) 若采用矩形截面，由

$$W_z = \frac{bh^2}{6} = \frac{2b^3}{3} = 687\ \text{cm}^3$$

得 $$b = \sqrt[3]{\frac{687 \times 3}{2}} = 10\ \text{cm}$$

$$h = 2b = 20\ \text{cm}$$
$$A = bh = 200\ \text{cm}^2$$

(6) 比较两梁的重量。在材料和长度相同的条件下，梁的重量之比等于截面面积之比：

$$\frac{A_{矩}}{A_{工}} = \frac{200}{67.156} = 2.98$$

即矩形截面梁的重量是工字钢截面梁的 2.98 倍。

第七节　提高梁抗弯能力的措施

在工程实际中，梁的强度主要是由弯曲正应力控制，所以提高梁的强度应该在满足梁的承载能力的前提下，尽可能地降低梁的弯曲正应力，达到节省材料，减轻自重的目的，实现既经济又安全的合理设计。根据正应力强度条件 $\sigma_{\max}=\frac{M_{\max}}{W_z}\leqslant[\sigma]$ 可以看出，提高梁强度的主要途径，应从减小最大弯矩和增大抗弯截面系数这两个方面考虑。

一、合理配置载荷，减小最大弯矩

最大弯矩不仅取决于力的大小，而且还取决于力在梁上的分布。力的大小是由工作需要决定的。力在梁上分布的合理性可通过支座与载荷的合理布置来达到。

如图 7-25a 所示，承受均布载荷的简支梁，最大弯矩 $M_{\max}=\frac{ql^2}{8}$；若把两端支座各向里移动 $0.2l$，如图 7-25b 所示，则最大弯矩变为 $M_{\max}=0.025ql^2$，仅为前者的 1/5。因而在同样载荷作用下，梁的截面可减小，这样就大大节省了材料，并减轻自重。

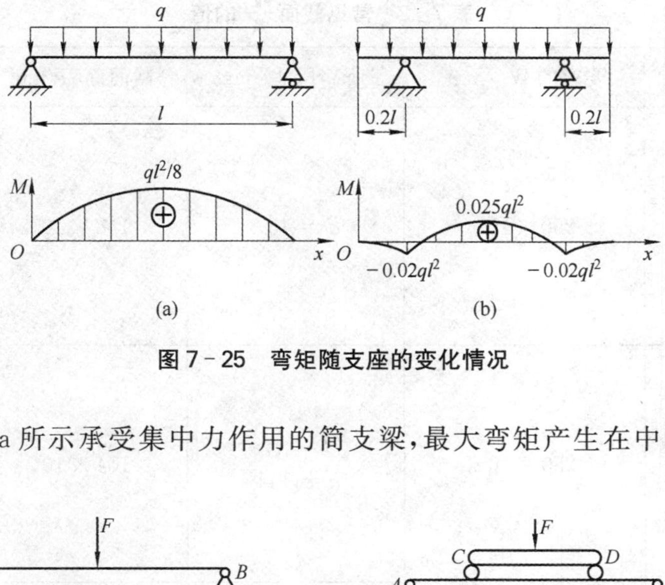

图 7-25　弯矩随支座的变化情况

再如图 7-26a 所示承受集中力作用的简支梁，最大弯矩产生在中间截面上，其值为

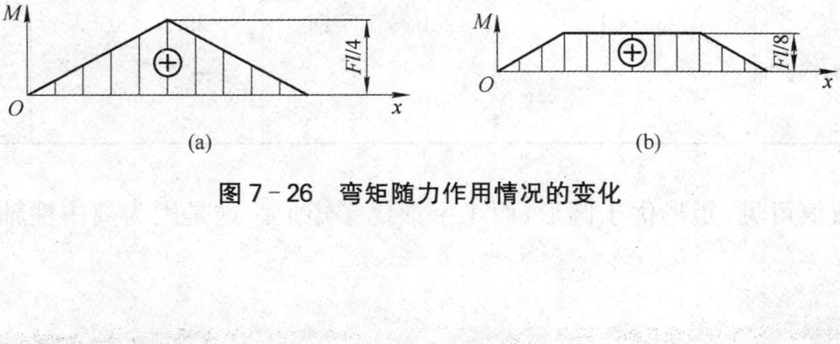

图 7-26　弯矩随力作用情况的变化

$M_{max}=\dfrac{Fl}{4}$，但如果将梁改成图 7－26b 的受力方式，这时最大弯矩变为 $M_{max}=\dfrac{Fl}{8}$，显然最大弯矩大大减小了。

总之，在条件允许的情况下，采取合理的支座布置或合理配置载荷，都可以降低最大弯矩，以提高梁的承载能力。

二、选用合理的截面形状

因为梁在弯曲时横截面上既有拉应力又有压应力，故根据不同材料，采用不同截面形状，达到提高抗弯能力的目的。

1. 塑性材料

因为塑性材料的$[\sigma_l]$和$[\sigma_y]$相同，故塑性材料通常做成对称中性轴的形状。从梁的正应力强度条件可知，梁的抗弯截面系数 W_z 愈大，横截面上的最大正应力就愈小，梁的抗弯能力就愈大；W_z 与截面的尺寸和形状有关，梁的横截面面积越大，W_z 越大，消耗的材料越多，因此梁的合理截面应该是：用最小的面积得到最大的抗弯截面系数。若用比值$\dfrac{W_z}{A}$来衡量，则该比值越大，截面就越经济合理。表 7－2 列出了几种常见截面$\dfrac{W_z}{A}$的值。

表 7－2　常见截面$\dfrac{W_z}{A}$的值

截面形状	要求的 W_z/mm^3	所需尺寸/mm	截面面积/mm^2	比值 W_z/A
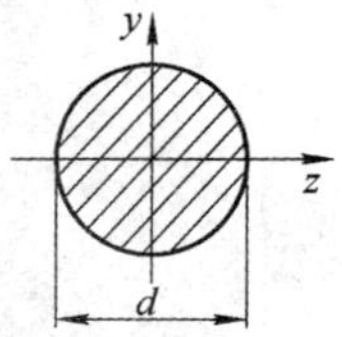	250×10^3	$d=137$	148×10^2	1.69
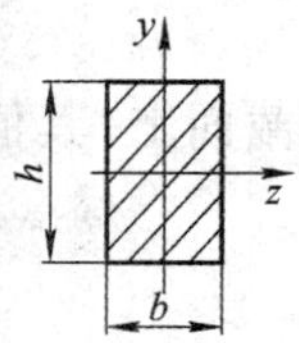	250×10^3	$b=72$ $h=144$	104×10^2	2.4
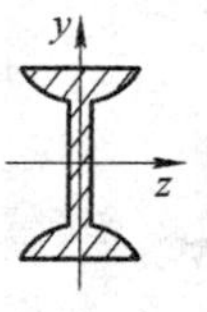	250×10^3	20b 号工字钢	39.5×10^2	6.33

从表中数值可见，矩形优于圆形，而工字形优于矩形。这是因为离中性轴愈远，正应力

愈大,所以应使大部分材料分布在远离中性轴的位置,只有这样才能充分发挥材料的作用,而工字形截面恰好符合这个原则。同理矩形截面立放比横放合理。

2. 脆性材料

因为脆性材料的$[\sigma_l]$和$[\sigma_y]$不同,故脆性材料不能做成对称中性轴的形状。由强度条件可知,当截面的最大拉应力达到许用值时,最大压应力也同时达到许用值,这时的截面形状才是合理的。即

$$\frac{\sigma_{l\max}}{\sigma_{y\max}}=\frac{\dfrac{M_{\max}}{W_l}}{\dfrac{M_{\max}}{W_y}}=\frac{W_y}{W_l}=\frac{[\sigma_l]}{[\sigma_y]} \qquad (7-15)$$

又因

$$W_y=\frac{I_z}{y_2} \qquad W_l=\frac{I_z}{y_1}$$

其中 y_1 与 y_2 分别为截面受拉与受压边缘到中性轴的距离,代入上式得

$$\frac{y_1}{y_2}=\frac{[\sigma_l]}{[\sigma_y]} \qquad (7-16)$$

对于满足式(7-16)的截面通常采用T形截面比较合理,如图7-27所示。

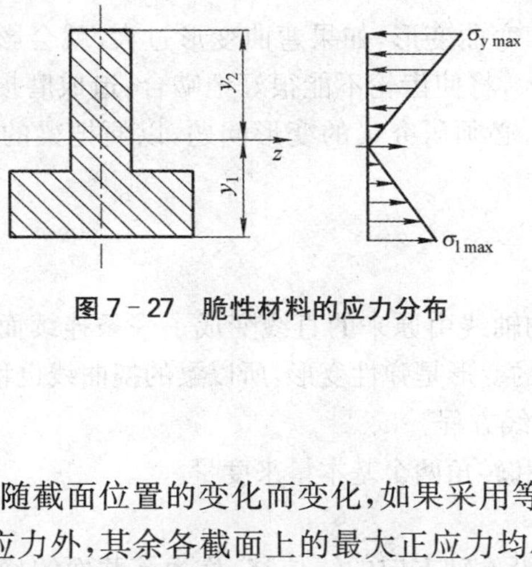

图7-27　脆性材料的应力分布

三、采用等强度梁

一般情况下,梁的弯矩随截面位置的变化而变化,如果采用等截面梁,则除了危险截面上的最大正应力达到许用应力外,其余各截面上的最大正应力均小于许用应力,因此,材料得不到充分利用,不够经济。工程中常根据弯矩的变化规律,相应地使梁截面沿轴线变化,制成变截面梁。最理想的变截面梁是各截面上的最大正应力都相等,且都等于材料的许用正应力。这样的梁称为等强度梁。即

$$\sigma_{\max}=\frac{M_{\max}}{W_{\max}}=\frac{M(x)}{W(x)}\leqslant[\sigma]$$

当然,理论上的等强度梁在实用上是有一定困难的,不仅结构上不适用,而且加工工艺也过于复杂。根据等强度梁的设计思想,通常做成接近于等强度梁的形式,如图7-28所示的齿轮的轮齿、汽车的阶梯轴、汽车的板簧和钢筋混凝土电杆等。

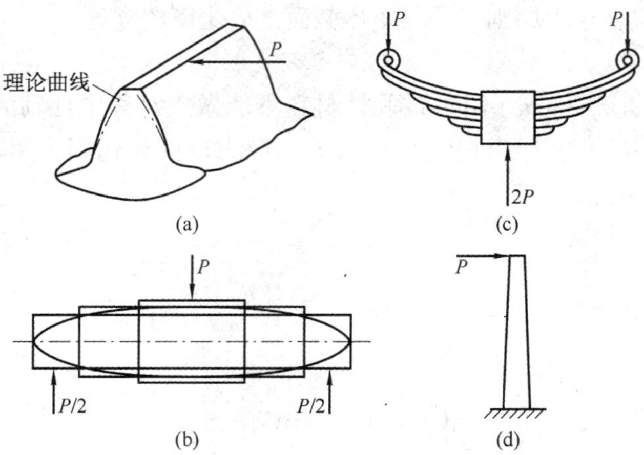

图 7－28　等强度梁

第八节　梁的弯曲变形

梁在外力作用下，产生弯曲变形，如果弯曲变形过大，就会影响结构的正常工作。以车床为例，若其弯曲变形过大，将使齿轮不能很好地啮合，造成磨损不均匀，降低使用寿命，影响加工零件的精度。因此，必须研究梁的变形问题，以便把梁的变形限制在规定的范围之内，保证梁的正常工作。

一、挠度和转角

梁受外力作用后，它的轴线由原来的直线变成了一条连续而光滑的曲线，称为挠曲线，如图 7－29 所示。因为梁的变形是弹性变形，所以梁的挠曲线也称为弹性曲线。挠曲线可表示为 $y = f(x)$，称为挠曲线方程。

梁的变形可以用挠度和转角两个基本量来度量。

1. 挠度

梁任意横截面的形心沿 y 轴方向的线位移，称为该截面的挠度，通常用 y 表示，并规定向上的挠度为正；向下的挠度为负。挠度的单位与长度单位一致，用 m 或 mm。由于弯曲变形属于小变形，梁横截面形心沿 x 轴方向的位移很小，可忽略不计。

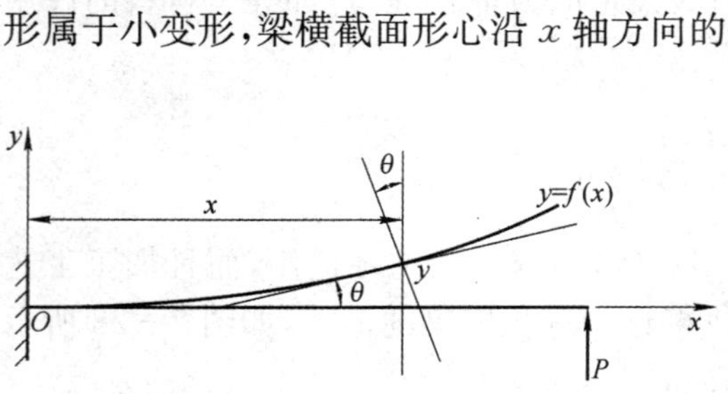

图 7－29　梁的变形

2. 转角

在弯曲过程中，梁任一横截面相对于原来位置所转过的角度，称为该截面的转角，用 θ 表示。因为变形前后，横截面始终垂直于梁的轴线，因此，截面转角 θ 就等于挠曲线在该处的切线与 x 轴的夹角（或法线与 y 轴的夹角），如图 7－29 所示。转角的单位是弧度（rad）。

一般规定，逆时针方向的转角为正，顺时针方向的转角为负。

求变形的基本方法是积分法。由于该方法计算过程较繁，本书不作介绍。为了应用方便，表 7-3 中列出了常见梁在单一载荷作用下的挠度和转角公式，以供查用。

表 7-3 单一载荷作用下梁的变形

梁的形式及其载荷	弹性曲线方程	挠度和转角
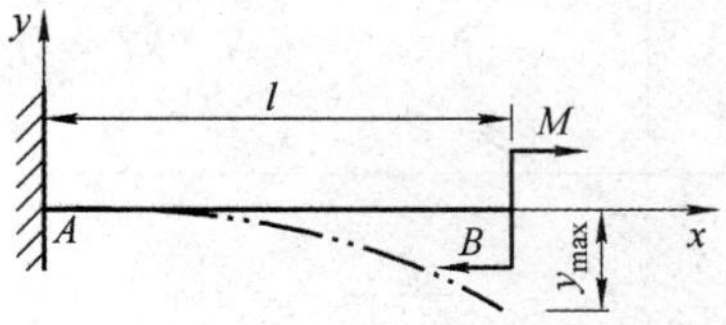	$y=-\dfrac{Mx^2}{2EI_z}$	$\theta_B=-\dfrac{Ml}{EI_z}$ $y_{max}=-\dfrac{Ml^2}{2EI_z}$
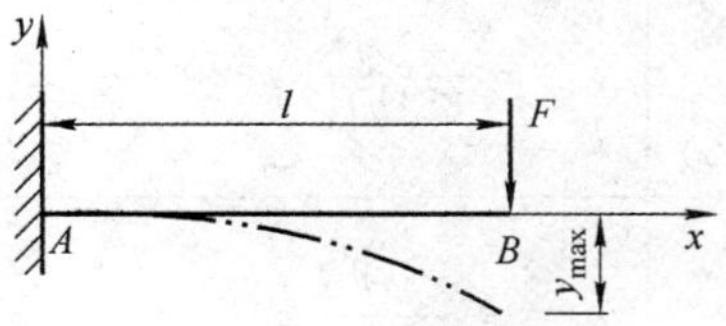	$y=-\dfrac{Fx^2}{6EI_z}(3l-x)$	$\theta_B=-\dfrac{Fl^2}{2EI_z}$ $y_{max}=-\dfrac{Fl^3}{3EI_z}$
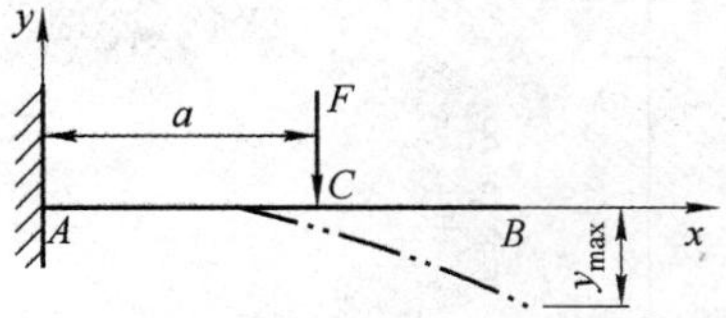	$y=-\dfrac{Fx^2}{6EI_z}(3a-x)\ (0\leqslant x\leqslant a)$ $y=-\dfrac{Fa^2}{6EI_z}(3x-a)\ (a\leqslant x\leqslant l)$	$\theta_B=-\dfrac{Fa^2}{2EI_z}$ $y_{max}=-\dfrac{Fa^2}{6EI_z}\times(3l-a)$
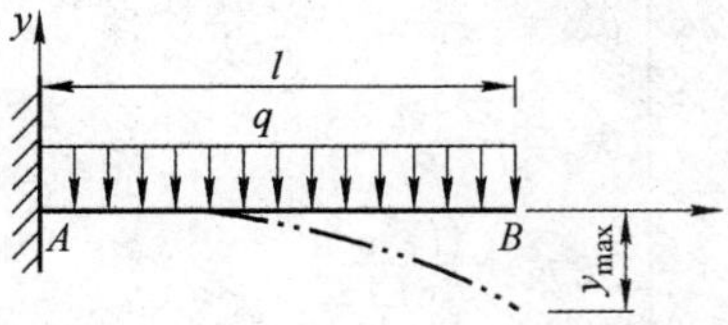	$y=-\dfrac{qx^2}{24EI_z}\times(x^2+6l^2-4lx)$	$\theta_B=-\dfrac{ql^3}{6EI_z}$ $y_{max}=-\dfrac{ql^4}{8EI_z}$
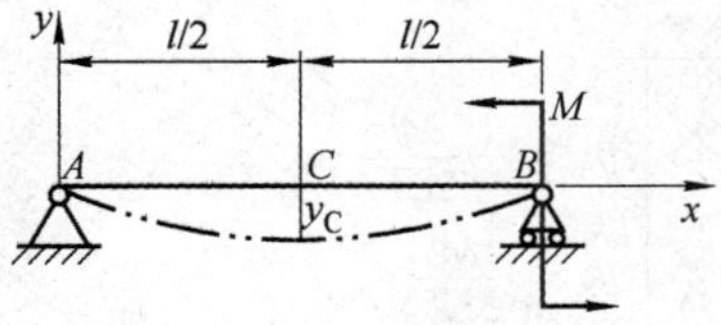	$y=-\dfrac{Mlx}{6EI_z}\left(1-\dfrac{x^2}{l^2}\right)$	$\theta_A=-\dfrac{Ml}{6EI_z}$ $\theta_B=\dfrac{Ml}{3EI_z}$ $y_{max}=y_C=-\dfrac{Ml^2}{16EI_z}$
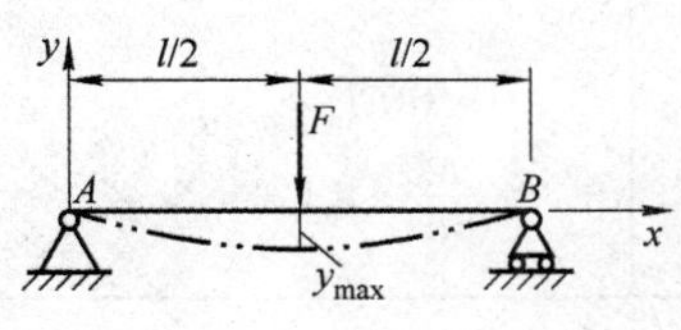	$y=-\dfrac{Fx}{12EI_z}\times\left(\dfrac{3l^2}{4}-x^2\right)$ $\left(0\leqslant x\leqslant\dfrac{l}{2}\right)$	$\theta_A=-\dfrac{Fl^2}{16EI_z}$ $\theta_B=\dfrac{Fl^2}{16EI_z}$ $y_{max}=-\dfrac{Fl^3}{48EI_z}$

（续表）

梁的形式及其载荷	弹性曲线方程	挠度和转角
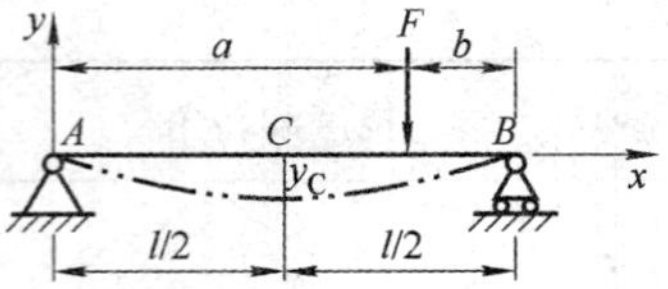	$y=-\frac{Fbx}{6EI_zl}\times(l^2-x^2+b^2)$ $(0\leqslant x\leqslant a)$ $y=-\frac{Fb}{6EI_zl}\times$ $\left[\frac{l}{b}(x-a)^3+(l^2-b^2)x-x^3\right]$ $(a\leqslant x\leqslant l)$	$\theta_A=-\frac{Fab(l+b)}{6EI_zl}$ $\theta_B=\frac{Fab(l+b)}{6EI_zl}$ $y_{max}=y_C=-\frac{Fb}{48EI_z}\times$ $(3l^2-4b^2)$ $(a>b)$
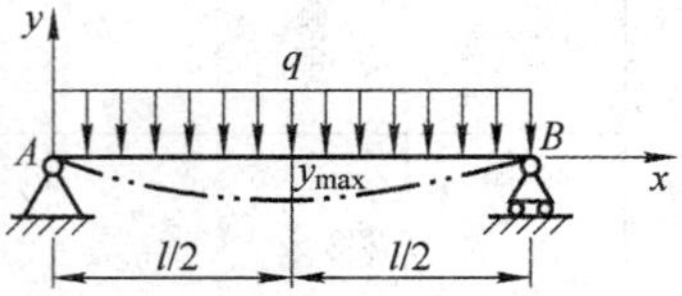	$y=-\frac{qx}{24EI_z}\times(l^3-2lx^2+x^3)$	$\theta_A=-\frac{ql^3}{24EI_z}$ $\theta_B=\frac{ql^3}{24EI_z}$ $y_{max}=\frac{-5ql^4}{384EI_z}$
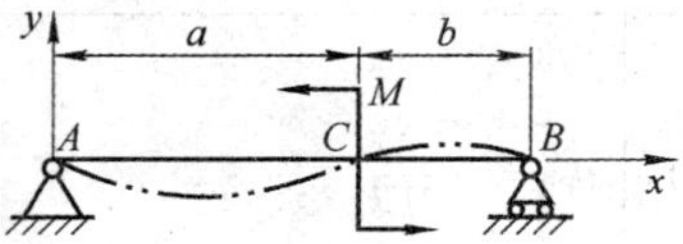	$y=\frac{M}{EI_zl}\left\{\frac{x^2}{6}-\frac{x}{2l}\times\right.$ $\left.\left[a^2\left(6+\frac{a}{3}\right)-\frac{2}{3}b^2\right]\right\}$ $(0\leqslant x\leqslant a)$	$\theta_A=-\frac{M}{2EI_zl^2}\times$ $\left[a^2\left(b+\frac{a}{3}\right)-\frac{3}{2}b^3\right]$ $\theta_B=\frac{M}{2EI_zl^2}\times$ $\left[\frac{2}{3}a^3+b^2\times\left(a+\frac{b}{3}\right)\right]$
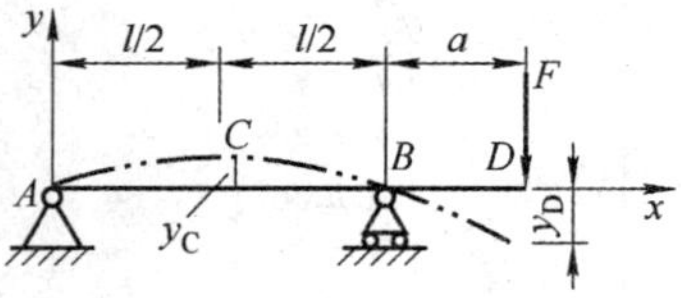	$y=\frac{Fax}{6EI_zl}(l^2-x^2)$ $(0\leqslant x\leqslant l)$ $y=-\frac{F(x-l)}{6EI_z}\times$ $[a(3x-l)-(x-l)^2]$ $(l\leqslant x\leqslant l+a)$	$\theta_A=-\frac{1}{2}\theta_B=\frac{Fal}{6EI_z}$ $\theta_C=-\frac{Fa}{6EI_z}(2l+3a)$ $y_C=-\frac{Fl^2a}{16EI_z}$ $y_D=-\frac{Fa^2}{3EI_z}(l+a)$
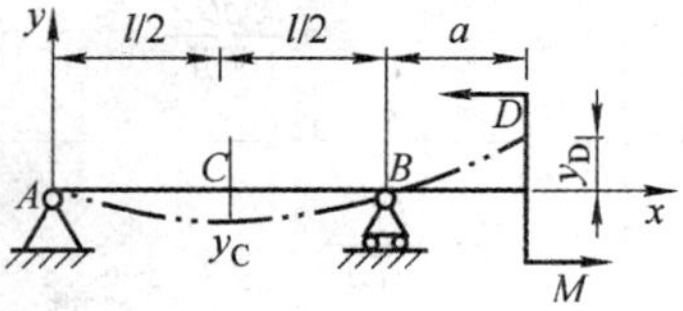	$y=-\frac{Ml}{6EI_z}\left(x-\frac{x^3}{l^3}\right)\ (0\leqslant x\leqslant l)$ $y=-\frac{M}{6EI_zl}\times[l^2x+(x-l)^3x^3]$ $(l\leqslant x\leqslant l+a)$	$\theta_A=-\frac{Ml}{6EI_z}$ $\theta_B=\frac{Ml}{3EI_z}$ $\theta_D=\frac{M}{6EI_z}\times(2l+6a)$ $y_C=-\frac{Ml^2}{16EI_z}$ $y_D=\frac{Ma}{6EI_z}\times(2l+3a)$

二、用叠加法计算梁的变形

在材料服从胡克定律且变形很小的前提下，梁的挠度和转角都与梁上的载荷成线性关系。当梁同时受到几个载荷作用时，可用叠加法计算梁的变形。即先分别计算每一种载荷单独作用时所引起的梁的挠度和转角，然后，再把同一截面的挠度和转角的代数值相加，就得到在这些载荷共同作用下该截面的挠度和转角。

例 7-14 一简支梁 AB，已知 EI_z，所受载荷情况如图 7-30a 所示，试求 C 点的挠度。

解 用叠加法求 C 点的挠度，分别画出均布力 q 和集中力 P 单独作用时的计算简图。

(1) 当均布力 q 单独作用时，如图 7-30b 所示，查表 7-3 可知 C 点的挠度 $y_{C1}=-\dfrac{5ql^4}{384EI_z}$。

(2) 当集中力 P 单独作用时，如图 7-30c 所示，查表 7-3 可知 C 点的挠度 $y_{C2}=-\dfrac{Pl^3}{48EI_z}$。

(3) q 和 P 同时作用时 $y_C=y_{C1}+y_{C2}=-\dfrac{5ql^4}{384EI_z}-\dfrac{Pl^3}{48EI_z}$。

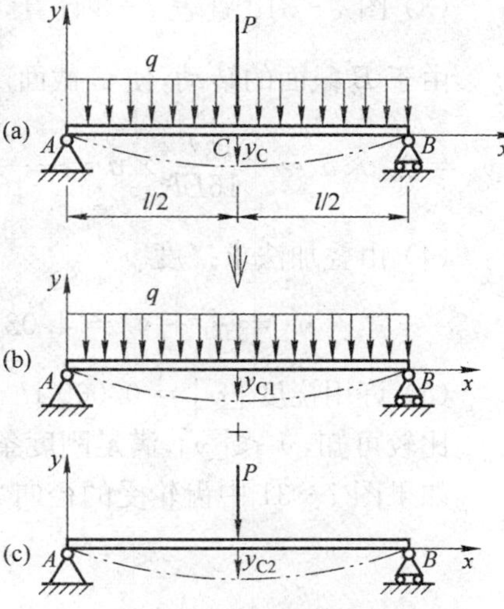

图 7-30 简支梁变形

三、梁的刚度校核

在工程实际中，对梁的刚度要求，就是根据不同的工作需要，对其最大挠度和最大转角限制在所规定的允许值之内，即

$$\begin{aligned}|\theta|_{max}&\leqslant[\theta]\\|y|_{max}&\leqslant[y]\end{aligned}\tag{7-17}$$

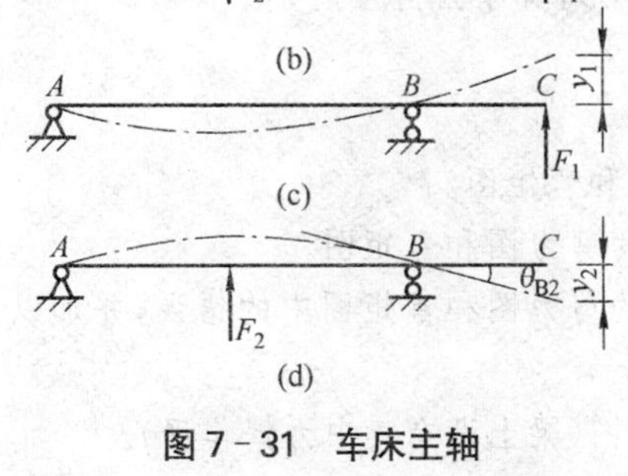

图 7-31 车床主轴

式(7-17)称为梁的刚度条件，$|\theta|_{max}$ 和 $|y|_{max}$ 为梁产生的最大转角和最大挠度的绝对值，$[\theta]$ 和 $[y]$ 分别为梁的许用转角和许用挠度，其值可从有关手册或规范中查得。

例 7-15 图 7-31 所示车床主轴受力简图，若工作时最大主切削力 $F_1=2\text{ kN}$，$F_2=1\text{ kN}$，空心轴外径 $D=80\text{ mm}$，内径 $d=40\text{ mm}$，$l=400\text{ mm}$，$a=200\text{ mm}$，$E=210\text{ GPa}$，截面 C 处的许可挠度 $[y]=0.0001l$，试校核其刚度。

解 受力简图 7-31b 可分解为图 7-31c 和 d。

(1) 截面惯性矩

$$I=\frac{\pi}{64}(D^4-d^4)=\frac{\pi}{64}(80^4-40^4)=189\times10^4\ \text{mm}^4$$

(2) 图 7－31c 查表 7－3 计算，得

$$y_1 = \frac{F_1a^2}{3EI}(l+a) = \frac{2\times10^3\times200^2}{3\times210\times10^3\times189\times10^4}(400+200)$$
$$= 4.03\times10^{-2}\ \text{mm}$$

(3) 图 7－31d 查表 7－3 计算，得 $\theta_{B2} = -\dfrac{F_2l^2}{16EI}$。

由于 B 截面的转动，使 C 截面产生的挠度为

$$y_2 = \theta_{B2}\times a = -\frac{F_2l^2}{16EI}\times a = -\frac{1\times10^3\times400^2}{16\times210\times10^3\times189\times10^4}\times200 = -0.504\times10^{-2}\ \text{mm}$$

(4) 由叠加法求挠度 y_C

$$y_C = y_1 + y_2 = 4.03\times10^{-2} - 0.504\times10^{-2} = 3.53\times10^{-2}\ \text{mm}$$

(5) 许用挠度 $[y] = 0.000\,1l = 0.000\,1\times400 = 4\times10^{-2}$ mm。

比较可知，$y_C<[y]$，满足刚度条件。

如果图 7－31 中齿轮受的径向力 F_2 指向向下，这时由 F_2 力将使 C 点向上移动，即

$$y_2 = 0.504\times10^{-2}\ \text{mm}$$

这样，C 截面的挠度为

$$y_C = y_1 + y_2 = 4.03\times10^{-2} + 0.504\times10^{-2} = 4.53\times10^{-2}\ \text{mm} > [y]$$

所以，主轴如果这样受力，刚度条件就不能满足。

思考与练习

1. 何谓平面弯曲，对称截面梁产生平面弯曲的条件是什么？

2. 如何求某一截面的剪力和弯矩，剪力和弯矩的正负是如何规定的？

3. 剪力图、弯矩图与受力图之间有哪些规律；怎样根据这些规律迅速画出剪力图和弯矩图；应用这些规律时应注意哪些问题？

4. 何谓弯曲时的平面假设，它在公式推导中起何作用？

5. 梁弯曲时怎样确定梁上的危险截面和危险点？

6. 在弯曲中采用型钢为什么可以节省材料；而在拉伸和压缩中是否也可以采用型钢来节省材料？

7. 工程中常把钢梁制成工字形，而铸铁梁或混凝土梁制成 T 形，其原因何在？

8. 为什么矩形截面梁采用立放形式；T 形截面梁应如何放置？

9. 试求如图 7－32 所示各梁中指定截面的剪力和弯矩。

10. 列出剪力方程和弯矩方程，绘出图 7－33 中各梁的剪力图和弯矩图。

11. 运用剪力、弯矩与载荷之间的关系，画出图 7－34 中各梁的剪力图和弯矩图。

12. 根据剪力、弯矩与载荷之间的关系，分析如图 7－35 所示的剪力图和弯矩图中的错误，并加以改正。

13. 根据如图 7－36 所示梁的剪力图，求作梁的受力图和弯矩图(梁上没有集中力偶作用)。

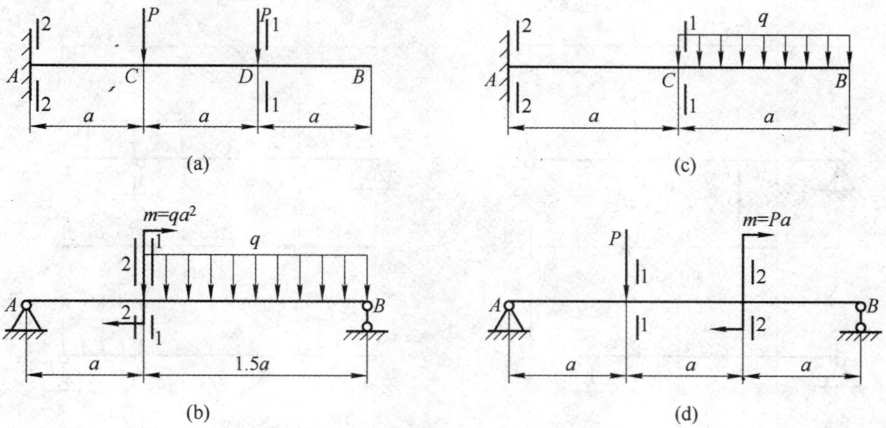

图 7-32 确定指定截面的剪力和弯矩

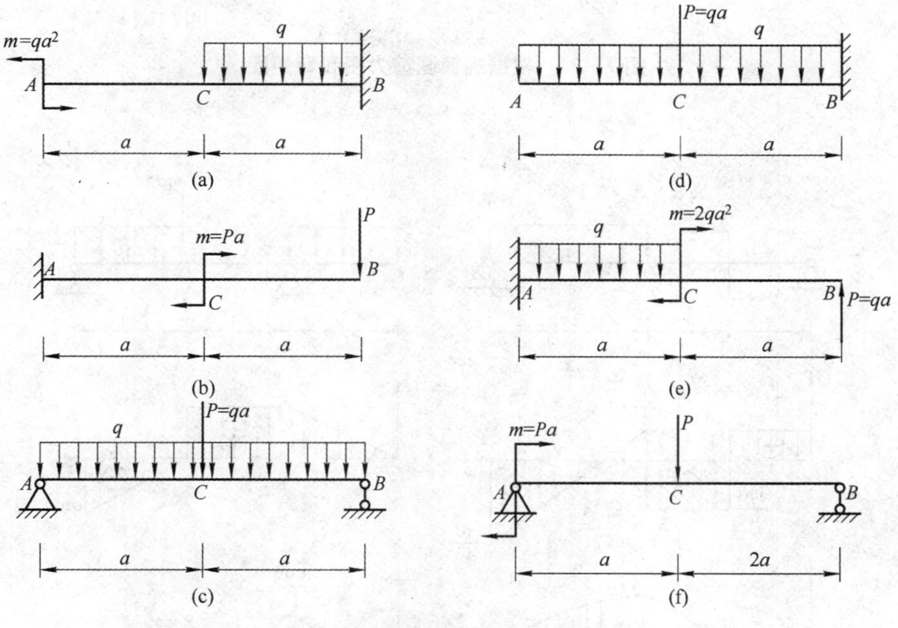

图 7-33 列方程画剪力图和弯矩图

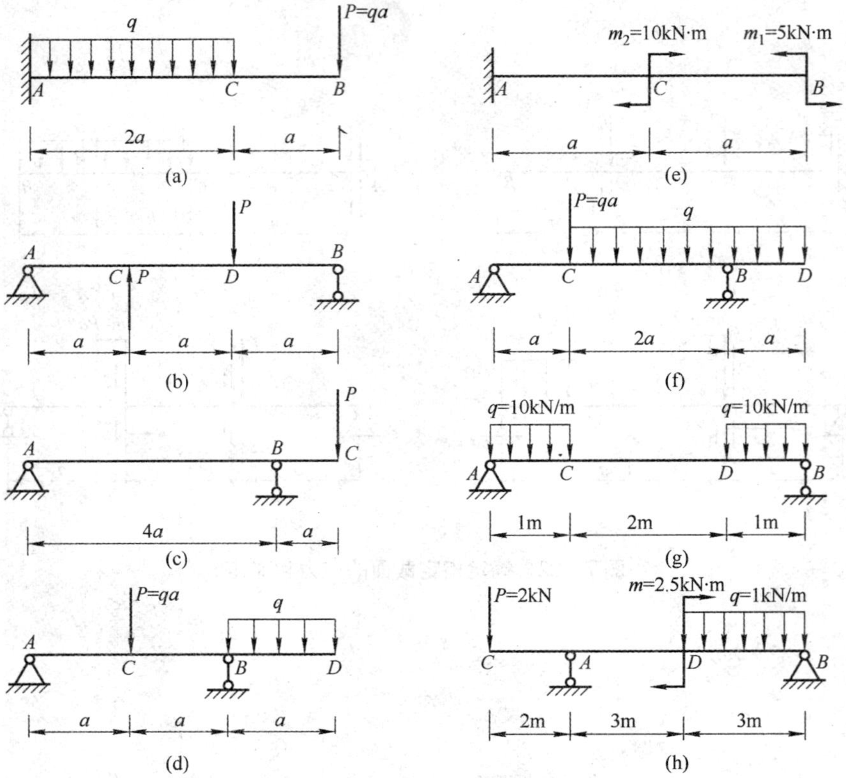

图 7－34 根据规律画剪力图和弯矩图

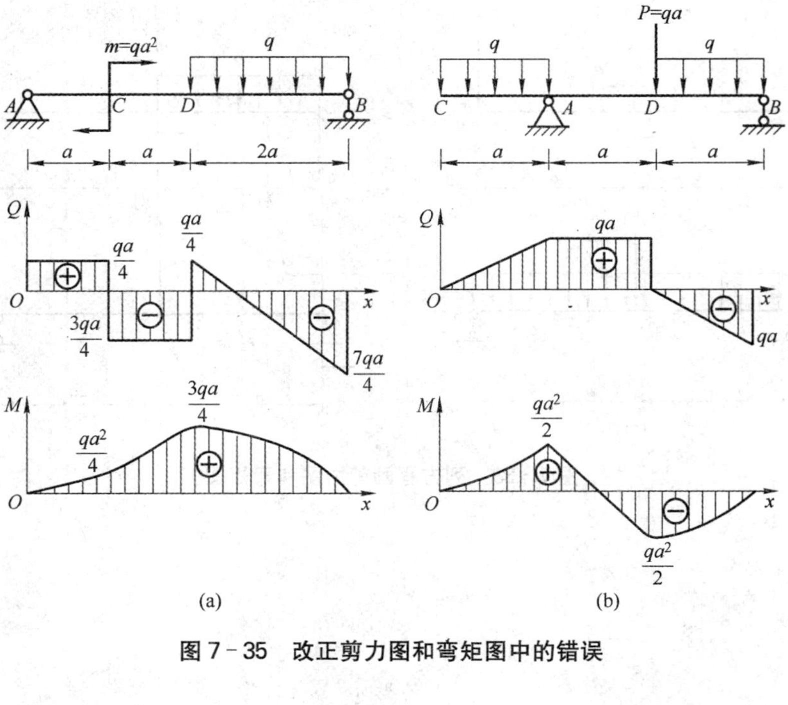

图 7－35 改正剪力图和弯矩图中的错误

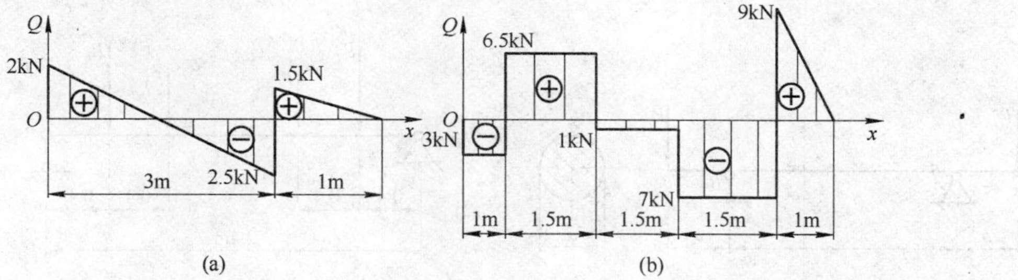

图 7-36 求作梁的受力图和弯矩图

14. 图 7-37 为梁的弯矩图,试作出梁的受力图和剪力图。

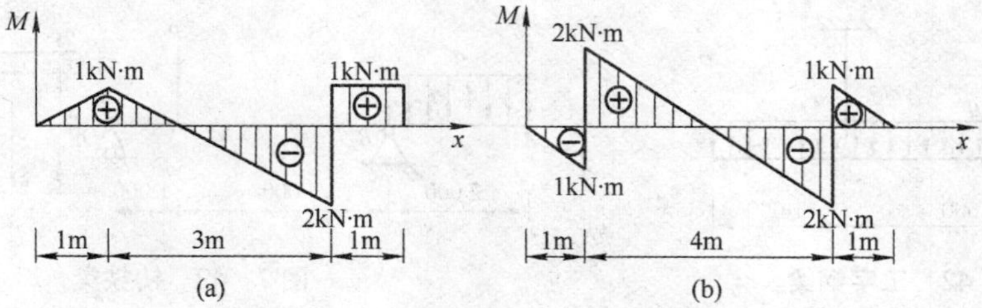

图 7-37 求作梁的受力图和剪力图

15. 一矩形截面梁如图 7-38 所示,求图中Ⅰ-Ⅰ截面上 A、B、C、D 点处的正应力,并指明是拉应力还是压应力。

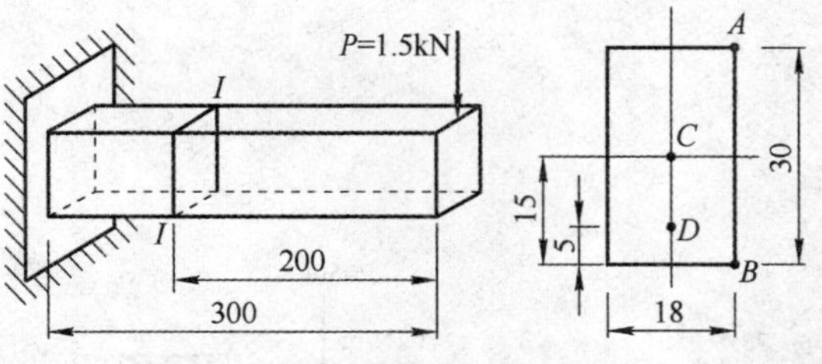

图 7-38 矩形截面悬臂梁

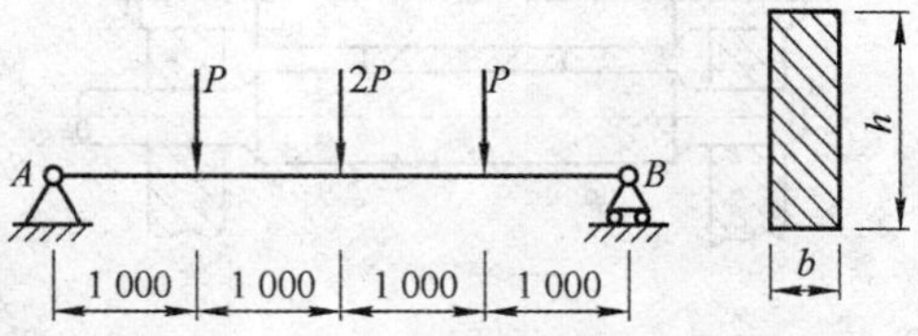

图 7-39 矩形截面简支梁

16. 矩形截面梁如图 7-39 所示,已知 $P=2\,\text{kN}$,横截面的高宽比 $h/b=3$,材料为松木,其许用应力$[\sigma]=10\,\text{MPa}$,试选择截面尺寸。

17. 如图 7-40 所示外伸梁,已知截面直径 $d=160\,\text{mm}$, $l=1.6\,\text{m}$, $a=0.25\,\text{m}$, $P=65\,\text{kN}$,材料的许用应力 $[\sigma]=60\,\text{MPa}$,试校核梁的强度。

18. 简支梁 AB 如图 7-41 所示,截面由两根槽钢组成。已知 $P_1=P_4=12\,\text{kN}$, $P_2=P_3=4\,\text{kN}$,材料的许用应力为$[\sigma]=120\,\text{MPa}$,试选择槽钢的型号。

19. 图 7-42 中梁为 10 号工字钢。B 点用圆截面钢杆 BC 吊起。已知 BC 杆的直径 $d=20\,\text{mm}$,梁和杆的许用应力$[\sigma]=160\,\text{MPa}$,试求许可均布载荷 q。

20. 铸铁梁受力如图 7-43 所示,已知 $q=10\,\text{kN/m}$, $P=12\,\text{kN}$, $I_z=60.125\times10^6\,\text{mm}^4$, $y_c=157.5\,\text{mm}$,许用拉应力$[\sigma_l]=40\,\text{MPa}$,许用压应力$[\sigma_y]=100\,\text{MPa}$。试按正应力强度条件校核该梁的强度。

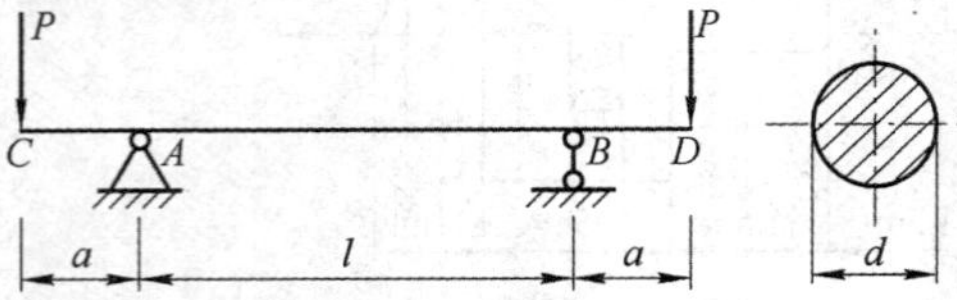

图 7-40 圆形截面外伸梁

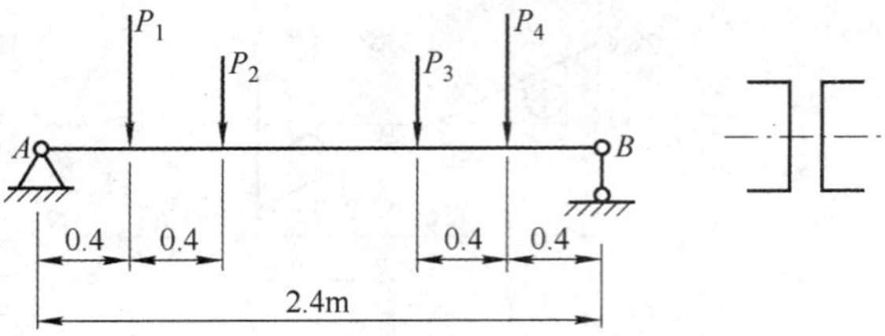

图 7-41 槽钢组成的简支梁

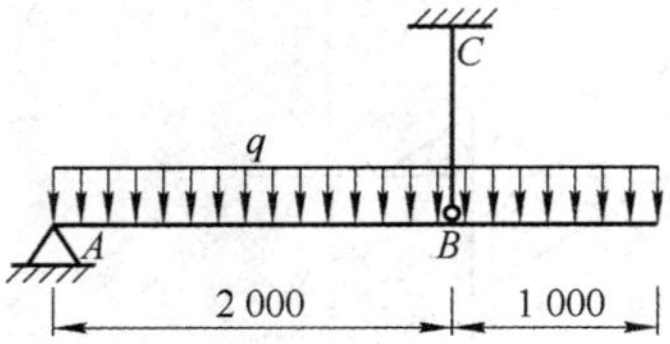

图 7-42 工字钢梁

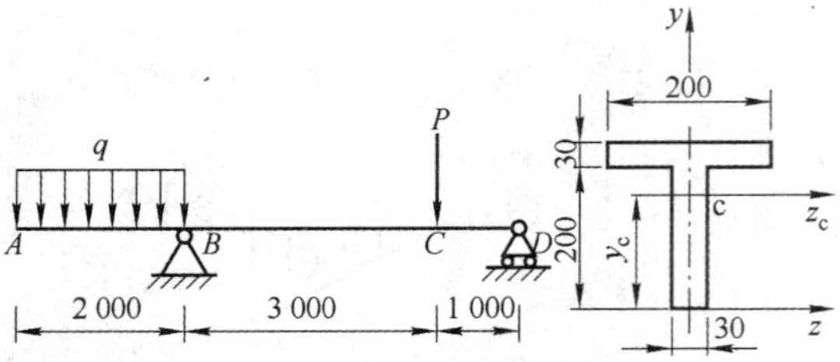

图 7-43 铸铁梁

21. 如图 7-44 所示轧辊轴直径 $D=300\ \text{mm}$,跨长 $L=1\,000\ \text{mm}$, $l=450\ \text{mm}$, $b=100\ \text{mm}$,轧辊材料的许用应力$[\sigma]=100\ \text{MPa}$,求轧辊能承受的最大许可轧制力 q。

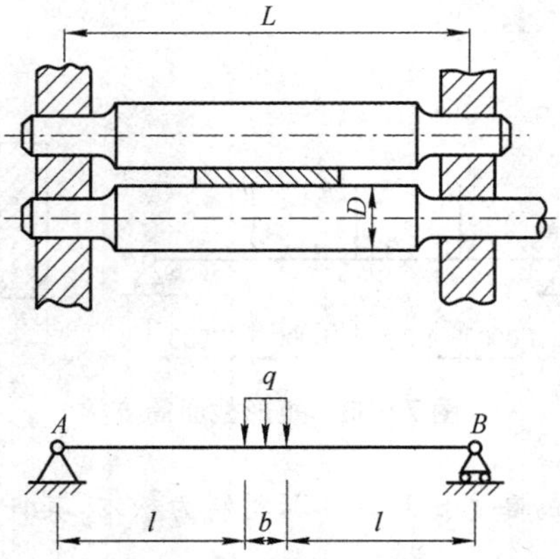

图 7-44 轧辊轴

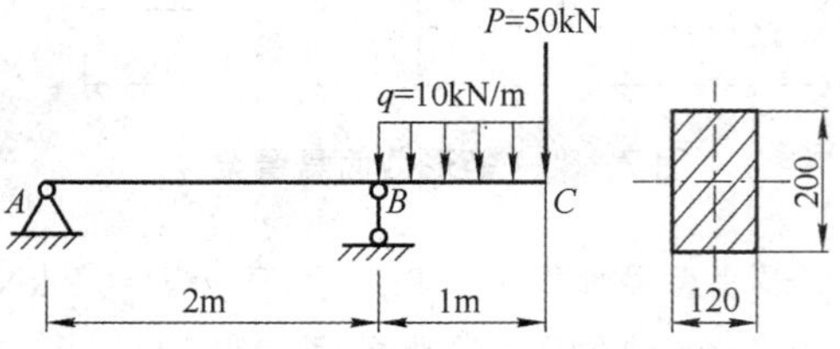

图 7-45 矩形截面外伸梁

22. 一矩形截面外伸梁如图 7-45 所示,已知材料的 $[\sigma]=100\ \text{MPa}$,截面尺寸及受力如图,试校核此梁的强度。

23. 一矩形截面木梁受力如图 7-46 所示,已知 $\dfrac{h}{b}=\dfrac{3}{2}$,材料的许用应力 $[\sigma]=10\ \text{MPa}$,试求截面尺寸 b 和 h 的值。

24. 图 7-47 为受均布载荷作用的外伸梁,已知 $q=12\ \text{kN/m}$,材料的许用应力$[\sigma]=160\ \text{MPa}$。试选择此梁的工字钢型号。

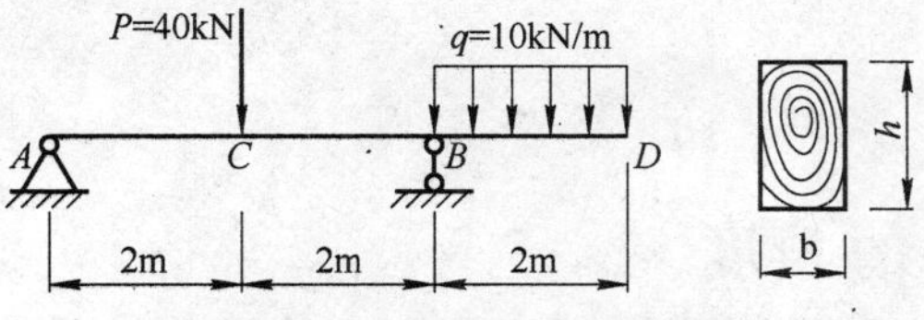

图 7-46　矩形截面木梁

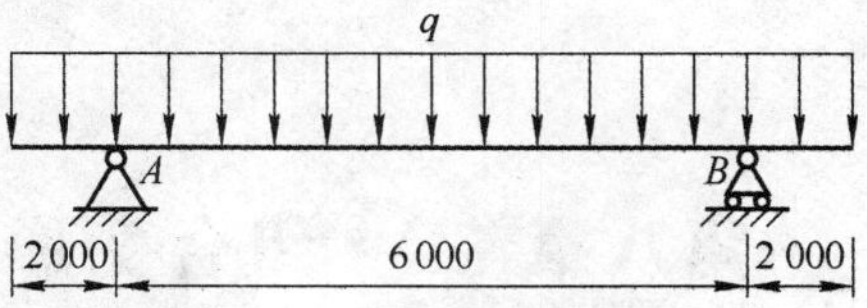

图 7-47　工字钢截面外伸梁

25. 试用叠加法求如图 7-48 所示各梁的变形，EI_z 为已知。

图(a)：y_C、θ_B；　图(b)：y_B、θ_C；　图(c)：y_B；　图(d)：y_A、θ_B；　图(e)：y_A、θ_B；　图(f)：y_B、θ_B

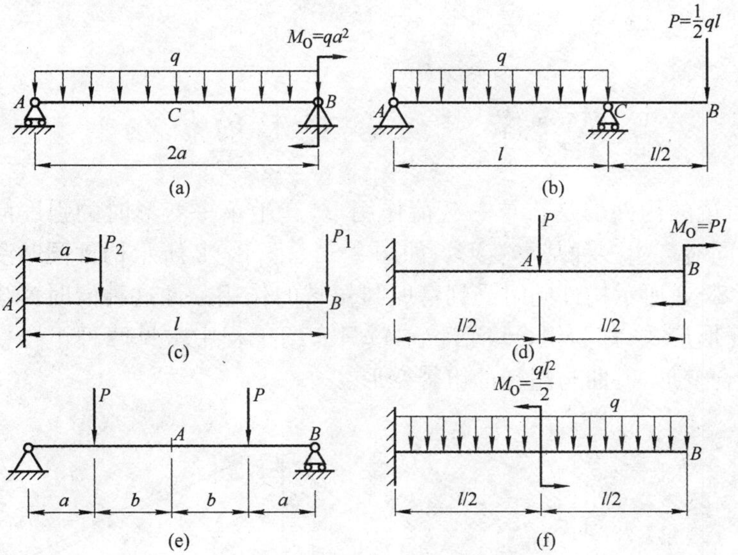

图 7-48　叠加法求梁的变形

第八章　组合变形构件的强度

【学习目标】

1. 了解组合变形的概念。
2. 掌握组合变形的分析方法，能进行组合变形的强度计算。

第一节　组合变形的概念

在前几章讨论的构件均是在单一载荷作用下，产生单一变形时的强度问题。但工程实际中，许多构件同时产生多种基本变形。如图 8－1、图 8－2 所示构件同时受到拉(压)与弯曲的作用，如图 8－3 所示构件同时受到弯曲与扭转的作用。像这种同时产生两种或两种以上基本变形的变形形式，称为组合变形。本章只介绍工程中常见两种组合变形，即拉伸(压缩)与弯曲的组合变形，弯曲与扭转的组合变形。

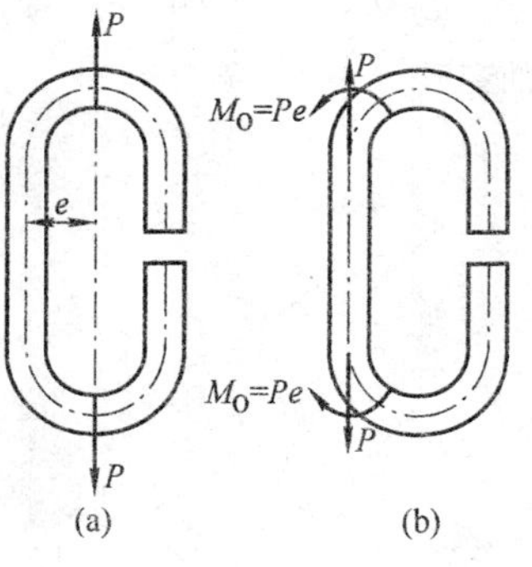

图 8－1　压-弯组合变形

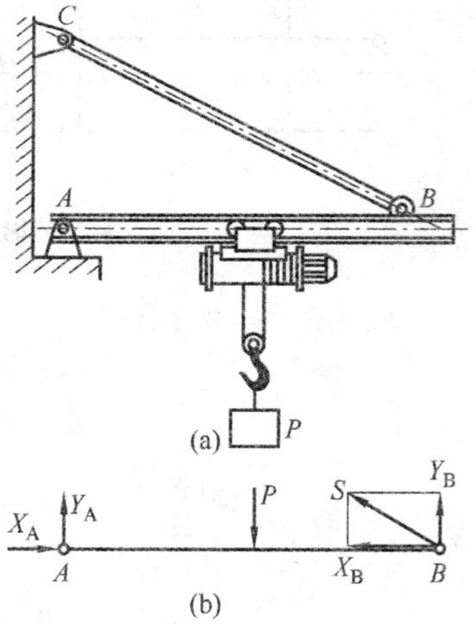

图 8－2　拉-弯组合变形

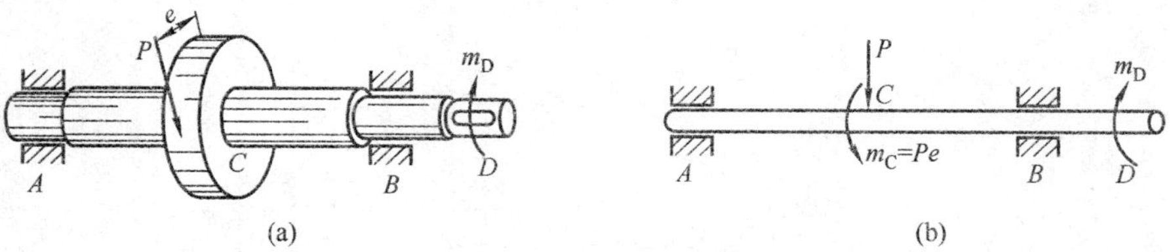

图 8－3　弯-扭组合变形

第二节　拉伸(压缩)与弯曲的组合变形

如图 8-4 所示,以矩形截面悬臂梁为例,说明拉伸(压缩)与弯曲组合变形的计算方法。

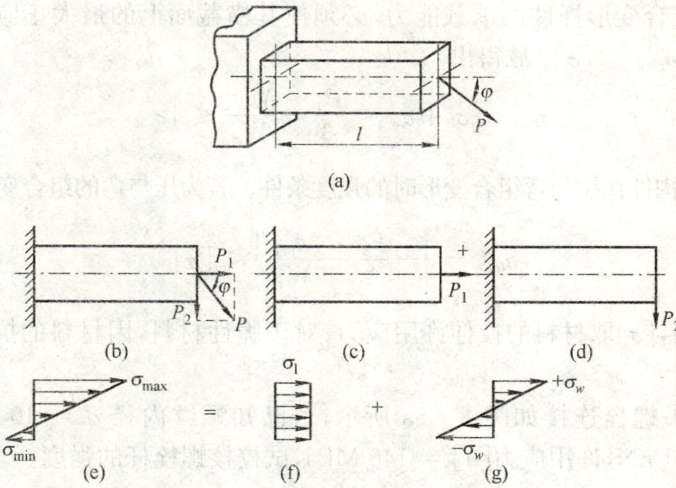

图 8-4　拉(压)-弯组合变形分析

一、外力分析

力 P 作用在梁的自由端,虽在梁的纵向对称面内,但与轴线既不平行,又不垂直,与梁轴线成 φ。首先将外力沿轴线方向和垂直轴线方向进行分解,即:$P_1 = P\cos\varphi$,$P_2 = P\sin\varphi$。

显然,分力 P_1 使梁产生拉伸变形,如图 8-4c 所示;分力 P_2 使杆梁产生弯曲变形,如图 8-4d 所示。故梁在载荷 P 作用下,产生拉伸和弯曲的组合变形。

二、内力和应力计算

因为分力 P_1 使梁产生拉伸变形,且各截面轴力相等,即 $N = P_1$,由此产生的正应力 σ_N 均匀连续分布,如图 8-4f 所示,其大小为 $\sigma_1 = \dfrac{P_1}{A}$;分力 P_2 使梁产生弯曲变形,固定端截面的弯矩最大,此截面为危险截面,此时横截面上的应力分布如图 8-4g 所示,最大弯曲正应力的绝对值为

$$\sigma_W = \frac{M_{max}}{W_z} = \frac{P_2 l}{W_z}$$

由于梁任一截面上的应力都有拉伸产生的正应力与弯曲产生的正应力,同一截面上两种应力平行,所以叠加时可以代数相加。当 $\sigma_1 < \sigma_W$ 时,固定端截面上应力分布如图 8-4e 所示,而且上、下边缘的最大正应力分别为:

$$\sigma_{\max} = \sigma_1 + \sigma_W = \frac{P_1}{A} + \frac{M_{\max}}{W_z}$$

$$\sigma_{\min} = \sigma_1 - \sigma_W = \frac{P_1}{A} - \frac{M_{\max}}{W_z}$$

三、强度条件

为了保证此组合变形杆件的承载能力，必须使其横截面上的最大正应力小于或等于材料的许用应力，即 $\sigma_{\max} \leqslant [\sigma]$。故得出

$$\sigma_{\max} = \sigma_1 + \sigma_w = \frac{P_1}{A} + \frac{M_{\max}}{W_z} \leqslant [\sigma] \tag{8-1}$$

式(8-1)即为构件在拉与弯组合变形时的强度条件。若为压与弯的组合变形其强度条件为

$$\sigma_{\max} = \left| -\frac{F_x}{A} - \frac{M_{\max}}{W_z} \right| \leqslant [\sigma] \tag{8-2}$$

对于塑性材料，$[\sigma]$取材料的拉伸许用应力；对于脆性材料，因材料的抗拉与抗压强度不同，应分别计算。

例 8-1 钩头螺栓连接如图 8-5a 所示，若已知螺纹内径 $d = 10$ mm，偏心距 $e = 10$ mm，载荷 $P = 1$ kN，许用应力$[\sigma] = 140$ MPa，试校核螺栓杆的强度。

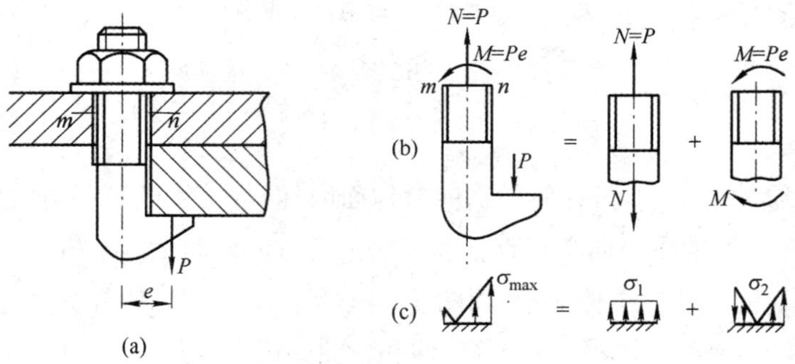

图 8-5 钩头螺栓

解 (1) 外力分析。因钩头受力不在轴线上，故将钩头所受的力向轴心上平移，得出一个力 $N = P$ 和一个力偶 $M = Pe$，故在力 N 和力偶 M 作用下，钩头产生拉伸和弯曲的组合变形。

(2) 内力、应力分析。用截面法，求螺杆任意截面 $m-n$ 的内力，如图 8-5b 所示，其中轴力 $N = P$，弯矩为 $M = Pe$，靠近钩头内侧的各点，正应力值最大，画出应力分布图，如图 8-5c。其值为

$$\sigma_{\max} = \frac{N}{A} + \frac{Pe}{W_z} = \frac{1\,000}{\pi \times 10^2/4} + \frac{1\,000 \times 10}{\pi \times 10^3/32} = 115 \text{ MPa}$$

(3) 强度校核：

$$\sigma_{\max} = 115 \text{ MPa} < [\sigma]$$

此螺栓强度足够。

例8-2 如图8-6a所示钻床，钻孔时受到压力 $P=15\ \text{kN}$，已知偏心矩 $e=400\ \text{mm}$，铸铁材料的许用应力 $[\sigma_l]=35\ \text{MPa}$，$[\sigma_y]=120\ \text{MPa}$，试计算铸铁立柱所需的直径。

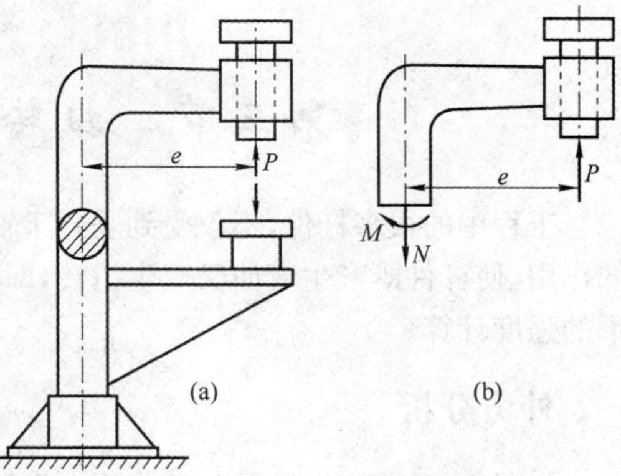

图8-6 钻床

解 (1) 外力分析。立柱在外力 P 的作用下产生偏心拉伸，可分解为拉伸与弯曲的组合变形。

(2) 内力、应力分析。用截面法将立柱假象地截开，取上端部分为研究对象，如图8-6b所示，由平衡条件可求得立柱的轴力和弯矩分别为

$$N=P=15\text{kN}$$
$$M=Pe=15\times400\times10^{-3}=6\ \text{kN}\cdot\text{m}=6\times10^{6}\ \text{N}\cdot\text{mm}$$

立柱横截面面积为 $A=\dfrac{\pi d^2}{4}$，对中性轴的抗弯截面系数为 $W_z=\dfrac{\pi d^3}{32}$；

轴力产生的拉应力为 $\sigma_l=\dfrac{N}{A}=\dfrac{P}{A}$，弯矩产生的最大弯曲正应力为 $\sigma_{\max}=\dfrac{M}{W_z}=\dfrac{Pe}{W_z}$。

(3) 强度计算。由于铸铁抗拉能力较差，而抗压能力较强，故应对受拉侧进行强度计算。故有

$$\frac{P}{A}+\frac{Pe}{W_z}=\frac{1.5\times10^4}{\pi d^2/4}+\frac{6\times10^6}{\pi d^3/32}\leqslant35$$

解此方程就能得到立柱的直径 d，但因这是一个一元三次方程，求解较困难。因此，可采用简便方法进行计算。一般在偏心距较大的情况下，偏心拉伸(或压缩)杆件的弯曲正应力是主要的，所以可先按弯曲强度条件求出立柱的一个近似直径，然后将此直径的数值稍微增大一点，再代入偏心拉伸的强度计算公式进行校核，若数值相差较大，再作适当改变，如此以试凑的方法进行设计计算。最后即可求得满足此方程的直径。

故此问题先按弯曲强度条件计算

$$\frac{Pe}{W_z}=\frac{6\times10^6}{\pi d^3/32}\leqslant35$$

解得满足上式的立柱直径 $d=120\ \text{mm}$。将此值稍加增大，现取 $d=125\ \text{mm}$ 代入偏心拉伸的强度条件中校核，得

$$\frac{P}{A}+\frac{Pe}{W_z}=\frac{1.5\times10^4}{3.14\times125^2/4}+\frac{6\times10^6}{3.14\times125^3/32}=32.4\ \text{MPa}\leqslant[\sigma_l]=35\ \text{MPa}$$

满足强度条件，故最后选取立柱直径 $d=125\ \text{mm}$ 即可。

第三节 扭转与弯曲的组合变形

工程中的很多杆件，不仅受到垂直于轴线的外力作用，而且还受到垂直于杆件轴线的力偶作用，使杆件既产生弯曲又产生扭转，即为弯曲与扭转的组合变形。下面讨论弯-扭组合变形的强度计算。

一、外力分析

如图 8-7a 所示，圆周力 P 作用在齿轮的节圆上，D 点的联轴器给传动轴一主动力偶 m，齿轮轴的受力如图 8-7b 所示。把力 P 向齿轮中心简化，可知作用于轴上的是一个与轴线垂直的力 P 和一个作用面垂直于轴线的力偶 $m=PR$，如图 8-7c 所示。力 P 使轴产生弯曲变形，如图 8-7d 所示，力偶 m 使轴产生扭转变形，如图 8-7e 所示，所以此轴 CD 段产生的是弯曲与扭转的组合变形。

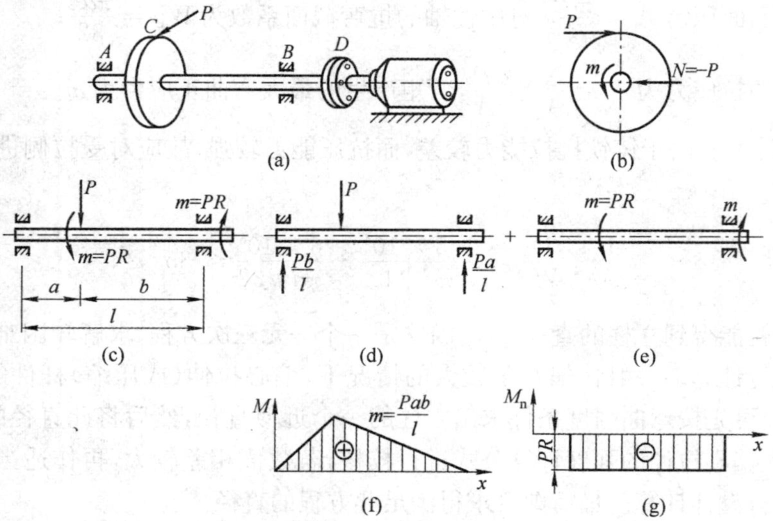

图 8-7 弯-扭组合变形的分析

二、内力分析

力 P 单独作用时，弯矩图如图 8-7f 所示，截面上的最大弯矩为

$$M_{max}=\frac{Pab}{l}$$

力偶单独作用时，扭矩图如图 8-7g 所示，截面上的最大扭矩为

$$M_n=-m=-PR$$

由内力图可知，截面 C 弯矩最大，故截面 C 为危险截面。

三、应力分析

从上面分析可知，截面 C 弯矩 M 产生的正应力 σ 垂直横截面，且在上、下边缘最大；由扭矩 M_n 产生的切应力 τ 平行横截面，且边缘最大。横截面上应力分布如图 8-8 所示，截面 C 正上方和正下方两点应力达到最大值，是危险点。其值为

$$\sigma = \frac{M}{W_z} \qquad \tau = \frac{M_n}{W_n}$$

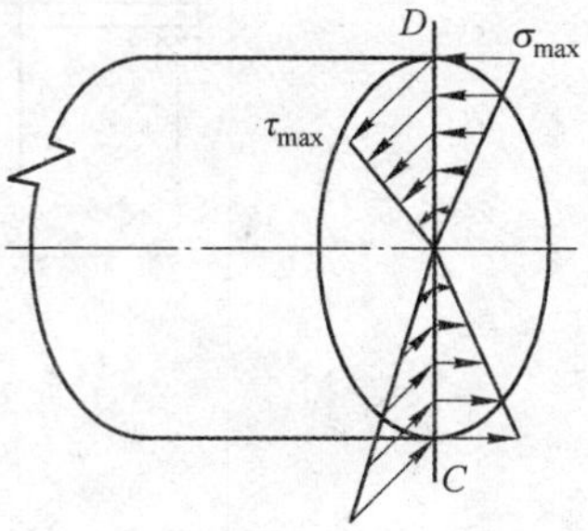

图 8-8　弯-扭组合变形的应力分布

四、强度计算

由于在弯曲与扭转组合变形中，构件横截面上的切应力和正应力分别作用在两个互相垂直的平面内，不能采用简单应力叠加的方法，应采用第三强度理论或第四强度理论（可参考其他的《材料力学》教材）进行计算，其强度计算公式如下：

运用第三强度理论计算公式为

$$\sigma_{xd3} = \sqrt{\sigma^2 + 4\tau^2} \leqslant [\sigma] \tag{8-3}$$

运用第四强度理论计算公式为

$$\sigma_{xd4} = \sqrt{\sigma^2 + 3\tau^2} \leqslant [\sigma] \tag{8-4}$$

式中　σ 和 τ——分别为危险截面上危险点的弯曲正应力和扭转切应力；

σ_{xd}——相当应力；

$[\sigma]$——轴向拉压时的许用应力。

对于塑料材料圆截面杆　　$\sigma = \frac{M}{W_z} \qquad \tau = \frac{M_n}{W_n}$

再将 $W_n = 2W_z$ 代入上述公式，得到以弯矩 M、扭矩 M_n 和抗弯截面系数 W_z 表示的强度条件：

$$\sigma_{xd3} = \frac{\sqrt{M^2 + M_n^2}}{W_z} = \frac{M_{xd3}}{W_z} \leqslant [\sigma] \tag{8-5}$$

$$\sigma_{xd4} = \frac{\sqrt{M^2 + 0.75M_n^2}}{W_z} = \frac{M_{xd4}}{W_z} \leqslant [\sigma] \tag{8-6}$$

式中　M_{xd3} 和 M_{xd4}——分别称为按第三、第四强度理论的相当弯矩。

必须注意：用第三或第四强度理论计算相当弯矩时，弯矩 M 和扭矩 M_n 必须是同一截面的。对于等截面轴，相当弯矩最大的截面是危险截面。

例 8-3　如图 8-9a 所示，在用电动机带动的轴中点上装有一个重 $G = 2$ kN，直径 $D = 500$ mm 的带轮，带紧边的张力 $T_1 = 5$ kN，松边的张力 $T_2 = 3$ kN，轴长度 $l = 1.2$ m，轴材料的许用应力 $[\sigma] = 80$ MPa。试用第三强度理论设计轴的直径 d。

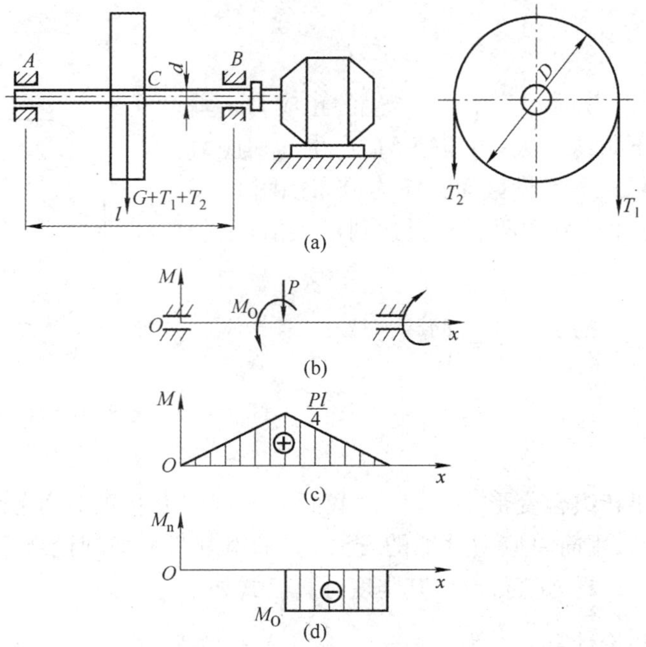

图 8-9 电机带动的轴

解 (1) 外力分析。将轮上的带张力 T_1 和 T_2 向轮轴心平移,简化后得到一个作用于轴上的横向力 P 和一个转矩 M_O,画出轴的受力图,如图 8-9b 所示:

$$P = G + T_1 + T_2 = 2 + 5 + 3 = 10\ \text{kN} \quad (\text{使轴产生弯曲变形})$$

$$M_O = T_1 \frac{D}{2} - T_2 \frac{D}{2} = (5-3)\frac{500}{2} = 500\ \text{kN} \cdot \text{mm} \quad (\text{使轴产生扭转变形})$$

故 CB 段产生弯曲与扭转的组合变形。

(2) 内力分析。绘出力 P 单独作用时的弯矩图,如图 8-9c 所示。最大值为

$$M_{max} = \frac{Pl}{4} = \frac{10 \times 1\,200}{4} = 3\,000\ \text{kN} \cdot \text{mm}$$

绘出扭矩 M_n 单独作用时的扭矩图,如图 8-9d 所示。在截面 C 处,扭矩值为

$$M_n = M_O = 500\ \text{kN} \cdot \text{mm}$$

从弯矩图和扭矩图可看出:截面 C 为危险截面。

(3) 强度校核。按第三强度理论设计轴径:

$$\sigma_{xd3} = \frac{\sqrt{M^2 + M_n^2}}{W_z} = \frac{1}{0.1d^3}\sqrt{(3 \times 10^6)^2 + (5 \times 10^5)^2} \leqslant [\sigma] = 80\ \text{MPa}$$

$$d^3 \geqslant \frac{1}{0.1 \times 80}\sqrt{(3 \times 10^6)^2 + (5 \times 10^5)^2} = 380\,173\ \text{mm}^3$$

$$d \geqslant \sqrt[3]{380\,173} \approx 72\ \text{mm}$$

故选直径为 72 mm 的轴即可。

例 8-4　如图 8-10a 所示的传动轴,已知带的拉力 $T=5\,\mathrm{kN}$, $t=2\,\mathrm{kN}$,带轮直径 $D=160\,\mathrm{mm}$,齿轮的节圆直径 $d_O=100\,\mathrm{mm}$,压力角 $\alpha=20°$,轴的许用应力$[\sigma]=80\,\mathrm{MPa}$。试按第三强度理论设计轴的直径 d。

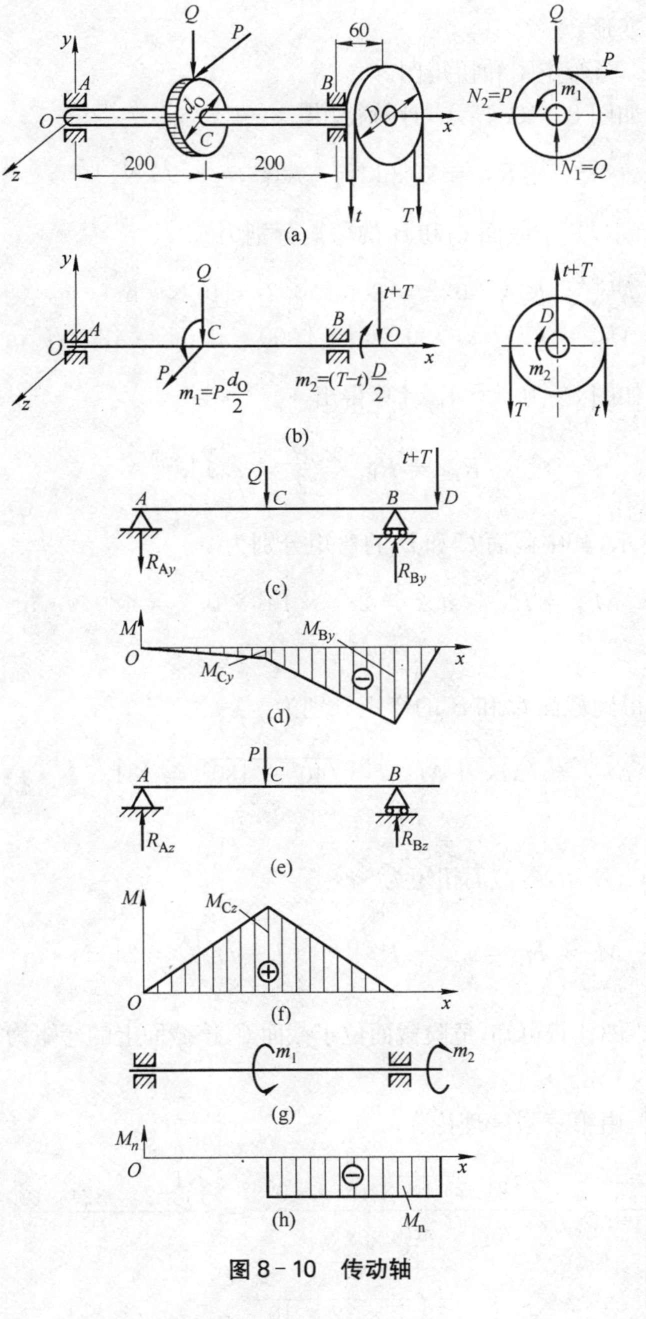

图 8-10　传动轴

解　(1) 外力分析。取整体为研究对象,可知:

$$\sum M_x(F)=0 \qquad P\frac{d_O}{2}-(T-t)\frac{D}{2}=0$$

$$P = 4.8\ \text{kN}$$
$$Q = P\tan 20° = 4.8\tan 20° = 1.7\ \text{kN}$$

轴的受力如图 8－10b 所示。其中 Q、T、t 使轴在铅垂平面 xOy 内产生弯曲变形；力 P 使轴在水平面 zOx 内产生弯曲变形；力偶 m_1、m_2 使轴的 CD 段产生扭转变形，故 CD 段是弯曲与扭转的组合变形。

(2) 内力分析。画弯矩图和扭矩图。

铅垂面内受力如图 8－10c 所示，计算得出

$$R_{Ay} = 0.2\ \text{kN} \qquad R_{By} = 8.9\ \text{kN}$$

弯矩如图 8－10d 所示，其中截面 C 和 B 的弯矩分别为

$$M_{Cy} = R_{Ay} \times 0.2 = 200 \times 0.2 = 40\ \text{N}\cdot\text{m}$$
$$M_{By} = (T+t) \times 0.06 = 7\,000 \times 0.06 = 420\ \text{N}\cdot\text{m}$$

水平面内受力如图 8－10e 所示，计算得出

$$R_{Az} = R_{Bz} = \frac{P}{2} = 2.4\ \text{kN}$$

弯矩如图 8－10f 所示，其中截面 C 和 B 的弯矩分别为

$$M_{Cz} = R_{Az} \times 0.2 = 2.4 \times 10^3 \times 0.2 = 480\ \text{N}\cdot\text{m}$$
$$M_{Bz} = 0$$

由弯矩图叠加得到截面 C 和 B 的弯矩分别为

$$M_C = \sqrt{M_{Cy}^2 + M_{Cz}^2} = \sqrt{40^2 + 480^2} = 481.7\ \text{N}\cdot\text{m}$$
$$M_B = 420\ \text{N}\cdot\text{m}$$

扭矩如图 8－10h 所示，各截面扭矩为

$$M_n = m_1 = m_2 = P\frac{d_O}{2} = (T-t)\frac{D}{2} = 240\ \text{N}\cdot\text{m}$$

对扭矩图和弯矩图比较可知，危险截面位于截面 C，该截面上的弯矩为 $M_C = 481.7\ \text{N}\cdot\text{m}$，扭矩为 $M_n = 240\ \text{N}\cdot\text{m}$。

(3) 强度计算。由第三强度理论：

$$\sigma_{xd3} = \frac{\sqrt{M_C^2 + M_n^2}}{W_z} = \frac{\sqrt{(481.7)^2 + 240^2} \times 10^3}{\frac{\pi d^3}{32}} = \frac{538.2 \times 32 \times 10^3}{\pi d^3} \leqslant [\sigma] = 80\ \text{MPa}$$

$$d \geqslant \sqrt[3]{\frac{538.2 \times 32 \times 10^3}{3.14 \times 80}} = 40.9\ \text{mm}$$

取 $d = 41\ \text{mm}$ 的轴即可满足强度。

思考与练习

1. 什么是组合变形，试举例说明常见的组合变形。
2. 如何确定组合变形构件中的危险截面和危险点的位置？
3. 试判断图 8-11 中杆 AB、BC 和 CD 各产生哪些基本变形。

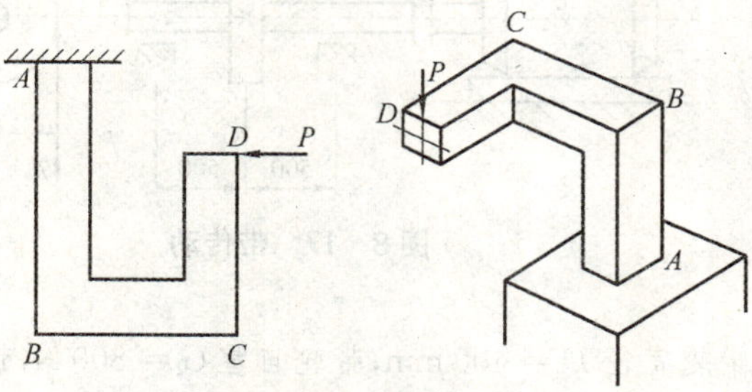

图 8-11　判断杆件的变形

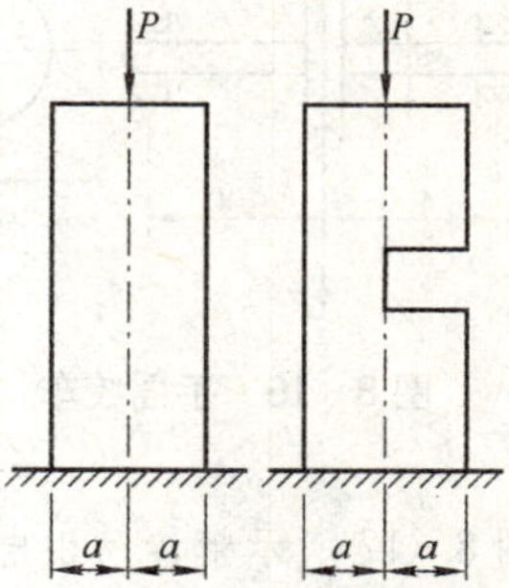

图 8-12　正方形短柱

4. 如图 8-12 所示，在正方形截面短柱的中间处开一个槽，使横截面面积减少为原来截面面积的一半，若加一外力 P，试求最大正应力比不开槽时增大几倍。
5. 试求如图 8-13 所示钢质链环，在下列两种情况下，链环中段横截面上的最大拉应力。链环直径 $d = 40$ mm，设 $F = 10$ kN，$a = 60$ mm。

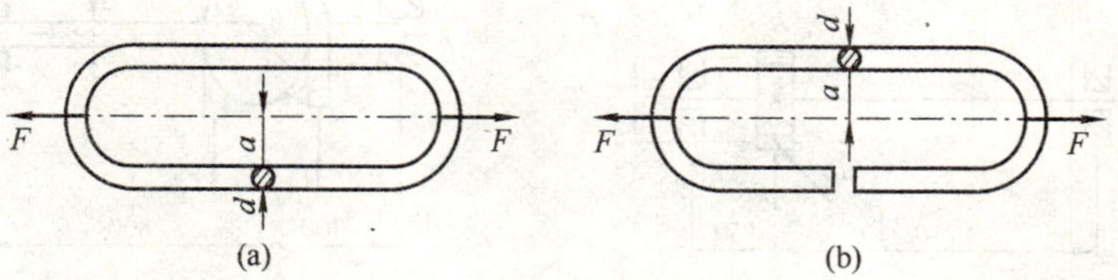

图 8-13　钢质链环

6. 起重机如图 8-14 所示，横梁 AB 用两根 18 号槽钢制成，拉杆 BC 用圆钢制成，其直径 $d =$ 20 mm，梁与拉杆的许用应力相同，$[\sigma] = 120$ MPa，试求机架的最大起重量。

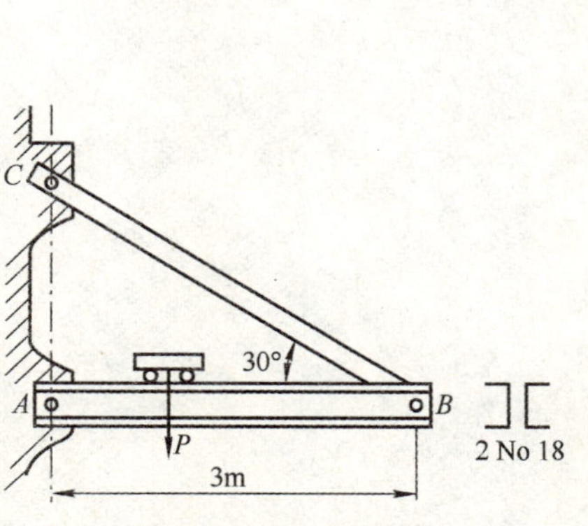

图 8-14　起重机

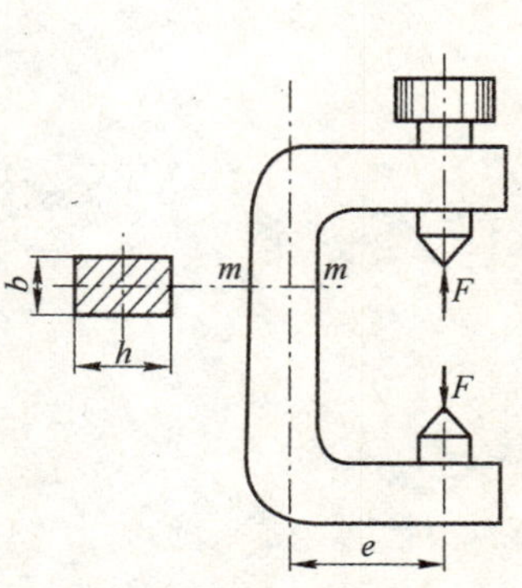

图 8-15　夹具

7. 夹具如图 8-15 所示，$F=2\,\text{kN}$，偏心距 $e=60\,\text{mm}$，竖杆为矩形截面，$b=10\,\text{mm}$，$h=22\,\text{mm}$，材料的屈服点 $\sigma_s=240\,\text{MPa}$，规定的安全系数 $n=1.5$，试校核竖杆的强度。

8. 如图 8-16 所示手摇绞车，车轴横截面为圆形，直径 $d=30\,\text{mm}$，其许用应力 $[\sigma]=100\,\text{MPa}$，试按第三强度理论计算最大起吊重量。

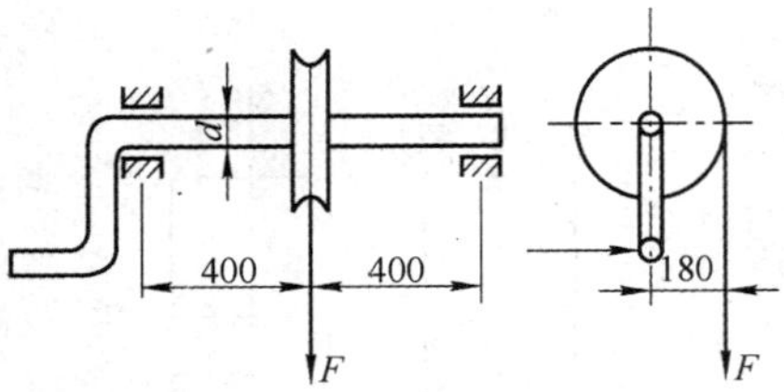

图 8-16 手摇绞车

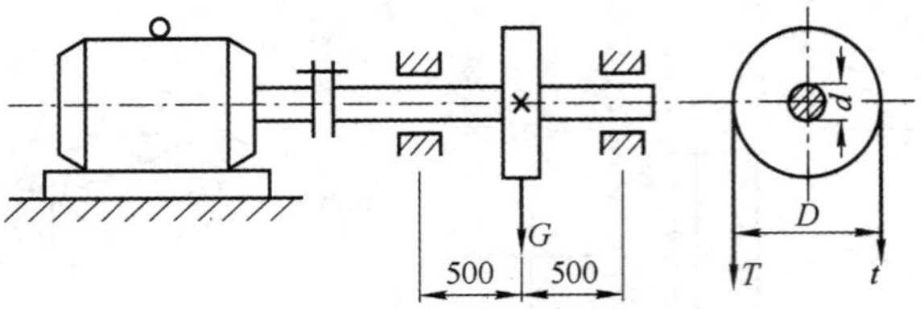

图 8-17 带传动

9. 如图 8-17 所示带传动由电动机带动，带轮直径 $D=400\,\text{mm}$，带轮自重 $G=800\,\text{N}$，带轮紧边与松边拉力之比为 $T/t=2$，$T=5\,\text{kN}$，轴的许用应力 $[\sigma]=100\,\text{MPa}$，按第四强度理论选择轴的直径。

10. 如图 8-18 所示为一卷扬机减速器中的高速齿轮轴。已知电动机功率 $P=7.5\,\text{kW}$，转速 $n=960\,\text{r/min}$，齿轮的压力角 $\alpha=20^\circ$，齿轮分度圆直径 $D=150\,\text{mm}$，轴的直径 $d=28\,\text{mm}$，材料的许用应力 $[\sigma]=80\,\text{MPa}$，按第三强度理论校核轴的强度。

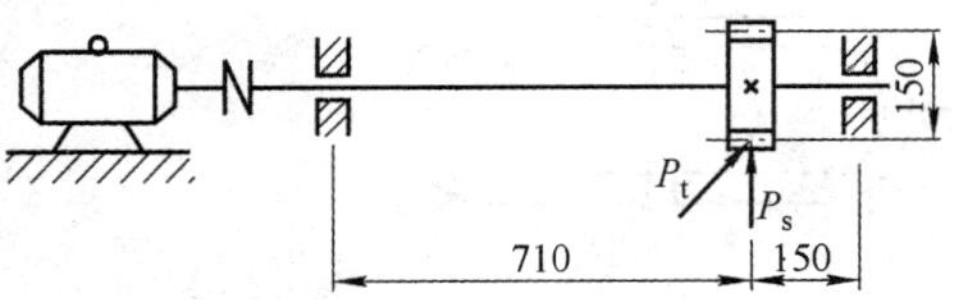

图 8-18 齿轮传动轴

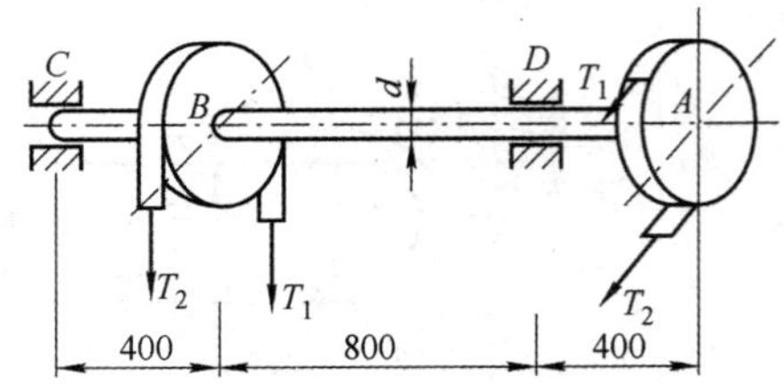

图 8-19 传动轴

11. 如图 8-19 所示传动轴，传递的功率 $P=10\,\text{kW}$，轴的转速 $n=100\,\text{r/min}$，A 轮上的皮带是水平的，B 轮上的皮带是铅垂的，若两轮直径均为 $D=500\,\text{mm}$，且皮带张力 $T_1=2T_2$，轴的许用应力 $[\sigma]=80\,\text{MPa}$，按第三强度理论选择轴的直径 d。

第九章　压杆的稳定

【学习目标】

1. 了解压杆稳定的概念。
2. 掌握细长压杆的临界力及压杆稳定性计算。

第一节　压杆稳定的概念

前面研究受压直杆时，认为它的破坏主要取决于强度，并规定杆件的工作应力必须小于它的许用应力，以保证杆件安全地工作。实际上，这个结论只对短粗的压杆才是正确的，若用于细长压杆，将导致错误的结果。例如取一块截面积为 100 mm^2，高为 10 mm 的木板，若要用一个人的力气将它压坏，显然是困难的。若压的是一根截面尺寸相同，而长为 1 m 的木板如图 9-1 所示，则情况大不一样，用不大的力就将其压弯，再使劲它就折断了。这表明对压杆来说，短杆和细长杆产生破坏的性质是不同的。短杆是强度问题，而细长杆则是能否保持原有直线平衡状态的问题，即为稳定性问题。工程上把**压杆保持它原有直线平衡状态的能力，称为压杆的稳定性**。

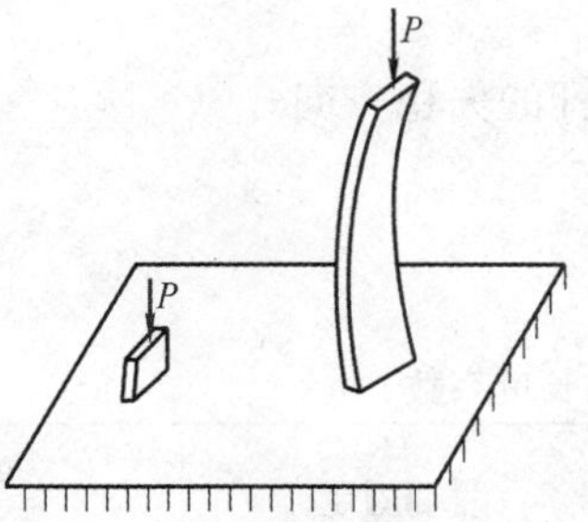

图 9-1　细长压杆

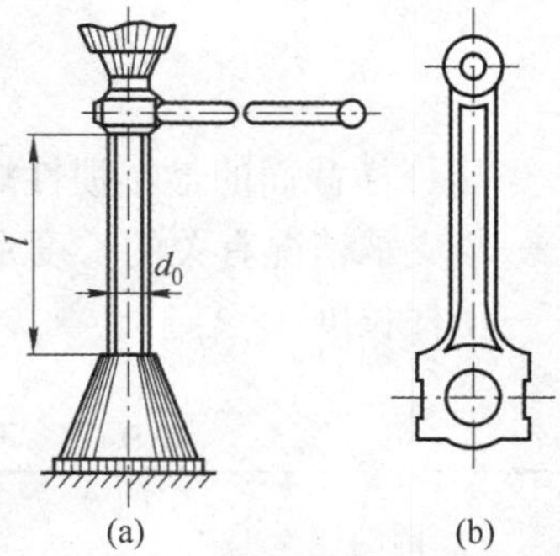

图 9-2　细长压杆实例

工程中有许多细长杆，如图 9-2 所示千斤顶的螺杆、内燃机的连杆等，都必须保证具有足够的稳定性，才能正常工作。

作如下实验：如图 9-3a 所示，取一细长圆杆，在杆端加轴向力 P。当力 P 不大时，压杆保持直线平衡状态。此时若给杆加一横向干扰力 Q，杆便发生微小弯曲。当突然去掉干扰力后，杆就会左右摆动，且摆动幅度越来越小。杆经过几次摆动后，仍恢复为原来的直线平衡状态，如图 9-3b 所示，这说明压杆原有直线形状的平衡是稳定的。但当压力 P 增大到某一值 P_{lj} 时($P=P_{lj}$)，杆在同样大小的横向力干扰下发生弯曲，当此时再去掉干扰力，杆件不能

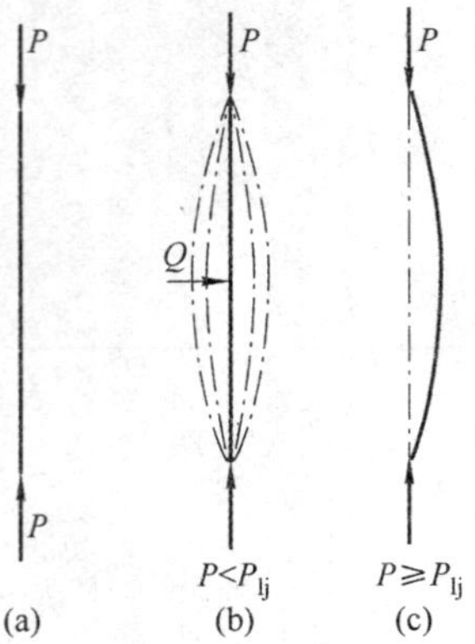

图 9-3 压杆稳定性试验

恢复原有的直线状态，而处于微弯的平衡状态，如图 9-3c 所示。再增加压力($P>P_{lj}$)，杆的弯曲将明显增大，直至折断。这说明压杆原有直线状态的平衡，是不稳定的。

由上述分析可知，细长压杆的直线平衡状态是否稳定，取决于压力 P 的大小，当压力 P 在 $0\leqslant P\leqslant P_{lj}$ 时，压杆处于稳定的直线平衡状态。当压力 $P>P_{lj}$ 时，压杆就会失稳。当 $P=P_{lj}$ 时，标志着压杆由稳定平衡状态转化为不稳定平衡状态的临界状态。对应于这种临界状态的压力值 P_{lj}，称为临界压力或临界力。也可以说，临界力 P_{lj} 就是压杆保持稳定平衡状态的极限载荷。因此，对于压杆稳定性的研究，关键在于确定临界力 P_{lj}。

应该指出，即使没有干扰力作用，当轴向压力 $P\geqslant P_{lj}$ 时，压杆也可能出现失稳现象，这是由于对压杆起干扰作用的因素常常是不可避免的，如加载的偏心或周围环境的微小振动等，都起着干扰力的作用。

第二节 细长压杆的临界力

一、欧拉公式

俄国科学家欧拉通过一系列的实验发现，细长压杆临界力的大小与它的刚度 EI 成正比，与它的长度 l 的平方成反比，并且与它两端的支承情况有关。他从理论上推导出了计算压杆临界力的公式，故称为欧拉公式。即

$$P_{lj}=\frac{\pi^2 EI_{min}}{(\mu l)^2} \tag{9-1}$$

式中 I_{min}——压杆横截面的最小惯性矩，它决定了压杆的失稳方向；

μ——与支承情况有关的长度系数，其值见表 9-1；

l——压杆长度。

表 9-1 不同支座情况时的长度系数

拉杆端约束情况	两端铰支	一端固定 一端自由	两端固定	一端固定 一端铰支
曲线形状	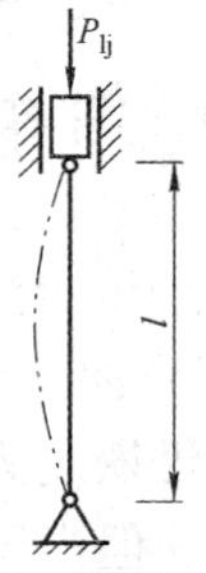	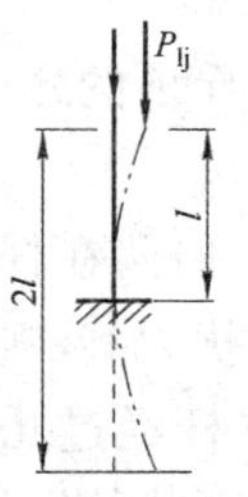	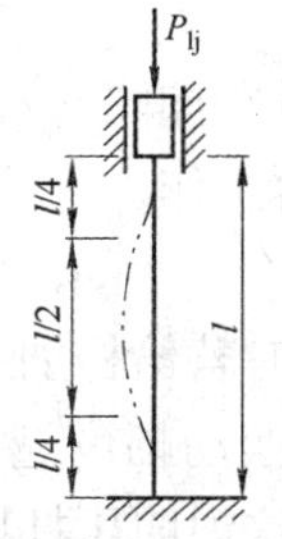	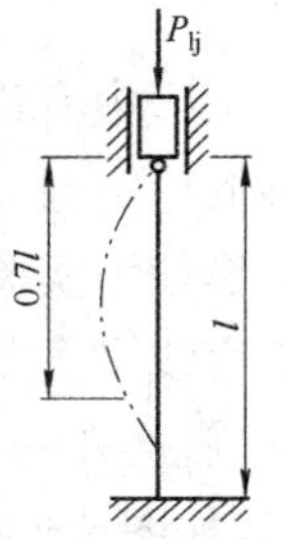
μ	1	2	0.5	0.7

二、临界应力

压杆在临界力作用下横截面上的应力，称为临界应力，以 σ_{lj} 表示，即

$$\sigma_{lj}=\frac{P_{lj}}{A}=\frac{\pi^2 EI_{min}}{A(\mu l)^2} \tag{9-2}$$

若令 $i_{min}^2=\dfrac{I_{min}}{A}$，$\lambda=\dfrac{\mu l}{i_{min}}$ 代入上式，则得到另一形式的欧拉公式，即

$$\sigma_{lj}=\frac{\pi^2 Ei_{min}^2}{(\mu l)^2}=\frac{\pi^2 E}{\left(\dfrac{\mu l}{i}\right)^2}=\frac{\pi^2 E}{\lambda^2} \tag{9-3}$$

式中 i_{min}——截面的最小惯性半径；

λ——压杆的柔度(或细长比，无单位)。

λ 是表示压杆柔性大小的量，由表达式 $\lambda=\dfrac{\mu l}{i_{min}}$ 可知，用它可以反映杆长、杆端支承情况以及杆的横截面形状和大小等因素对临界应力的综合影响。λ 值愈大，则杆愈细长；反之，则杆愈短粗。式(9-3)表明，对于一定材料制成的压杆，$\pi^2 E$ 是常数，σ_{lj} 与 λ^2 成反比。因此，柔度 λ 愈大，则临界力愈小，压杆就愈容易失去稳定。所以柔度是压杆稳定计算中一个重要的物理量。

三、欧拉公式的适用范围

因为欧拉公式是在材料服从胡克定律的条件下得出的，所以必须在临界应力小于比例极限的条件下欧拉公式才能适用，即

$$\sigma_{lj}=\frac{\pi^2 E}{\lambda^2}\leqslant\sigma_p$$

若将上面的条件用柔度 λ 来表示，则可写为

$$\lambda\geqslant\sqrt{\frac{\pi^2 E}{\sigma_p}}=\lambda_p \tag{9-4}$$

$\lambda_p=\sqrt{\dfrac{\pi^2 E}{\sigma_p}}$，叫做压杆的极限柔度，它是适用欧拉公式的最小柔度值。$\lambda\geqslant\lambda_p$ 的压杆，工程上称为细长杆或大柔度杆。

λ_p 值仅取决于材料的力学性能。例如 Q235 钢，$E=210$ GPa，$\sigma_p=200$ MPa 代入便得到

$$\lambda_p=\sqrt{\frac{210\times10^3\pi^2}{200}}\approx100$$

所以对于 Q235 钢的压杆，只有当 $\lambda\geqslant100$ 时，才能应用欧拉公式计算 σ_{lj} 或 P_{lj}。几种常用材料的 λ_p 值见表 9-2。

表 9-2 常用材料的 λ_p 值

材料	a/MPa	b/MPa	λ_p	λ_s
Q235 钢,10、25 钢	310	1.24	100	60
35 钢	469	2.62	100	60
45、55 钢	589	3.82	100	60
铸铁	338.7	1.483	80	—
木材	29.3	0.194	110	40

四、经验公式

工程中有许多压杆,它们的柔度往往小于 λ_p,称为中、小柔度杆。这类杆工作时处于弹塑性阶段,其临界应力的计算通常采用在实验基础上建立的经验公式。经验公式有直线公式和抛物线公式等,其中直线公式比较简单,应用方便,其形式为

$$\sigma_{lj} = a - b\lambda \tag{9-5}$$

式中 a 和 b——与材料性质有关的常数(Pa 或 MPa)。

一些常用材料的 a 和 b 值也列于表9-2中。

式(9-5)也有一个适用范围。例如对塑性材料制成的压杆,要求其临界应力不得超过材料的屈服点 σ_s,即

$$\sigma_{lj} = a - b\lambda < \sigma_s \quad 或 \quad \lambda > \frac{a-\sigma_s}{b}$$

若把使用经验公式的最小柔度极限值表示为 λ_s,则有

$$\lambda_s > \frac{a-\sigma_s}{b} \tag{9-6}$$

综上所述,可以确定式(9-5)的适用范围是 $\lambda_s < \lambda < \lambda_p$,由式(9-6)可以确定各种材料的 λ_s 值,如 Q235 钢 $\sigma_s = 235$ MPa,$a = 310$ MPa,$b = 1.24$ MPa,将这些值代入式(9-6)中得

$$\lambda_s = \frac{a-\sigma_s}{b} = \frac{310-235}{1.24} = 60$$

一些常用材料的 λ_s 值也列于表 9-2 中。

一般将柔度介于 λ_p 和 λ_s 之间的压杆称为中柔度杆或中长杆。柔度小于 λ_s 的压杆称为小柔度杆或短粗杆。

根据以上分析,可将各类柔度压杆的临界应力计算公式归纳如下:

(1) 对于细长杆($\lambda \geqslant \lambda_p$),用欧拉公式 $\sigma_{lj} = \dfrac{\pi^2 E}{\lambda^2}$;

(2) 对于中长杆 ($\lambda_s < \lambda < \lambda_p$),用经验公式 $\sigma_{lj} = a - b\lambda$;

(3) 对于短粗杆 ($\lambda \leqslant \lambda_s$),用压缩强度公式 $\sigma_{lj} = \sigma_s$。

例 9-1 有一长 $l = 300$ mm,截面宽 $b = 5$ mm,高 $h = 10$ mm 的压杆。两端铰接,压杆

材料为 Q235 钢，$E=200$ GPa，试计算压杆的临界应力和临界力。

解 (1) 求惯性半径 i。

因采用矩形截面，如果失稳必在刚度较小的平面内产生微弯曲，故应求出最小惯性半径

$$i_{\min}=\sqrt{\frac{I_{\min}}{A}}=\sqrt{\frac{hb^3}{12}\times\frac{1}{bh}}=\frac{b}{\sqrt{12}}=\frac{5}{3.46}=1.45\text{ mm}$$

(2) 求柔度 λ：

$$\lambda=\frac{\mu l}{i}\qquad \mu=1\text{（两端铰接）}$$

故
$$\lambda=\frac{1\times 300}{1.45}=207>\lambda_{\mathrm{p}}=100$$

(3) 用欧拉公式计算临界应力：

$$\sigma_{\mathrm{lj}}=\frac{\pi^2 E}{\lambda^2}=\frac{\pi^2\times 20\times 10^4}{207^2}=46\text{ MPa}$$

(4) 计算临界力 P_{lj}：

$$P_{\mathrm{lj}}=\sigma_{\mathrm{lj}}A=46\times 5\times 10=2\,300\text{ N}$$

第三节 压杆的稳定性计算

为了保证压杆的稳定性，必须使它的工作应力小于临界应力，并考虑一定的安全储备，故压杆的稳定条件为

$$\sigma=\frac{P}{A}\leqslant[\sigma_{\mathrm{w}}]=\frac{\sigma_{\mathrm{lj}}}{n_{\mathrm{w}}}\tag{9-7}$$

或
$$P\leqslant\frac{P_{\mathrm{lj}}}{n_{\mathrm{w}}}=[P_{\mathrm{w}}]\tag{9-8}$$

式中 σ——工作应力；
P——工作压力；
$[\sigma_{\mathrm{w}}]$——稳定许用应力；
$[P_{\mathrm{w}}]$——稳定许可载荷；
n_{w}——稳定安全系数。

在机械设计中，常常根据强度条件和结构情况，初步确定压杆的截面，然后再校核其稳定性。一般采用安全系数法进行校核。由式(9-7)和式(9-8)可得

$$n_{\mathrm{w}}=\frac{\sigma_{\mathrm{lj}}}{\sigma}\geqslant[n_{\mathrm{w}}]\tag{9-9}$$

或
$$n_{\mathrm{w}}=\frac{P_{\mathrm{lj}}}{P}\geqslant[\sigma_{\mathrm{w}}]\tag{9-10}$$

式中 $[n_w]$——规定的稳定安全系数,可在有关设计规范中查得。

例 9-2 如图 9-2a 所示千斤顶,若螺杆旋出的最大长度 $l=400$ mm,内径 $d_0=40$ mm,材料为45钢,最大起重量 $P=60$ kN,规定的稳定安全系数 $[n_w]=3$,试校核螺杆的稳定性。

解 (1) 计算柔度。

螺杆可简化为下端固定,上端自由的压杆,故长度系数 $\mu=2$,螺杆的惯性半径为

$$i=\sqrt{\frac{I}{A}}=\sqrt{\frac{\frac{\pi d^4}{64}}{\frac{\pi d^2}{4}}}=\frac{d}{4}=\frac{40}{4}=10\text{ mm}$$

螺杆的柔度为
$$\lambda=\frac{\mu l}{i}=\frac{2\times 40}{10}=80$$

(2) 求临界应力,校核稳定性。

因 $\lambda<\lambda_p=100$,且 $\lambda>\lambda_s=60$,故螺杆为中长杆,应采用经验公式计算临界应力。由表 9-2 查得:$a=589$ MPa, $b=3.82$ MPa。根据式(9-5)可得

$$\sigma_{lj}=a-b\lambda=589-3.82\times 80=283.4\text{ MPa}$$

螺杆的工作应力为
$$\sigma=\frac{P}{A}=\frac{60\times 10^3}{\frac{\pi}{4}\times 40^2}=47.77\text{ MPa}$$

螺杆的实际安全系数为
$$n_w=\frac{\sigma_{lj}}{\sigma}=\frac{283.4}{47.77}=5.9>[n_w]=3$$

故千斤顶螺杆是稳定的。

思考与练习

1. 什么叫压杆的临界力,它和哪些因素有关?
2. 试说明欧拉公式与经验公式的适用范围。
3. 一铸铁压杆,直径 $d=50$ mm,杆长 $l=1$ m,一端固定,一端自由,$E=108$ GPa,试求此压杆的临界力和临界应力。
4. 由 Q235 钢制成的 22a 号工字钢压杆,已知杆长 $l=4$ m, $E=206$ GPa,两端均为铰接,试求该压杆的临界力。
5. 如图 9-2a 所示千斤顶,视为下端固定,上端自由,最大承重量 $P=150$ kN,丝杠的内径 $d_0=52$ mm,长度 $l=600$ mm,材料为 45 钢,试求丝杠的工作安全系数。
6. 如图 9-4 所示托架,AB 杆的直径 $d=40$ mm,两端可视为铰支,材料为 Q235 钢,若已知 $Q=75$ kN,稳定安全系数 $[n_w]=3$,确保 CD 杆安全,试校核 AB 杆的稳定性。

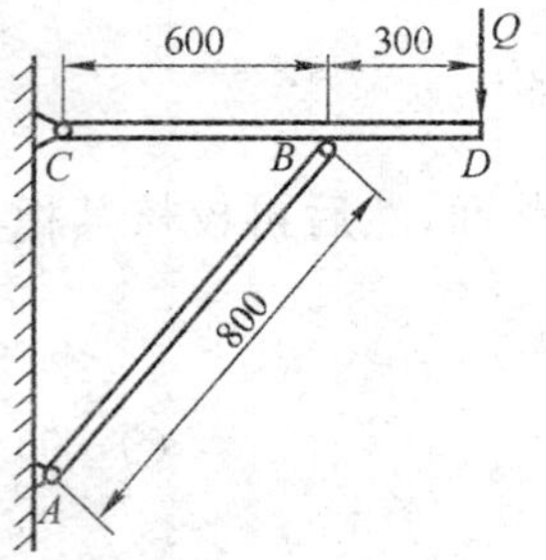

图 9-4 托架

第十章　动荷应力和交变应力简介

【学习目标】

1. 了解动载荷和动应力的概念。
2. 理解交变应力的循环特性和类型。

第一节　动载荷和动应力概念

之前所研究的问题都是静载荷问题，静载荷是指从零缓慢地增加到某一定值后保持不变，且杆内各质点不产生加速度，或加速度很小可以忽略不计的载荷。杆件在静载荷作用下产生的应力和变形分别称为静应力和静变形。相反，若载荷使杆件内各质点产生的加速度较明显，或静载荷随时间而变化，则这样的载荷称为动载荷。例如高速旋转的砂轮，由于向心加速度使其内部各质点产生很大的离心惯性力，从而可能导致砂轮的破裂。当具有一定速度的物体冲击静止的杆件时，因物体的速度在很短时间内急剧变化，产生很大的负值加速度，故物体对静止杆件施加很大的作用力。在动载荷作用下，杆件产生的应力和变形分别称为动应力和动变形。

在工程中，构件受动载荷作用的例子很多。例如内燃机的连杆，机器的飞轮等，在工作时它们的每一微小部分都有相当大的加速度，因此是动载荷问题。当它们发生碰撞时，载荷在极短的时间内作用在构件上，在构件内产生的应力会很大，而材料的性质也与在静载荷作用时的功能不同，这种应力称为冲击应力。

第二节　交变应力的概念

在工程中有许多构件处于随时间作周期性变化的应力下工作，呈周期性变化的应力称为交变应力。如图 10－1 所示车辆的轮轴，在外载荷 P 作用下产生弯曲变形。当轮轴和车轮一起旋转时，轮轴 $m-n$ 截面上 A 点的应力是随时间作周期性变化的。当 A 点处于位置 1 时，其正应力为最大拉应力 σ_{max}；当 A 点转至位置 2 时，正应力为零；至位置 3 时，其正应力为最大压应力 σ_{min}；至位置 4 时，其正应力又为零。当车轮轴旋转时，A 点的应力按 $\sigma_{max} \rightarrow 0 \rightarrow \sigma_{min} \rightarrow 0 \rightarrow \sigma_{max}$ 的规律周期性变化，因而是交变应力。

图 10－2 所示的单向转动的齿轮，其轮齿根部 A 处的弯曲正应力，在啮合过程中，由零增至最大值，再由最大值减小到零，A 处的应力大小随着齿轮的转动，也作周期性变化，所以也是交变应力。

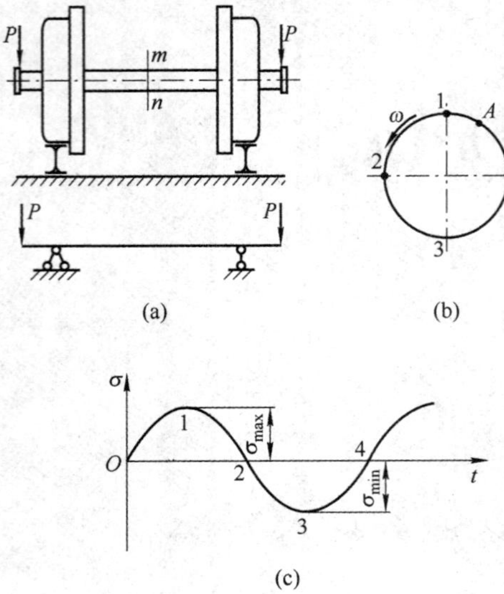

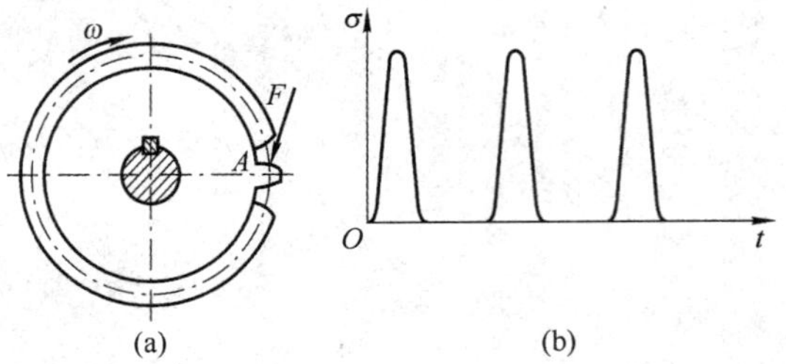

图 10－1　车辆的轮轴　　　　　　　　图 10－2　齿轮

实践证明，承受交变应力作用的构件，即使构件内应力远低于材料的屈服点 σ_s，甚至于低于比例极限 σ_p 时，也会发生突然断裂，这种现象称为疲劳破坏。

第三节　交变应力的循环特性及类型

一、交变应力的循环特性

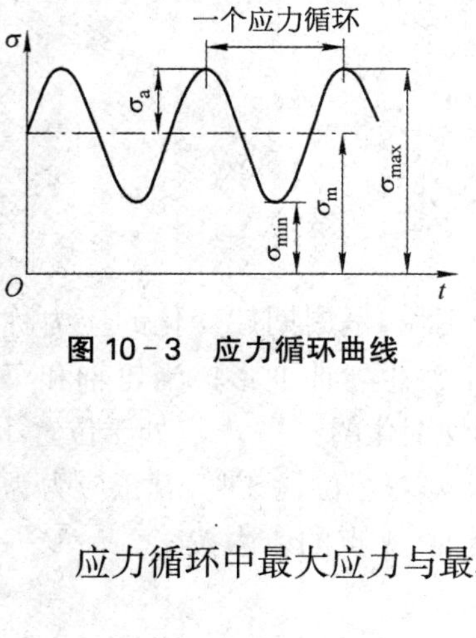

图 10－3　应力循环曲线

由上述可知，交变应力是随着时间作周期性变化的应力，为了表示应力随时间变化的规律，可以将应力 σ 随时间 t 变化的情况绘成曲线，称为应力的循环曲线，如图 10－3 所示。应力由最大值 σ_{max} 变化到最小值 σ_{min}，再回到最大值 σ_{max}，即交变应力每重复变化一次，称为一个应力循环。应力重复变化的次数，称为应力循环次数。

应力循环中最大应力与最小应力的平均值，称为平均应力，用 σ_m 表示，即

$$\sigma_m = \frac{1}{2}(\sigma_{max} + \sigma_{min}) \tag{10-1}$$

应力循环中最大应力与最小应力之差的一半，称为应力幅度，用 σ_a 表示，即

$$\sigma_a = \frac{1}{2}(\sigma_{max} - \sigma_{min}) \tag{10-2}$$

应力循环中最小应力与最大应力的比值，称为应力循环特征，用 γ 表示，即

$$\gamma=\frac{\sigma_{\min}}{\sigma_{\max}} \tag{10-3}$$

对于在交变应力下工作的构件进行强度计算时，除了要知道构件中危险点在应力循环中的最大应力外，还要知道交变应力的循环特性，因为材料的强度与循环特征有关。

二、交变应力的类型

工程中常见的交变应力的类型有以下几种：

1. 对称循环的交变应力

应力循环中最大应力和最小应力大小相等，而符号相反的交变应力，其应力循环特征为

$$\gamma=\frac{\sigma_{\min}}{\sigma_{\max}}=-1$$

如图 10－1 所示车轮轴转动时，轴上 A 点的正应力，便是对称循环的交变应力。

2. 非对称循环的交变应力

应力循环中最大应力与最小应力数值不等的交变应力，其应力循环特征为

$$\gamma=\frac{\sigma_{\min}}{\sigma_{\max}}$$

3. 脉动循环的交变应力

在非对称循环中，最小应力等于零的交变应力。此时，循环特性为

$$\gamma=\frac{\sigma_{\min}}{\sigma_{\max}}=0$$

如图 10－2 所示单向转动的齿轮，其轮齿根部 A 点的正应力就是脉动循环的交变应力。

思考与练习

1. 何谓冲击载荷，它是怎样产生的？

2. 何谓交变应力，试举例说明。

3. 在交变应力循环中，什么是最大循环应力、最小循环应力、平均循环应力和循环应力振幅，什么叫对称循环和脉动循环？

第三篇

运动力学

在静力学中，研究了物体的平衡问题。本篇将研究物体运动的几何性质(轨迹、运动方程、速度和加速度等)，以及物体运动的变化与作用在物体上的力之间的关系。因此，运动力学是研究物体运动的几何性质以及运动的变化与受力之间关系的科学。通常把研究物体运动的几何性质问题称为运动学；把研究物体运动的变化与其受力之间关系问题称为动力学。

学习运动力学，一方面是为学习有关的后继课程打下基础；另一方面对工程实际问题进行运动分析和动力分析时提供研究问题的方法。

物体的运动是绝对的，但对运动的描述则是相对的，在不同的物体上观察同一物体的运动时，将得出不同的结果。例如行驶的轮船对于地面上的观察者来说，是向前运动的。但是对于轮船甲板上的观察者来说，是静止的。因此，为了描述一个物体的运动，必须指出该运动是相对于哪一个物体才有意义，这就是运动的相对性。研究物体运动时用来作为参考的物体，称为参考体。与参考体固连的坐标系称为参考系。在工程实际中，通常取与地球相固连的坐标系为参考系。

本篇主要研究动点和刚体的简单运动，以及运动的变化和受力之间的关系。

第十一章　质点运动力学

【学习目标】

1. 了解何谓质点运动方程，并会建立质点运动方程，确定质点运动轨迹、速度和加速度。
2. 理解质点运动的变化与其受力之间的关系。

第一节　点的运动规律

当物体运动时，如果它的体积与其运动范围相比较，是一个可以忽略的微量，且对所研究的结论影响不大时，可将物体简化为一个质点。研究点的运动是研究刚体运动的基础，因此可先研究点的运动。

研究点的运动，首先需要研究点在空间的位置随时间的变化，表示点的位置随时间的变化关系称为点的运动规律。确定点的位置的方法有多种，下面介绍两种常用的方法。

一、自然法

设动点 M 沿已知轨迹 AB 运动，如图 11-1 所示，在轨迹上任取一点 O 作为参考原点，在 O 点的两侧定出正、负方向，这样动点 M 在轨迹上的位置可用它到 O 点的弧长 S 来表示。弧长 S 作为代数量，如果 M 点在轨迹的正向，则弧长 S 取正值，反之取负值。S 称为点的弧坐标。当动点 M 沿轨迹运动时，弧坐标 S 随时间 t 而变化，即弧坐标是时间 t 的函数，可写为

$$S = f(t) \tag{11-1}$$

式(11-1)称为点沿已知轨迹的弧坐标运动方程。

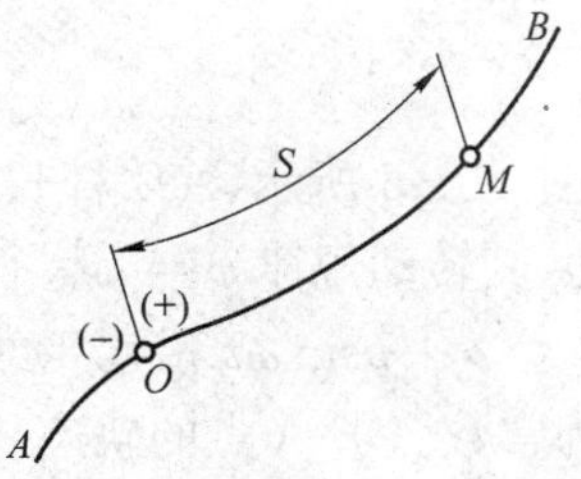

图 11-1　质点的运动轨迹

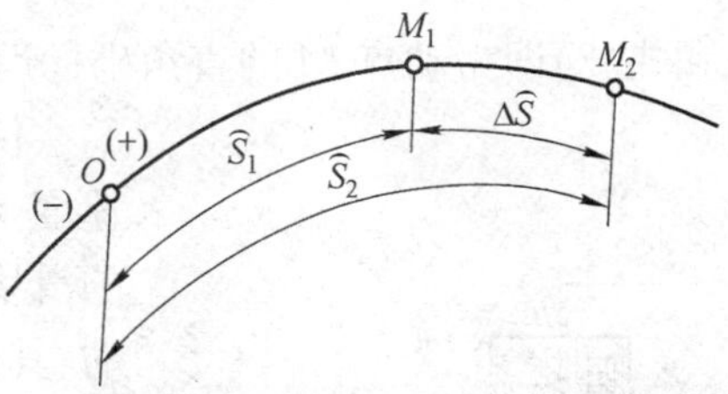

图 11-2　弧坐标与路程的关系

需要说明弧坐标与路程不同，弧坐标是动点沿轨迹离开原点的距离，其值与原点位置有关。路程则是动点在某一时间间隔 Δt 内沿轨迹所走过的弧长，即动点的弧坐标增量的绝对值，它与原点的位置无关，如图 11-2 所示，动点在瞬时 t_1 和 t_2 的弧坐标为 S_1 和 S_2 时，如果

点沿轨迹单向运动，则在时间间隔 $\Delta t = t_2 - t_1$ 内经过的路程为

$$\widehat{M_1M_2} = |S_2 - S_1| = \Delta S$$

二、直角坐标法

若动点 M 作平面曲线运动，建立直角坐标系 Oxy，则 M 点在任一瞬时 t 的位置可由其坐标 x 和 y 来确定，如图 11-3 所示。这种确定动点位置的方法称为直角坐标法。当点运动时，这些坐标是随着时间而变化的，是时间 t 的单值连续函数，即

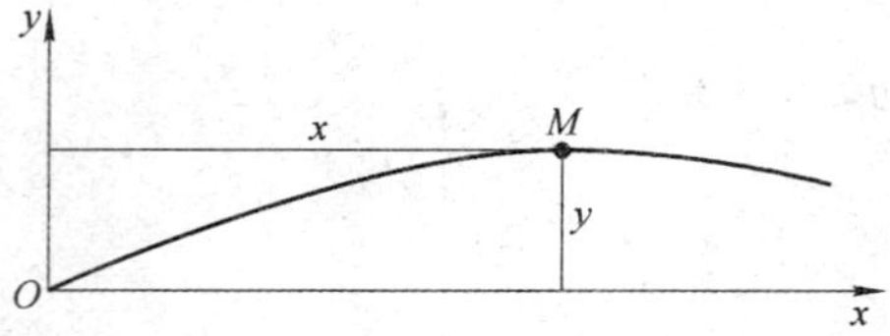

图 11-3　直角坐标法

$$\left.\begin{aligned} x &= f_1(t) \\ y &= f_2(t) \end{aligned}\right\} \tag{11-2}$$

式(11-2)称为点的直角坐标运动方程。从式(11-2)中消去时间 t，即可得到用直角坐标表示的点的轨迹方程 $y = F(x)$。

例 11-1　摇杆滑道机构如图 11-4 所示。滑块 M 在摇杆 OA 的滑道中和半径为 R 的圆弧槽 BC 中滑动，已知开始时摇杆 OA 在水平位置，其转动的规律为 $\varphi = 10t$，用自然法和直角坐标法求滑块 M 的运动方程。

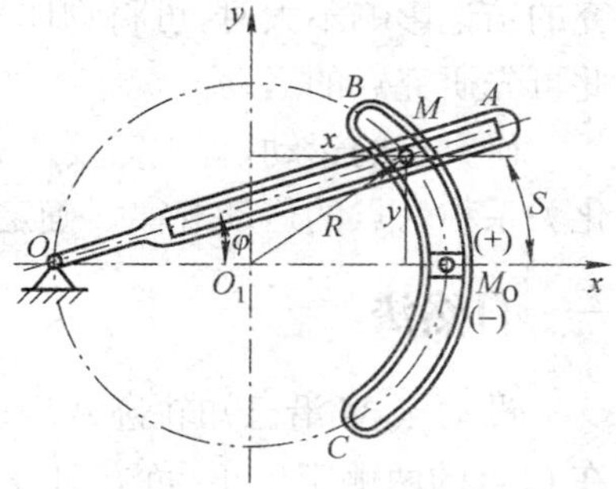

图 11-4　摇杆滑道机构

解　(1) 用自然法求滑块 M 的运动方程。因滑块 M 的轨迹是以 O_1 为圆心、$\overline{O_1M}$ 为半径的圆弧。故选 M_O 为弧坐标的原点，则动点 M 在任一时刻的弧坐标为

$$S = \widehat{M_OM} = R\angle MO_1M_O$$

因为 $\angle MO_1M_O = 2\varphi = 20t$，所以 $S = 20Rt$ 即为动点 M 的弧坐标运动方程。

(2) 用直角坐标法求滑块 M 的运动方程。建立直角坐标系如图 11-4 所示，由图可得

$$x = R\cos\angle MO_1M_O = R\cos 2\varphi = R\cos 20\,t \tag{1}$$

$$y = R\sin\angle MO_1M_O = R\sin 2\varphi = R\sin 20\,t \tag{2}$$

式(1)和式(2)即为动点 M 的直角坐标运动方程。

例 11-2　如图 11-5 所示，AB 杆长 L，以等角速度 ω 绕 B 点转动，其转动规律 $\varphi = \omega t$。而与杆连接的滑块 B 按规律 $S = a + b\sin\omega t$ 沿水平线作简谐振动，其中 a 和 b 均为常数。求 A 点的轨迹。

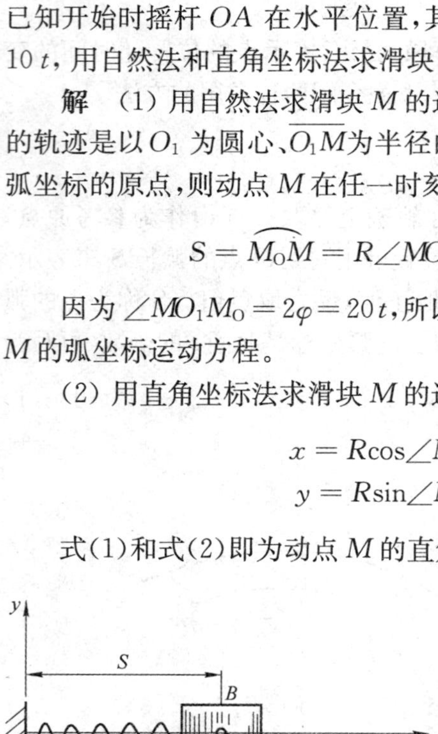

图 11-5　转动加简谐振动

解　点 A 除绕 B 转动外，还随滑块 B 作简谐运动，故点 A 的运动轨迹是未知的，不能用自然法，因此用直角坐标法来确定 A 点的运动。

(1) 建立如图 11-5 所示的坐标系，求其运动方程。

$$x = S + L\sin\varphi = a + b\sin\omega t + L\sin\omega t = a + (b+L)\sin\omega t \quad (1)$$

$$y = -L\cos\varphi = -L\cos\omega t \quad (2)$$

(2) 求 A 点的轨迹。由式(1)得

$$x - a = (b+L)\sin\omega t$$

或
$$\frac{x-a}{b+L} = \sin\omega t$$

由式(2)得
$$\frac{y}{L} = -\cos\omega t$$

上两式两边平方相加得
$$\frac{(x-a)^2}{(b+L)^2} + \frac{y^2}{L^2} = 1$$

第二节　自然法求点的速度和加速度

一、速度

点作曲线运动时，不仅运动的快慢有变化，而且运动的方向也不断地变化。速度是描述点的运动快慢程度和方向的物理量。

设动点沿已知轨迹 AB 运动，t_1 时刻动点位于 M_1，弧坐标为 S_1。t_2 时刻动点位于 M_2，弧坐标为 S_2，如图 11-6 所示。在时间间隔 $\Delta t = t_2 - t_1$ 内，经过路程 $\Delta S = S_2 - S_1$，当 Δt 很小时，则可以近似地用位移 $\overline{\boldsymbol{M_1M_2}}$ 来表示，所以位移 $\overline{\boldsymbol{M_1M_2}}$ 与相应的时间间隔 Δt 的比值，即为动点在 Δt 时间间隔内的平均速度，以 $\boldsymbol{v}^*$ 表示，即 $v^* = \dfrac{\overline{M_1M_2}}{\Delta t}$，$\boldsymbol{v}^*$ 的方向，即为 $\overline{\boldsymbol{M_1M_2}}$ 方向。当 Δt 趋近于零时，平均速度 $\boldsymbol{v}^*$ 的极限就是动点在瞬时 t 的速度，以 $\boldsymbol{v}$ 表示。因 $\Delta t \to 0$ 时，$|\overline{M_1M_2}| \approx \Delta S$，所以

$$v = \lim_{\Delta t\to 0}\frac{\overline{M_1M_2}}{\Delta t} = \lim_{\Delta t\to 0}\frac{\Delta S}{\Delta t} = \frac{\mathrm{d}S}{\mathrm{d}t} \quad (11-3)$$

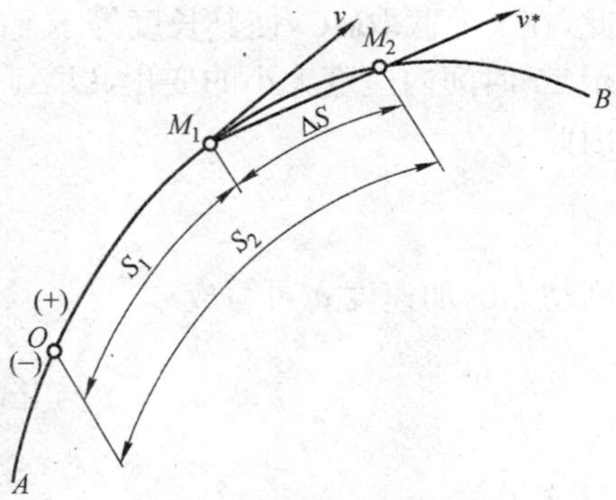

图 11-6　弧坐标的速度

因此，速度的大小即为动点的弧坐标对时间的一阶导数。当 $\Delta t \to 0$ 时，$\overline{\boldsymbol{M_1M_2}}$ 与曲线在 M_1 点处的切线重合，所以动点瞬时速度的方向是沿轨迹上该点的切线方向。如果 $v > 0$，表明点沿轨迹的正方向运动；$v < 0$，表明点沿轨迹的负方向运动。

二、加速度

点作变速曲线运动时，它的速度大小和方向都随时间而变化，加速度就是表示速度大小和方向变化的物理量。

设瞬时 t 动点位于 M 点，速度为 $\boldsymbol{v}$，经过 Δt 时间后，动点位于 M'，其速度为 $\boldsymbol{v}'$，如图

11－7a 所示。为了分析在 Δt 时间内速度大小和方向的变化，将 $\boldsymbol{v}'$ 平移到 M 点，如图 11－7b 所示，在 Δt 时间内动点的速度改变量可由矢量和法则求得，即 $\Delta\boldsymbol{v}$ 与相应的时间间隔 Δt 的比值，就是动点在 Δt 时间内的平均加速度，以 $\boldsymbol{a}^*$ 表示，即 $a^* = \dfrac{\Delta v}{\Delta t}$，方向与 $\Delta\boldsymbol{v}$ 同向。当 Δt 趋近于零时，平均加速度的极限即为动点在瞬时 t 的加速度，以 $\boldsymbol{a}$ 表示，则

$$a = \lim_{\Delta t \to 0} \frac{\Delta v}{\Delta t} \tag{11-4}$$

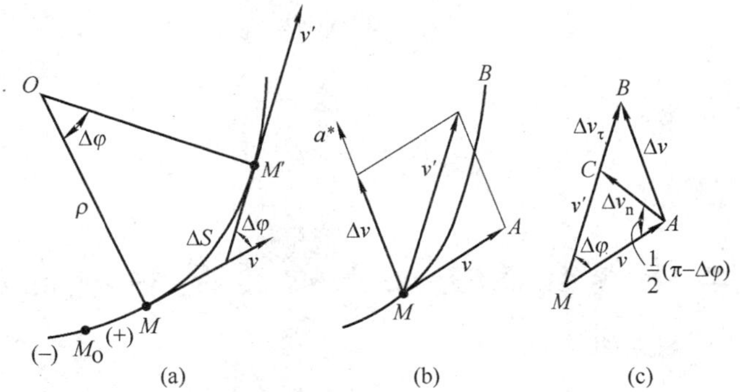

图 11－7　弧坐标加速度

由于速度增量 $\Delta\boldsymbol{v}$ 同时包含了速度的大小和方向的变化，为了使加速度的几何意义更为明显，现将速度的增量 $\Delta\boldsymbol{v}$ 分解为两个分量，使它们分别表示速度的大小和方向的改变量，为此，在 $\boldsymbol{v}$ 上截取 $\overline{\boldsymbol{MC}}$，使其长度等于 $\boldsymbol{v}$ 的长度 $\overline{\boldsymbol{MA}}$，连接 $\overline{\boldsymbol{AC}}$，于是 $\Delta\boldsymbol{v}$ 为 $\overline{\boldsymbol{AC}}$ 与 $\overline{\boldsymbol{CB}}$ 的矢量和，$\overline{\boldsymbol{CB}}$ 表示 Δt 时间内速度大小的变化，以 $\Delta\boldsymbol{v}_\tau$ 表示，$\overline{\boldsymbol{AC}}$ 表示 Δt 时间内速度方向的变化，以 $\Delta\boldsymbol{v}_n$ 表示，因此

$$\Delta\boldsymbol{v} = \Delta\boldsymbol{v}_\tau + \Delta\boldsymbol{v}_n$$

则动点的加速度 $\boldsymbol{a}$ 可写成

$$a = \lim_{\Delta t \to 0} \frac{\Delta v}{\Delta t} = \lim_{\Delta t \to 0} \frac{\Delta v_\tau}{\Delta t} + \lim_{\Delta t \to 0} \frac{\Delta v_n}{\Delta t} \tag{11-5}$$

式(11－5)中的第一项加速度 $\lim\limits_{\Delta t \to 0} \dfrac{\Delta v_\tau}{\Delta t}$ 表明速度大小对时间的变化率，其方向是当 Δt 趋向于零时 $\Delta\boldsymbol{v}_\tau$ 的极限方向，这个方向也就是速度 $\boldsymbol{v}$ 的方向，即沿 M 点时的切线方向，所以称为切向加速度，以 $\boldsymbol{a}_\tau$ 表示。由于 $|\Delta v_\tau| = v' - v = \Delta v$，于是

$$a_\tau = \lim_{\Delta t \to 0} \left| \frac{\Delta v_\tau}{\Delta t} \right| = \lim_{\Delta t \to 0} \frac{\Delta v}{\Delta t} = \frac{\mathrm{d}v}{\mathrm{d}t} = \frac{\mathrm{d}^2 S}{\mathrm{d}t^2} \tag{11-6}$$

即切向加速度的大小等于速度的大小对时间的一阶导数。导数的正、负号表示切向加速度的方向，导数为正时切向加速度指向轨迹的正向，反之指向负向。

第二项 $\lim\limits_{\Delta t \to 0} \dfrac{\Delta v_n}{\Delta t}$ 是 Δt 时间内速度方向变化引起的速度增量。它表明速度方向对时间的改变率。当 $\Delta t \to 0$，$\Delta\varphi \to 0$，$\angle MAC = 90°$，$\lim\limits_{\Delta t \to 0} \dfrac{\Delta v_n}{\Delta t}$ 的方向趋近于 $\Delta\boldsymbol{v}_n$ 的极限方向，与速度 $\boldsymbol{v}$ 垂

直,即沿轨迹在 M 点的法线方向(图 11-7c)。称为法向加速度,以 $\boldsymbol{a}_n$ 表示。因 $|\Delta v_n| = AC \approx \overset{\frown}{AC} = MA \cdot \Delta\varphi = v \cdot \Delta\varphi$,则

$$a_n = \lim_{\Delta t \to 0}\left|\frac{\Delta v_n}{\Delta t}\right| = \lim_{\Delta t \to 0}\left|v \cdot \frac{\Delta\varphi}{\Delta t}\right| = \lim_{\Delta t \to 0}\left|v \cdot \frac{\Delta\varphi}{\Delta S} \cdot \frac{\Delta S}{\Delta t}\right| = v \cdot \lim_{\Delta t \to 0}\left|\frac{\Delta\varphi}{\Delta S}\right| \cdot \lim_{\Delta t \to 0}\left|\frac{\Delta S}{\Delta t}\right|$$

由高等数学可知,$\lim\limits_{\Delta t \to 0}\left|\dfrac{\Delta\varphi}{\Delta S}\right| = \dfrac{1}{\rho}$,$\rho$ 是轨迹曲线在 M 点的曲率半径,而 $\lim\limits_{\Delta t \to 0}\left|\dfrac{\Delta S}{\Delta t}\right| = v$,于是有

$$a_n = v \cdot \frac{1}{\rho} \cdot v = \frac{v^2}{\rho} \tag{11-7}$$

因 $\boldsymbol{a}_n$ 恒为正值,其方向沿着轨迹的法线,总是指向轨迹曲线的曲率中心。于是,式(11-5)可写成为矢量式

$$\boldsymbol{a} = \boldsymbol{a}_\tau + \boldsymbol{a}_n$$

综上所述,可得结论:点作变速曲线运动时,其全加速度 $\boldsymbol{a}$ 等于切向加速度 $\boldsymbol{a}_\tau$ 和法向加速度 $\boldsymbol{a}_n$ 的矢量和。$\boldsymbol{a}_\tau$ 反映了速度大小的变化率,其值等于$\dfrac{dv}{dt}$,方向沿轨迹的切线方向。$\boldsymbol{a}_n$ 反映了速度方向的变化率,其值等于$\dfrac{v^2}{\rho}$,方向指向轨迹曲线的曲率中心。

因 $\boldsymbol{a}_\tau$ 与 $\boldsymbol{a}_n$ 互相垂直(图 11-8),故全加速度的大小和方位为

$$a = \sqrt{a_\tau^2 + a_n^2} = \sqrt{\left(\frac{dv}{dt}\right)^2 + \left(\frac{v^2}{\rho}\right)^2} \tag{11-8}$$

$$\tan\theta = \left|\frac{a_\tau}{a_n}\right| \tag{11-9}$$

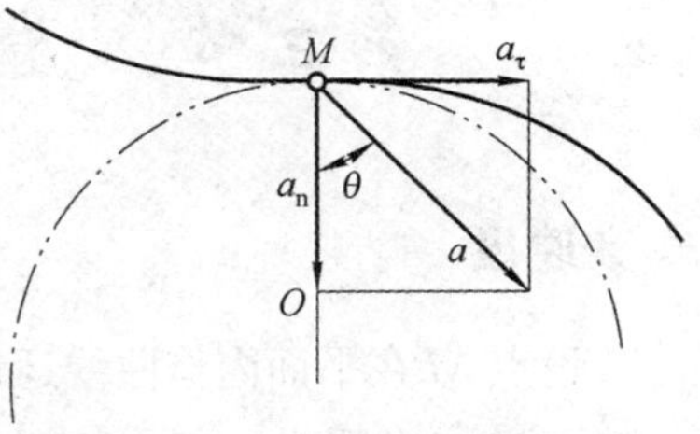

图 11-8 全加速度

点运动的特殊情况是匀速直线运动;变速直线运动和匀速圆周运动,其切向加速度与法向加速度,读者可自行分析。

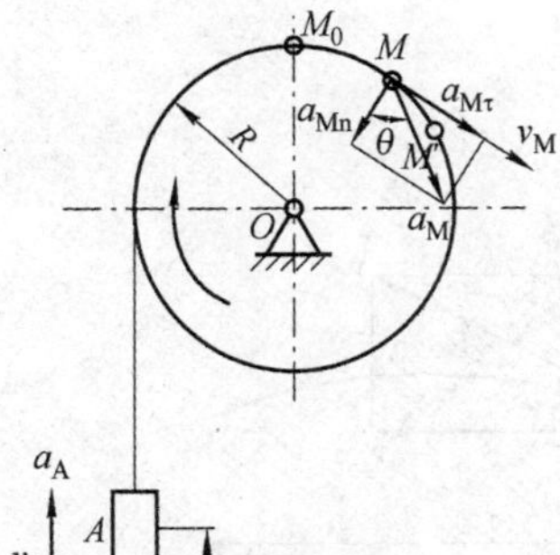

图 11-9 提升机

例 11-3 提升机如图 11-9 所示,重物通过钢丝绳由绕水平轴 O 转动的鼓轮提升。已知鼓轮半径 $R = 200$ mm,重物垂直提升的运动方程为 $y_A = 20\,t^2$,y 以 mm 计,t 以 s 计。求鼓轮边缘上一点 M 与重物在 $t = 5$ s 时的速度和加速度。

解 运动分析:重物作直线运动,点 M 作半径为 R 的圆周运动。设 $t=0$ 时,重物在 A_0 位置,M 在 M_0 处,经时间 t,重物到达 A 处,M 点到达 M' 位置。即 $y_A = \overset{\frown}{M_0M'}$。

(1) 求点 M 在 $t = 5$ s 时的速度和加速度:

$$S_M = \overset{\frown}{M_0M'} = y_A = 20\,t^2$$

$$v_M = \frac{dS_M}{dt} = 40\,t$$

当 $t=5$ s 时 $$v_M = 40\times 5 = 200\ \text{mm/s}$$

$$a_{M\tau}=\frac{dv_M}{dt}=40\ \text{mm/s}^2$$

$$a_{Mn}=\frac{v^2}{R}=\frac{200^2}{200}\ \text{mm/s}^2=200\ \text{mm/s}^2$$

所以，当 $t=5$ s 时，M 点全加速度的大小为

$$a_M=\sqrt{a_{M\tau}^2+a_{Mn}^2}=\sqrt{40^2+200^2}=203.96\ \text{mm/s}^2$$

方向为 $$\tan\theta=\left|\frac{a_{M\tau}}{a_{Mn}}\right|=\frac{40}{200}=0.2 \qquad \theta=11°18'$$

(2) 求重物 A 在 $t=5$ s 时的速度和加速度。因

$$y_A=20\,t^2 \qquad v_A=\frac{dy_A}{dt}=40\,t$$

当 $t=5$ s 时 $v_A=40\times 5=200\ \text{mm/s}$ $a_{A\tau}=\dfrac{dv_A}{dt}=40\ \text{mm/s}^2$ $a_{An}=0$

所以当 $t=5$ s 时，A 点的全加速度的大小为

$$a_A=a_{A\tau}=40\ \text{mm/s}^2$$

第三节 直角坐标法求点的速度和加速度

一、速度

设点 M 在平面内作曲线运动，建立坐标系如图 11－10 所示。已知其运动方程 $x=f_1(t)$，$y=f_2(t)$。在瞬时 t_1，动点的坐标为 x_1 和 y_1，位于 M_1 点，经 Δt 时间，动点坐标为 x_2 和 y_2，位于 M_2 点。则在 Δt 时间内，动点的位移为$\overline{\boldsymbol{M_1M_2}}$，点在瞬时 t_1 的速度为 $v=\lim\limits_{\Delta t\to 0}\dfrac{\overline{M_1M_2}}{\Delta t}$。

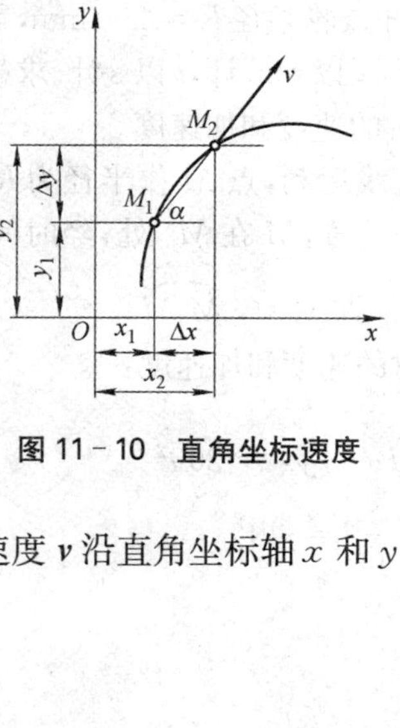

图 11－10 直角坐标速度

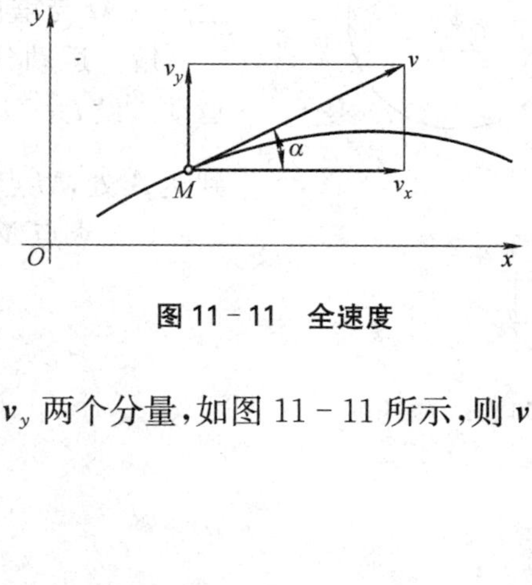

图 11－11 全速度

将速度 $\boldsymbol{v}$ 沿直角坐标轴 x 和 y 分解为 $\boldsymbol{v}_x$ 和 $\boldsymbol{v}_y$ 两个分量，如图 11－11 所示，则 $\boldsymbol{v}=\boldsymbol{v}_x+$

v_y。由图 11-11 和图 11-10 可知

$$v_x = v\cos\alpha = \lim_{\Delta t\to 0}\frac{\overline{M_1M_2}}{\Delta t}\cos\alpha = \lim_{\Delta t\to 0}\frac{\Delta x}{\Delta t} = \frac{\mathrm{d}x}{\mathrm{d}t} \tag{11-10}$$

$$v_y = v\sin\alpha = \lim_{\Delta t\to 0}\frac{\overline{M_1M_2}}{\Delta t}\sin\alpha = \lim_{\Delta t\to 0}\frac{\Delta y}{\Delta t} = \frac{\mathrm{d}y}{\mathrm{d}t} \tag{11-11}$$

由此得出，动点的速度在直角坐标轴上的投影，等于其相应坐标对时间的一阶导数。

若已知运动方程 $x=f_1(t)$，$y=f_2(t)$，则可由式(11-10)和式(11-11)求得其分速度的大小 v_x 和 v_y，其合速度 $\boldsymbol{v}$ 的大小及方位由图 11-11 可知

$$v = \sqrt{v_x^2 + v_y^2} = \sqrt{\left(\frac{\mathrm{d}x}{\mathrm{d}t}\right)^2 + \left(\frac{\mathrm{d}y}{\mathrm{d}t}\right)^2} \tag{11-12}$$

$$\tan\alpha = \left|\frac{v_y}{v_x}\right| \tag{11-13}$$

$\boldsymbol{v}$ 沿轨迹的切线方向，其指向由 v_y 和 v_x 的正负号决定。

二、加速度

仿照求速度的方法，可求得加速度在 x 和 y 轴上的投影 a_x 和 a_y，如图 11-12 所示：

$$a_x = \frac{\mathrm{d}v_x}{\mathrm{d}t} = \frac{\mathrm{d}^2x}{\mathrm{d}t^2} \tag{11-14}$$

$$a_y = \frac{\mathrm{d}v_y}{\mathrm{d}t} = \frac{\mathrm{d}^2y}{\mathrm{d}t^2} \tag{11-15}$$

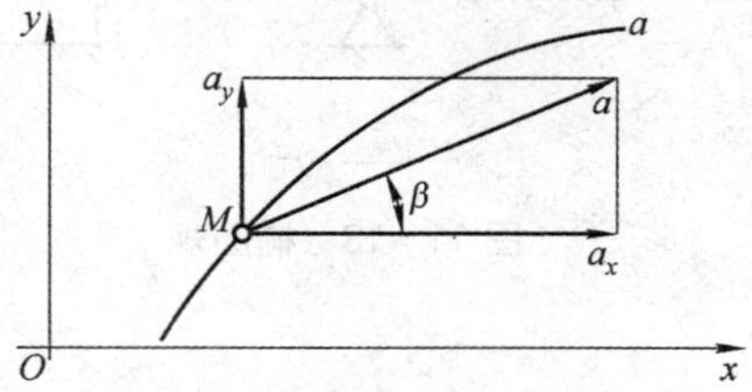

图 11-12 直角坐标全加速度

式(11-14)和式(11-15)说明，动点的加速度在直角坐标轴上的投影，等于其相应的速度投影对时间的一阶导数，或等于其相应的坐标对时间的二阶导数。

全加速度 $\boldsymbol{a}$ 的大小及方位可由下式求得：

$$a = \sqrt{a_x^2 + a_y^2} = \sqrt{\left(\frac{\mathrm{d}^2x}{\mathrm{d}t^2}\right)^2 + \left(\frac{\mathrm{d}^2y}{\mathrm{d}t^2}\right)^2} \tag{11-16}$$

$$\tan\beta = \left|\frac{a_y}{a_x}\right| \tag{11-17}$$

其指向由 a_y 和 a_x 的正负号决定。

例 11-4 已知点的运动方程 $x = 4t^2$，$y = 5t^2 + 2t$，单位 cm。试求 $t = 2$ s 时点的速度和加速度的大小。

解 (1) 求 $t = 2$ s 时点的速度大小：

$$v_x = \frac{\mathrm{d}x}{\mathrm{d}t} = 8t \qquad v_y = \frac{\mathrm{d}y}{\mathrm{d}t} = 10t + 2$$

当 $t = 2$ s 时 $\qquad v_x = 16\ \mathrm{cm/s} \qquad v_y = 22\ \mathrm{cm/s}$

$$v=\sqrt{v_x^2+v_y^2}=\sqrt{16^2+22^2}=27.2\ \mathrm{cm/s}$$

(2) 求 $t=2$ s时点的加速度大小：

$$a_x=\frac{\mathrm{d}v_x}{\mathrm{d}t}=8\ \mathrm{cm/s^2}\qquad a_y=\frac{\mathrm{d}v_y}{\mathrm{d}t}=10\ \mathrm{cm/s^2}$$

$$a=\sqrt{a_x^2+a_y^2}=\sqrt{8^2+10^2}=13.6\ \mathrm{cm/s^2}$$

例 11-5 如图 11-13 所示，椭圆规的曲柄 OC 可绕定轴 O 转动，其端点 C 与规尺 AB 的中点以铰链相连接，规尺 AB 的两端 A 和 B 分别在相互垂直的滑槽中运动，已知：$OC=AC=BC=r$，$\varphi=\omega t$。试求规尺上 BC 中点 M 的轨迹、速度和加速度方程。

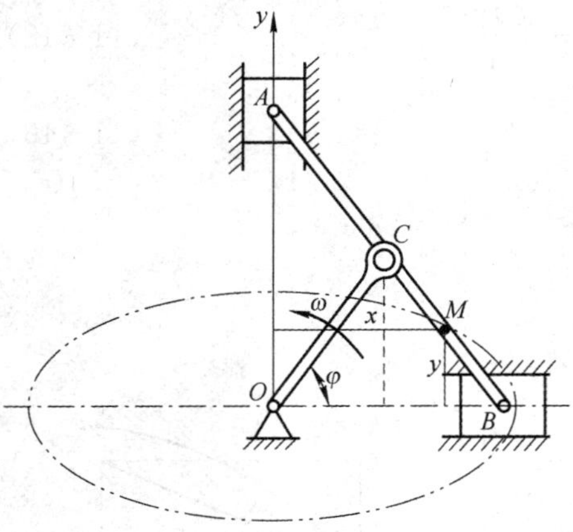

图 11-13 椭圆规

解 欲求点 M 的运动轨迹，应先用坐标法求其运动方程，然后从运动方程中消去时间 t 得到轨迹方程。建立坐标系如图 11-13 所示。

(1) 求 M 点的运动方程：

$$\begin{cases}x=OC\cos\varphi+CM\cos\varphi\\ y=BM\sin\varphi\end{cases}$$

将 $\varphi=\omega t$ 和 r 代入上式中，得

$$\begin{cases}x=\dfrac{3}{2}r\cos\omega t\\ y=\dfrac{1}{2}r\sin\omega t\end{cases}$$

(2) 求 M 点的轨迹方程：

$$\frac{2x}{3r}=\cos\omega t\qquad\frac{2y}{r}=\sin\omega t$$

将上两式两边平方后并相加，得

$$\frac{x^2}{(3r/2)^2}+\frac{y^2}{(r/2)^2}=1$$

即 M 点运动的轨迹是一个椭圆。

(3) 求其速度方程：

$$v_x=\frac{\mathrm{d}x}{\mathrm{d}t}=-\frac{3}{2}r\omega\sin\omega t\qquad v_y=\frac{\mathrm{d}y}{\mathrm{d}t}=\frac{r}{2}\omega\cos\omega t$$

$$v=\sqrt{v_x^2+v_y^2}=\frac{1}{2}r\omega\sqrt{9\sin^2\omega t+\cos^2\omega t}=-\frac{1}{2}r\omega\sqrt{1+8\sin^2\omega t}$$

求其加速度方程：

$$a_x=\frac{\mathrm{d}v_x}{\mathrm{d}t}=-\frac{3}{2}r\omega^2\cos\omega t\qquad a_y=\frac{\mathrm{d}v_y}{\mathrm{d}t}=-\frac{1}{2}r\omega^2\sin\omega t$$

$$a=\sqrt{a_x^2+a_y^2}=\frac{1}{2}r\omega^2\sqrt{9\cos^2\omega t+\sin^2\omega t}=\frac{1}{2}r\omega^2\sqrt{1+8\cos^2\omega t}$$

第四节　质点运动微分方程

一、动力学基本定律

动力学基本定律，就是牛顿经过大量的实验和观察而概括出来的关于物体（质点）运动的牛顿三定律。这些定律是动力学的基础，简要介绍如下：

第一定律　质点如不受外力作用，则将保持静止或作匀速直线运动；质点保持其运动状态不变的性质称为惯性。因此，第一定律也称为惯性定律，而物体作匀速直线运动称为惯性运动。此外它还表明，力是改变质点运动状态的原因。因此，如果质点的运动不是惯性运动，则质点必然受到外力的作用。

第二定律　质点受力作用而产生的加速度，其方向与力的方向相同，其大小与力的大小成正比，而与质点的质量成反比。质点同时受几个力作用，则定律中所说的力应是这一质点所受力系的合力。若以 $\sum F$ 表示合力，m 表示质点的质量，a 表示质点的加速度，则第二定律可表示为

$$\sum F=ma \tag{11-18}$$

式(11－18)称为质点动力学基本方程，其中力 F 的单位为 N；质量 m 的单位是 kg；加速度 a 的单位为 m/s^2。由式(11－18)可知，当相同的力作用在质量不同的质点上时，质量小的质点加速度大；质量大的质点加速度小。这说明质量越大，其运动状态越不容易改变，也就是说质点的惯性越大。因此，质量是度量质点惯性大小的物理量。必须注意，质量和重量是两个不同的概念。重量是地球对物体引力的大小，它随物体在地球上所处位置的不同而改变。质量是度量物体惯性大小的物理量，通常质量为不变的常量。若以 G 表示物体的重量，g 表示重力加速度，则质量和重量两者之关系为

$$m=\frac{G}{g}\quad \text{或}\quad G=mg \tag{11-19}$$

即

$$1\ \text{kgf}\approx 9.8\ \text{N}$$

第三定律　两质点相互作用的力，总是大小相等、方向相反、沿同一直线分别作用在这两个质点上。这个定律又称为作用与反作用定律，在静力学中已讲过。它不仅适用于静力学，而且也适用于动力学。

二、质点运动微分方程

质点动力学基本方程建立了质点运动的变化与其所受力之间的关系，它是一个矢量方程。为了便于求解动力学问题，常将它写成投影形式。

1. 直角坐标形式的质点运动微分方程

设质量为 m 的质点 M 受力系 $\boldsymbol{F}_1$，$\boldsymbol{F}_2$，…，$\boldsymbol{F}_n$ 的作用而作平面曲线运动，其加速度为 a，如图 11 - 14 所示。以 $\boldsymbol{R}$ 表示力系的合力，根据式(11 - 18)有

$$R = ma \tag{11-20}$$

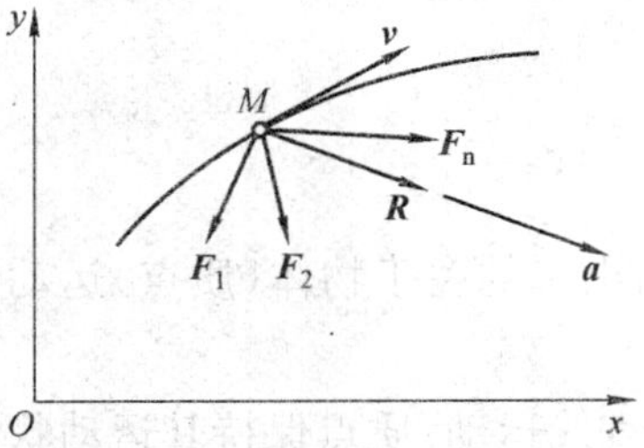

图 11 - 14　质点受力系作用

将式(11 - 20)两边分别投影到直角坐标轴上，则得

$$\left.\begin{aligned} R_x &= ma_x \\ R_y &= ma_y \end{aligned}\right\} \tag{11-21}$$

或

$$\left.\begin{aligned} \sum F_x &= m\frac{\mathrm{d}^2 x}{\mathrm{d}t^2} \\ \sum F_y &= m\frac{\mathrm{d}^2 y}{\mathrm{d}t^2} \end{aligned}\right\} \tag{11-22}$$

式(11 - 22)称为直角坐标形式的质点运动微分方程。

2. 自然形式的质点运动微分方程

如图 11 - 15 所示，点 M 在力的作用下作平面曲线运动，将式 $\boldsymbol{R}=m\boldsymbol{a}$ 两边向轨迹的切线方向 τ 与法线方向 n 投影，得

$$\left.\begin{aligned} R_\tau &= ma_\tau \\ R_n &= ma_n \end{aligned}\right\} \tag{11-23}$$

或

$$\left.\begin{aligned} \sum F_\tau &= m\frac{\mathrm{d}^2 S}{\mathrm{d}t^2} \\ \sum F_n &= m\frac{1}{\rho}\left(\frac{\mathrm{d}S}{\mathrm{d}t}\right)^2 \end{aligned}\right\} \tag{11-24}$$

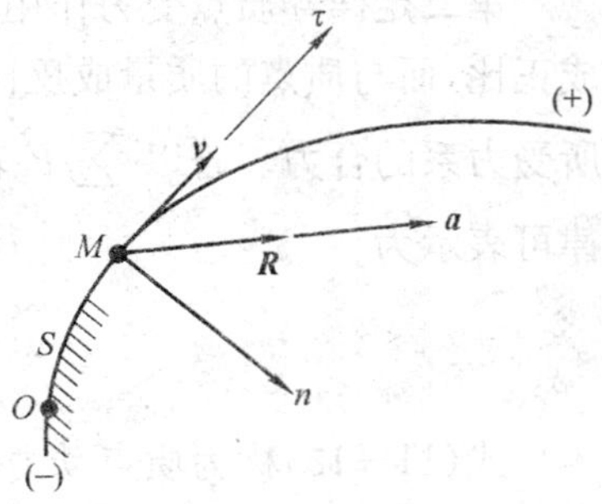

图 11 - 15　质点作平面曲线运动

式(11 - 24)称为自然坐标形式的质点运动微分方程。

应用质点运动微分方程求解动力学问题时，可根据问题的具体条件选择一种比较方便的形式。

三、质点运动微分方程的应用

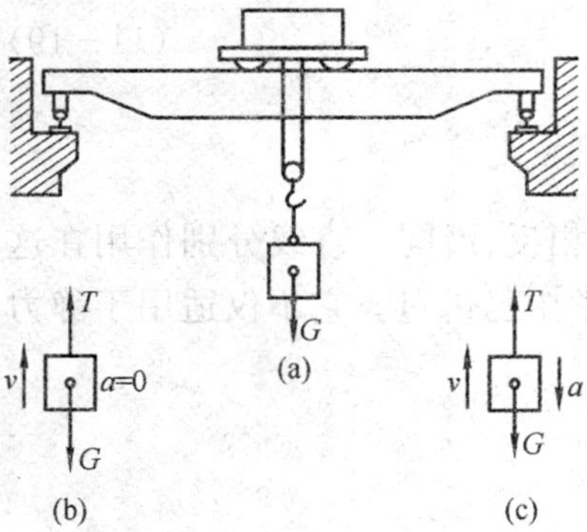

图 11 - 16　桥式起重机

质点运动微分方程可用来解决质点动力学的两类问题。第一类问题：已知质点的运动规律，求作用于质点上的力。第二类问题：已知作用于质点上的力，求质点的运动规律。

例 11 - 6　桥式起重机如图 11 - 16a 所示。已知物体质量 $m = 100$ kg，试求重物匀速上升和突然刹车 $a = 2\ \mathrm{m/s^2}$ 两种情况下吊索的拉力。

解　取重物为研究对象，画出受力图，并标出两种情况下速度和加速度的方向，如图 11 - 16b、c 所示。

情况 1　如图 11 - 16b 所示，此时加速度 $a = 0$，由

动力学基本方程解得

$$\sum F = ma$$
$$T - G = 0$$
$$T = G = 1\ \text{kN}$$

情况 2　如图 11－16c 所示，此时为减速，a 的方向向下，由动力学基本方程解得

$$\sum F = ma$$
$$G - T = ma$$
$$T = G - ma \approx 1\,000 - 100 \times 2 = 800\ \text{N}$$

例 11－7　如图 11－17 所示，小车沿斜坡下滑，斜坡的倾角 $\alpha = 8°$，坡面摩擦系数 $f = 0.25$，试求小车下滑的加速度。

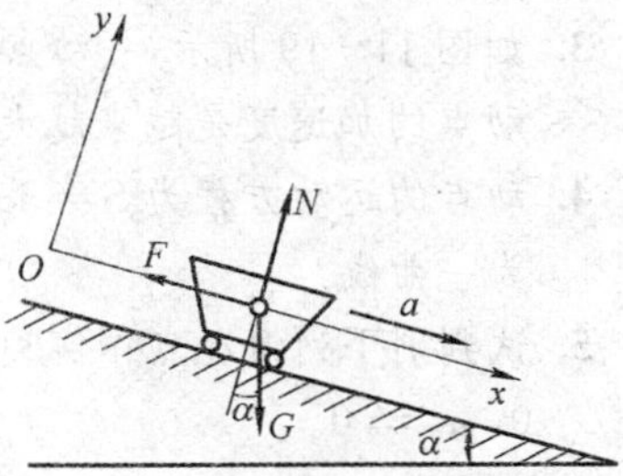

图 11－17　沿斜坡下滑的小车

解　取小车为研究对象，其受力情况如图 11－17 所示。建立坐标系，列动力学方程：

$$\sum F_x = ma_x \quad G\sin\alpha - fN = \frac{G}{g}a$$

$$\sum F_y = ma_y \quad N - G\cos\alpha = 0$$

两式联立求解，可得

$$a = g(\sin\alpha - f\cos\alpha) = -1.06\ \text{m/s}^2$$

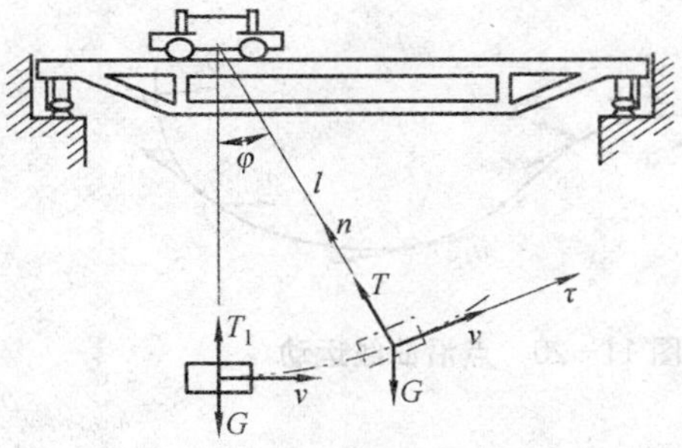

图 11－18　桥式吊车

例 11－8　桥式吊车如图 11－18 所示，质量 100 kg 的物体随同吊车以 $v = 1$ m/s 的速度沿横梁自左向右运动，钢索长 $l = 2$ m。当吊车突然刹车时，重物因惯性而开始绕其悬挂点摆动。试求钢索的最大拉力。

解　取重物为研究对象，刹车后，小车不动，重物因惯性绕悬挂点向前摆动的轨迹为一段圆弧。当重物摆动到与原来位置成 φ 角的任意位置时，其上所受力有重力 G 和绳子的拉力 T。

取自然坐标如图 11－18 所示，列自然形式的质点运动微分方程并求解：

$$m\frac{\mathrm{d}^2S}{\mathrm{d}t^2} = -mg\sin\varphi \tag{1}$$

$$m\frac{v^2}{l} = T - mg\cos\varphi \tag{2}$$

由式(2)得

$$T = m\left(g\cos\varphi + \frac{v^2}{l}\right)$$

v 和 $\cos\varphi$ 均是变量，由式(1)可知，重物作减速运动，摆角愈大，重物的速度愈小，T 将愈

小。因此，当 $\varphi=0$ 时，钢索具有最大的拉力为

$$T_{\max}=m\left(g+\frac{v_0^2}{l}\right)$$

代入已知数据，得

$$T_{\max}\approx 100\left(10+\frac{1^2}{2}\right)=1\,050\ \text{N}$$

思考与练习

1. 试举例说明点的位移、路程和弧坐标三者有何不同。在特定的运动情况下，位移、路程和弧坐标能否相同？

2. 动点在某一瞬时的速度为零，那么该瞬时点的加速度是否必为零？

3. 如图 11-19 所示，一动点 M 沿螺旋线自外向内运动，它所走的弧长 $S=kt$（k 为常数）。问此动点的加速度是越来越大，还是越来越小？

4. 动点的运动方程为 $S=3+2t$，其轨迹是否为一直线？若点的运动方程为 $S=5t^2$，其轨迹是否为一曲线？

5. 试判别下列情况点作何种运动：①$a_\tau=0$，$a_n=0$；②$a_\tau=0$，$a_n\neq 0$；③$a_\tau\neq 0$，$a_n=0$；④$a_\tau\neq 0$，$a_n\neq 0$。

6. 点作直线运动，某瞬时速度 $v=3\ \text{m/s}$，此时加速度是否为 $a=\dfrac{dv}{dt}=0$，为什么？

7. 点作曲线运动时，试指出如图 11-20 所示各点哪些是加速运动，哪些是减速运动，哪些是不可能实现的运动。

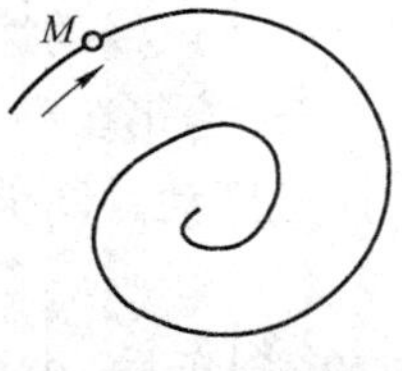

图 11-19 沿螺旋线运动的动点

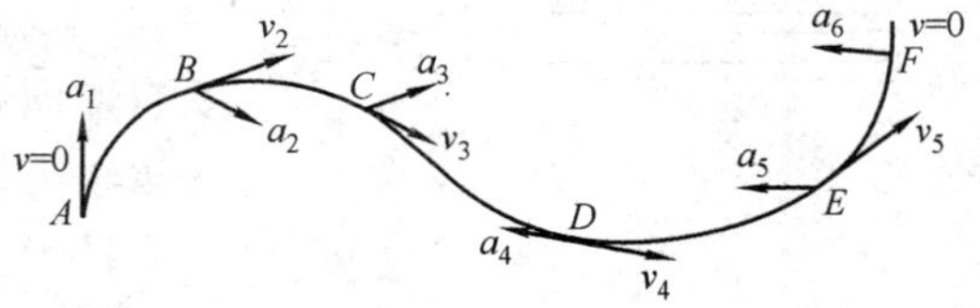

图 11-20 点沿曲线运动

8. 平均速度和瞬时速度在什么情况下是一致的？

9. 作曲线运动的质点能否不受任何力的作用？

10. 两个质量相同、受相同力作用的质点，在各瞬时两质点的速度和加速度是否相同，为什么？

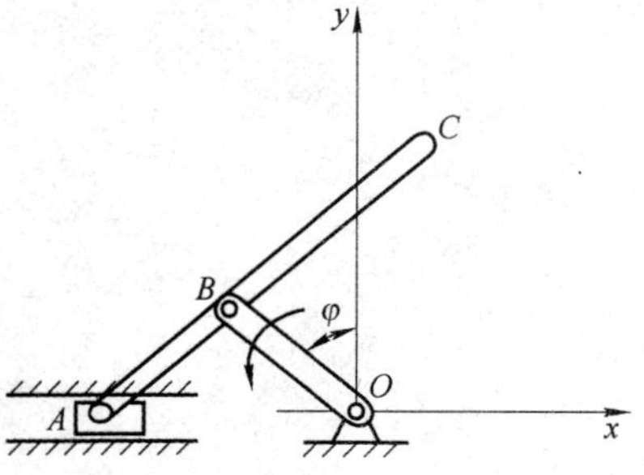

图 11-21 曲柄连杆机构

11. 是否任何物体都具有惯性，正在作加速运动的物体，其惯性是仍然存在，还是已经消失了？

12. 质点的运动方向是否一定与质点的受力（指合力）方向相同，质点的加速度方向是否一定与质点的受力（指合力）方向相同？

13. 曲柄连杆机构如图 11-21 所示，曲柄 OB 逆时针方向转动，角 $\varphi=\omega t$（φ 角速度为常量）。已知：$AB=OB=R$，$BC=l$，且 $l>R$。试求连杆 AC 上 C 点的运动方程和轨迹方程。

14. 点沿半径为 $R=1\,000\ \text{m}$ 的圆弧运动，其运动方程为 $S=40t-t^2$（S 以 m 计，t 以 s 计）。求当 $S=400\ \text{m}$ 时，点的速度和加速度。

15. 点的运动方程为 $x=10t^2$，$y=7.5t^2$（x 和 y 以 m 计，t 以 s 计）。试求 $t=4\ \text{s}$ 时点的速度与加速度的大小和方向。

16. 设点的运动方程为 $x=a\cos\omega t$，$y=a\sin\omega t$，式中 a 和 ω 为常量。试求点的轨迹方程。若 $\omega=2\pi\text{rad/s}$，$a=200\ \text{mm}$，求 $t=1\ \text{s}$ 时的速度和加速度。

17. 炮弹在铅垂平面内按方程 $x=300t$，$y=400t-5t^2$ 规律运动（x 和 y 以 m 计，t 以 s 计）。试求：①炮弹初始时的速度和加速度；②射击高度与射程。

18. 图 11－22 所示杆 OM 长 L，可绕轴 O 转动，并插在套筒 A 中，由按规律 $\varphi=kt^2$（k 是常量，φ 以 rad 计，t 以 s 计）转动的曲柄 O_1A 带动。设 $\overline{OO_1}=\overline{O_1A}$，求摇杆端点 M 的运动方程。

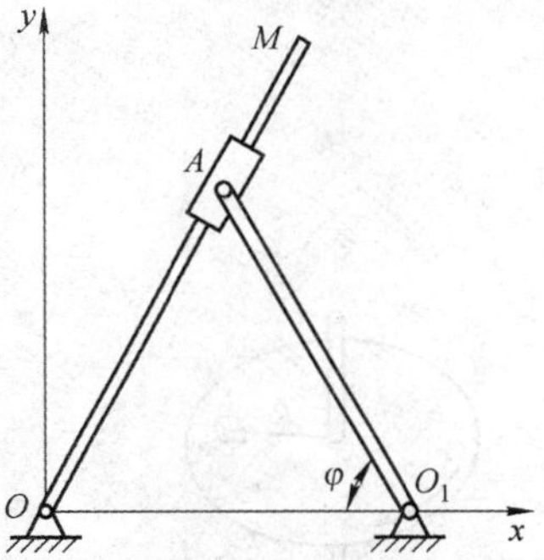

图 11－22　摇杆套筒机构

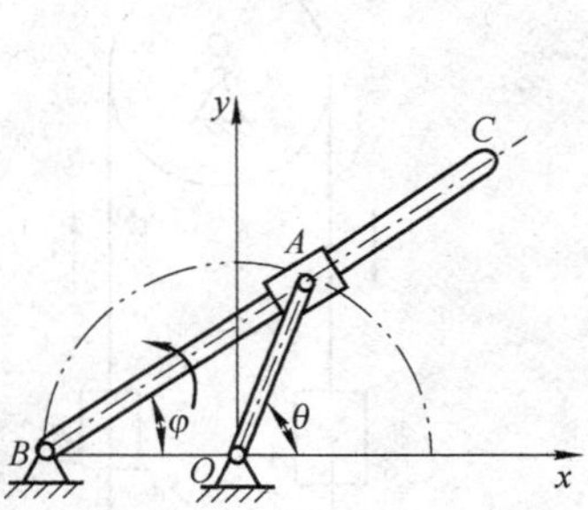

图 11－23　摇杆机构

19. 图 11－23 中摇杆机构由摇杆 BC、套筒 A 和曲柄 OA 组成，已知 $OA=OB=20\ \text{cm}$，BC 杆绕 B 点按 $\varphi=20t$ 的规律运动（φ 以 rad 计），并通过套筒 A 在 BC 上滑动而带动 OA 杆绕 O 轴转动。试用直角坐标法和自然法，求套筒 A 的速度和加速度。

20. 飞轮的半径 $R=2\ \text{m}$；等加速由静止开始转动。经过 10 s 后，轮缘上各点获得线速度 $V=100\ \text{m/s}$。求当 $t=15\ \text{s}$ 时，轮缘上一点的速度和切向加速度、法向加速度的大小。

21. 如图 11－24 所示，小球 M 质量 $m=1\ \text{kg}$，用长 $l=30\ \text{cm}$ 的绳子系住，小球在水平面内作匀速圆周运动。当绳子与铅垂线夹角 $\alpha=60^\circ$ 时，小球的速度和绳的拉力各为多少？

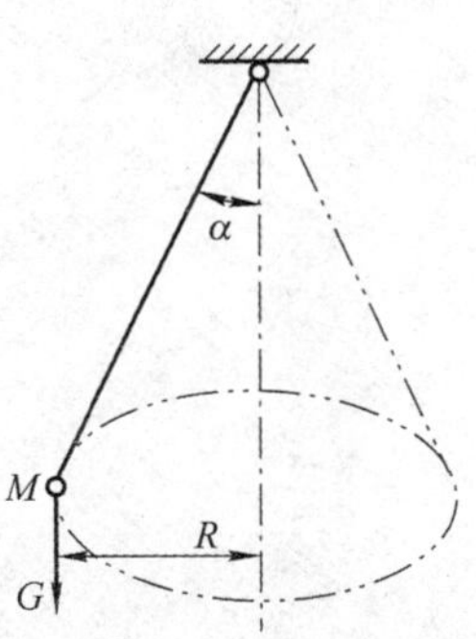

图 11－24　匀速圆周运动的小球

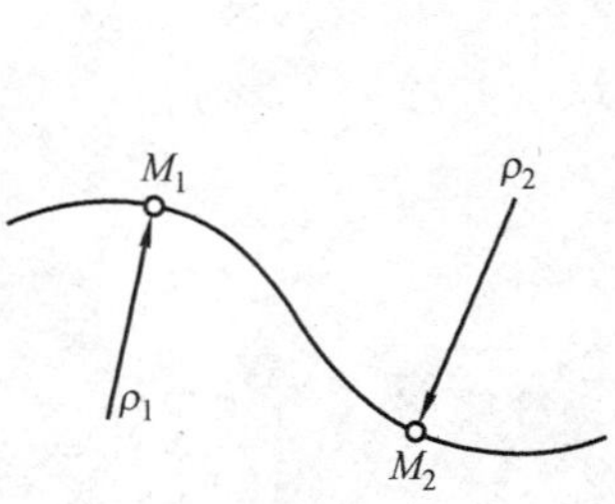

图 11－25　匀变速运动轨迹

22. 点的运动方程为 $x=2t$，$y=t^2$（x 和 y 以 m 计，t 以 s 计）。试求在运动开始时，其轨迹的曲率半径。

23. 如图 11－25 所示，火车沿曲线轨道作匀变速行驶，初速度 $v_1 = 18\,\text{km/h}$，经过 $S = 1\,\text{km}$ 后，速度增至 $v_2 = 54\,\text{km/h}$。已知轨道在 M_1 和 M_2 处的曲率半径分别为 $\rho_1 = 600\,\text{m}$，$\rho_2 = 800\,\text{m}$。求火车从 M_1 到 M_2 所需的时间和经过 M_1 和 M_2 时的全加速度。

24. 动点沿椭圆作曲线运动，某一瞬时，在 M 点处的速度为 $v = 10\,\text{m/s}$，切向加速度为：$a_\tau = 2.4\,\text{m/s}^2$，$a_x = 2\,\text{m/s}^2$，$a_y = 3\,\text{m/s}^2$。试求 M 点处的曲率半径。

25. 动点沿半径 $R = 1\,\text{m}$ 的圆周作匀减速运动，某一瞬时在 A 点有 $v_A = 10\,\text{m/s}$，经时间 t 后，走了 $\frac{1}{4}$ 圆周至 B 点，且 $v_B = 5\,\text{m/s}$。试求时间 t 和 B 点的全加速度。

26. 求证质点在倾角为 α，摩擦系数为 f 的斜面上滑下时的加速度为 $a = g(\sin\alpha - f\cos\alpha)$。

27. 如图 11－26 所示定滑轮的左边悬挂重量为 50 N 的物体，右边悬挂重量为 30 N 的物体。如果不计滑轮和绳的重量以及各种摩擦力，求滑轮两边重物的加速度及此时对绳子的拉力。

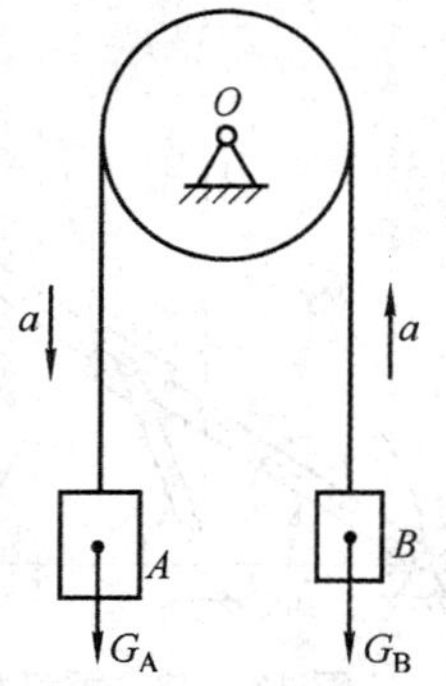

图11－26　悬挂重物的定滑轮

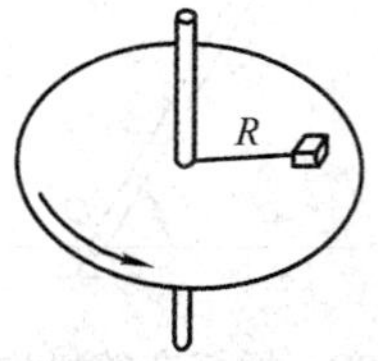

图 11－27　匀速转动的台面

28. 如图 11－27 所示，质量为 m 的物块放置在匀速旋转的水平台面上，距转轴的距离为 R，若物体与台面间的静摩擦系数为 f，求物块不致因台面旋转而滑出的最大转速 n。

第十二章　刚体运动力学

【学习目标】

1. 掌握刚体的基本运动，理解其平面运动，建立刚体运动的动力学方程。
2. 了解动静法。

刚体运动力学包括刚体运动学和刚体动力学。刚体运动学主要研究刚体运动的几何性质；刚体动力学则研究刚体的运动变化与其受力之间的关系。刚体的运动可分为刚体的简单运动和刚体的复杂运动。刚体的简单运动是指刚体的平行移动和定轴转动；刚体的复杂运动是指刚体的平面运动，本章主要研究刚体的简单运动和复杂运动的运动规律，以及作用在刚体上的力与其运动之间的关系。

第一节　刚体的简单运动

刚体的平行移动和定轴转动是刚体最简单的运动形式。研究刚体的简单运动是因为它在工程上有广泛的应用，同时为研究刚体的复杂运动打下基础。

一、刚体的平行移动

刚体运动时，若其上任一直线始终平行于它的初始位置，则这种运动称为刚体的平行移动，简称平动。如图 12 - 1 所示汽车车厢的运动和机车上水平连杆 AB 的运动等都属于刚体的平动。

若刚体内各点的轨迹都是直线，称为直线平动，如图 12 - 1a 所示汽车车厢的运动；若为曲线，则称为曲线平动，如图 12 - 1b 所示连杆 AB 的运动。

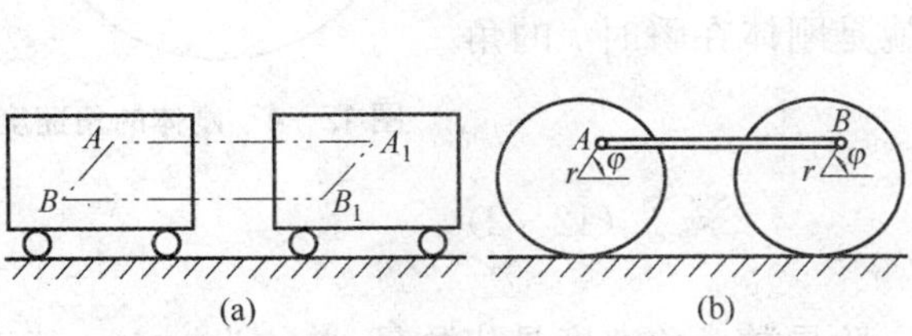

图 12 - 1　刚体平动实例

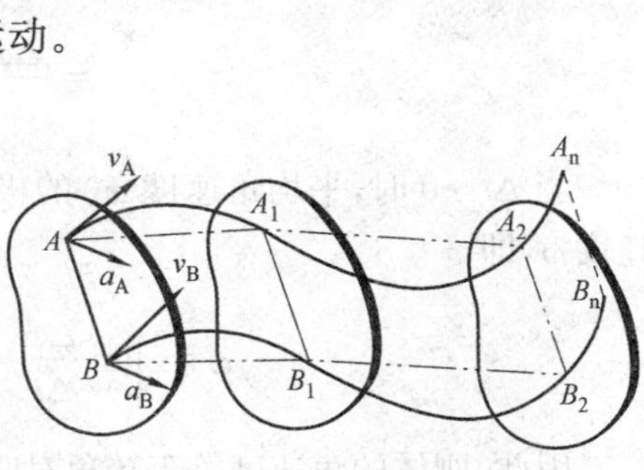

图 12 - 2　刚体平动轨迹

分析图 12 - 1 和图 12 - 2 可以看出，刚体平动时，刚体内各点的轨迹相同，在同一瞬时，刚体内各点的速度和加速度也相同。因此，刚体的平动可用其体内任一点的运动来代替，即刚体的平动，可简化为点的运动来研究。

二、刚体的定轴转动

刚体运动时，若其上某一直线始终保持不动，而直线外各点都绕此直线上的点作圆周运动，则这种运动称为刚体的定轴转动，固定直线称为转轴。例如，机器中的齿轮和带轮以及电动机转子的旋转等都是刚体的定轴转动。

1. 刚体的转动方程

由分析刚体作定轴转动的工程实例可知，刚体作定轴转动时，体内各点的轨迹均为圆周，但半径不同，各点在同一瞬时的速度和加速度均不相等。因此，刚体的定轴转动不能用一个点的运动来代替。

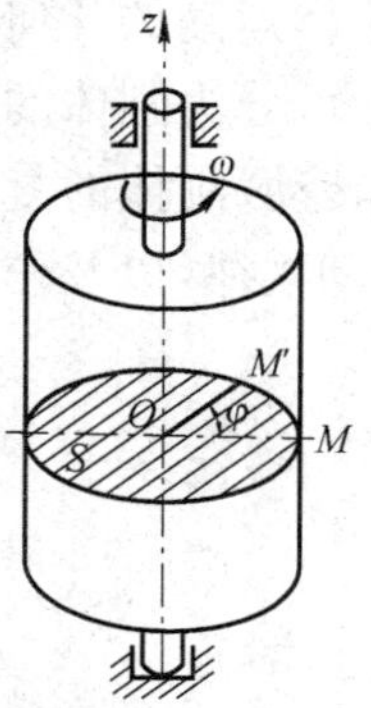

图 12-3 刚体的转动

为了确定刚体在转动过程中任一瞬时的位置，研究其运动规律，在刚体上任取一垂直于转轴的平面 S，如图 12-3 所示，并与转轴交点为 O，在 S 平面内作任一直线 OM，刚体转动时，尽管 OM 直线上各点的轨迹、速度和加速度不相同，但在相同的时间内，S 平面内任一直线绕转轴 z 转过的角度 φ 是相同的，φ 称为刚体在任一瞬时的转角。由于 φ 随时间 t 的变化而变化，所以它是时间 t 的单值连续函数，即

$$\varphi = f(t) \tag{12-1}$$

式(12-1)称为刚体的转动方程，即刚体转动的运动规律。φ 是一个代数量，其单位为弧度(rad)。为了区别刚体转动的方向，规定：从转动轴的正端向负端看，刚体逆时针转动时，φ 为正；反之为负。

由以上分析可知，刚体绕定轴转动可用其体内任一垂直于转轴的平面 S 的转动来代替，而平面 S 的转动又可由面内垂直于转轴的任一直线绕轴转动来代替，如图 12-3 中 OM。

2. 角速度

角速度是表示刚体转动快慢和方向的物理量。设刚体瞬时 t 的转角为 φ，瞬时 $t+\Delta t$ 时的转角为 $\varphi+\Delta\varphi$，如图 12-4 所示。刚体在 Δt 时间内的平均角速度为

$$\omega^* = \frac{\Delta\varphi}{\Delta t}$$

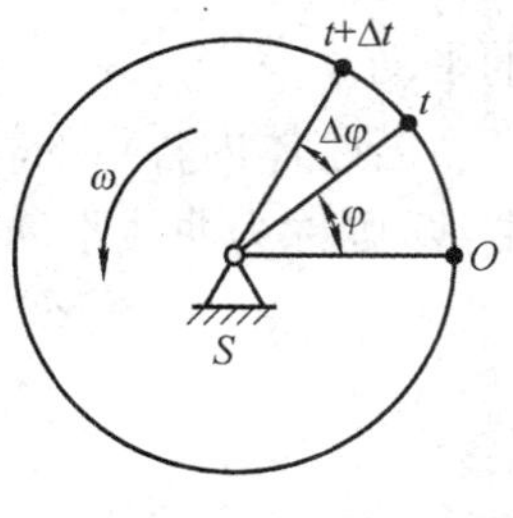

图 12-4 刚体的角速度

当 $\Delta t \to 0$ 时，平均角速度 ω^* 的极限值就是刚体在瞬时 t 的角速度 ω，即

$$\omega = \lim_{\Delta t \to 0} \frac{\Delta\varphi}{\Delta t} = \frac{\mathrm{d}\varphi}{\mathrm{d}t} \tag{12-2}$$

因此，刚体的角速度等于转角对时间的一阶导数。角速度是代数量，单位为 rad/s，其正负表示刚体的转动方向，正负的确定方法与转角 φ 正负的确定方法相同。

在工程上，通常以 r/min 表示转动快慢，称为转速，以 n 表示。角速度 ω 与转速 n 之间的换算关系为

$$\omega = \frac{2\pi n}{60} = \frac{\pi n}{30} \tag{12-3}$$

3. 角加速度

角加速度是表示角速度变化快慢的物理量。设刚体在瞬时 t 的角速度为 ω，在瞬时 t_1 的角速度为 ω_1，如图 12－5 所示。在 Δt 时间内角速度的变化量 $\Delta\omega = \omega_1 - \omega$，则 Δt 时间内的平均角加速度为 $\varepsilon^* = \frac{\Delta\omega}{\Delta t}$，当 $\Delta t \to 0$ 时，上述比值的极限值就是瞬时 t 的角加速度 ε，即

$$\varepsilon = \lim_{\Delta t \to 0} \frac{\Delta\omega}{\Delta t} = \frac{d\omega}{dt} = \frac{d^2\varphi}{dt^2} \tag{12-4}$$

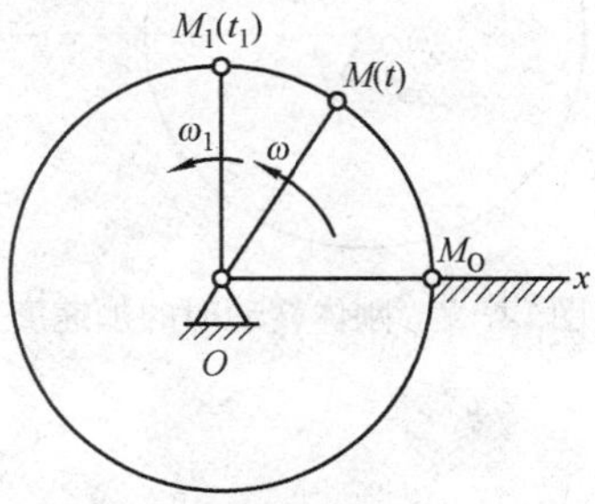

图 12－5 刚体的角加速度

因此，刚体的角加速度等于角速度对时间的一阶导数，或等于转角对时间的二阶导数。

角加速度的单位为 rad/s^2。$\varepsilon > 0$，表示它与转角的正向相同，即逆时针转向；$\varepsilon < 0$，表示它与转角的正向相反，即顺时针转向。当 ε 与 ω 同号时，刚体加速转动；ε 与 ω 异号时，刚体减速转动。

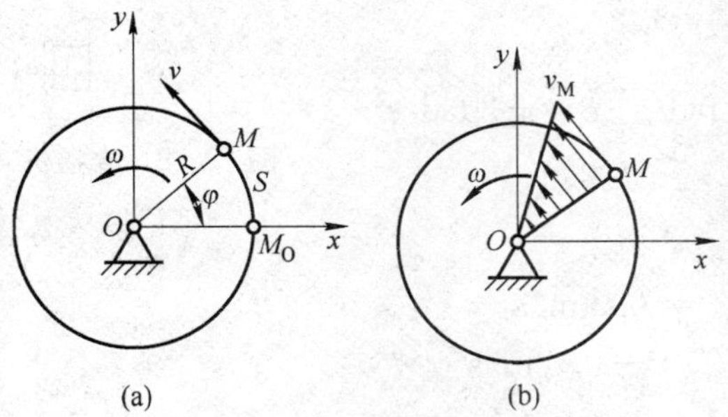

图 12－6 刚体转动时的速度

4. 定轴转动刚体上点的速度和加速度

如图 12－6a 所示，在定轴转动刚体上任取一点 M，M 点到转轴的距离为 R。刚体转动时，M 点将以 R 为半径绕转轴作圆周运动。由此可以看出，M 点的弧坐标 S 与转角 φ 之间的关系为

$$S = R\varphi \tag{12-5}$$

根据点的运动学知识，可知

$$v = \frac{dS}{dt} = \frac{d(R\varphi)}{dt} = R\frac{d\varphi}{dt} = R\omega \tag{12-6}$$

式(12－6)表明：刚体转动时其上任一点的速度，等于该点的转动半径与刚体角速度的乘积，其方向垂直于转动半径，并指向与 ω 转向相同的一方。由式(12－6)知，转动刚体内点的速度与其转动半径成正比，其分布规律如图 12－6b 所示。

刚体作定轴转动，其上各点作圆周运动，故其加速度应包括切向加速度 a_τ 和法向加速度 a_n。M 点的切向加速度为

$$a_\tau = \frac{dv}{dt} = \frac{d(R\omega)}{dt} = R\varepsilon \tag{12-7}$$

M 点的法向加速度为

$$a_n = \frac{v^2}{R} = \frac{(R\omega)^2}{R} = R\omega^2 \tag{12-8}$$

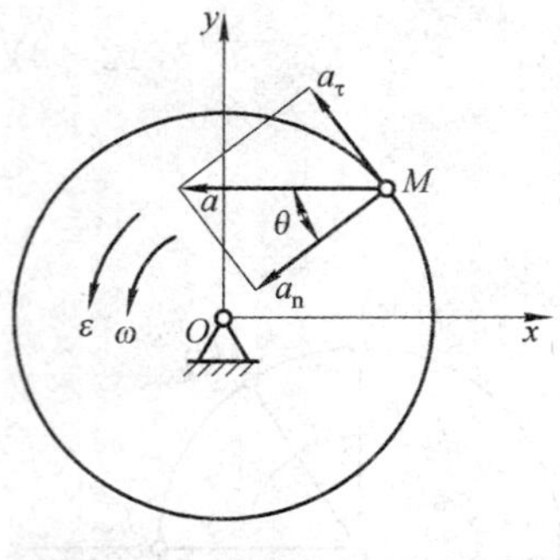

图 12-7 刚体转动时的加速度

即定轴转动刚体上任一点的切向加速度等于该点的转动半径和刚体角加速度的乘积，方向与转动半径垂直，指向与 ε 转向一致；法向加速度等于该点转动半径与刚体角速度平方的乘积，方向指向圆心，如图 12-7 所示。

M 点的全加速度的大小为

$$a=\sqrt{a_\tau^2+a_n^2}=\sqrt{(R\varepsilon)^2+(R\omega^2)^2}=R\sqrt{\varepsilon^2+\omega^4} \tag{12-9}$$

全加速度与转动半径之间的夹角为

$$\tan\theta=\left|\frac{a_\tau}{a_n}\right|=\left|\frac{\varepsilon}{\omega^2}\right| \tag{12-10}$$

例 12-1 卷扬机转筒半径 $R=0.3\,\text{m}$，转动方程为 $\varphi=-t^2+5t$，如图 12-8 所示。绳端悬一重物 A，试求当 $t=2\,\text{s}$ 时，筒缘上任一点 M 和重物 A 的速度和加速度。

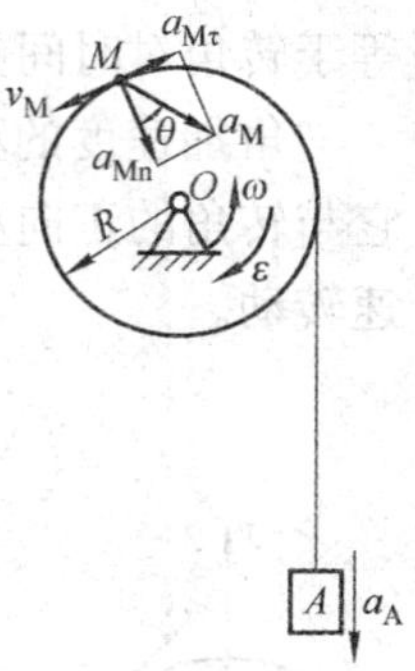

图 12-8 卷扬机

解 由转筒的转动方程，求角速度和角加速度：

$$\omega=\frac{d\varphi}{dt}=-2t+5$$

$$\varepsilon=\frac{d\omega}{dt}=-2$$

当 $t=2\,\text{s}$ 时 $\quad\omega=-2t+5=-2\times2+5=1\,\text{rad/s}\quad\varepsilon=-2\,\text{rad/s}^2$

由于 ω 与 ε 异号，故该瞬时转筒作减速转动。

当 $t=2\,\text{s}$ 时，M 点的速度与加速度为

$$v_M=R\omega=0.3\times1=0.3\,\text{m/s}$$

$$a_{M\tau}=R\varepsilon=0.3\times(-2)=-0.6\,\text{m/s}^2$$

$$a_{Mn}=R\omega^2=0.3\times1^2=0.3\,\text{m/s}^2$$

M 点全加速度为

$$a_M=\sqrt{a_{M\tau}^2+a_{Mn}^2}=\sqrt{(-0.6)^2+0.3^2}=0.67\,\text{m/s}^2$$

$$\tan\theta=\left|\frac{\varepsilon}{\omega^2}\right|=\left|\frac{-2}{1^2}\right|=2$$

$$\theta=\arctan2=63.4^\circ$$

重物 A 的速度与加速度分别等于 M 点的速度和切向加速度，即 $v_A=v_M=0.3\,\text{m/s}$，$a_A=a_{M\tau}=-0.6\,\text{m/s}^2$。

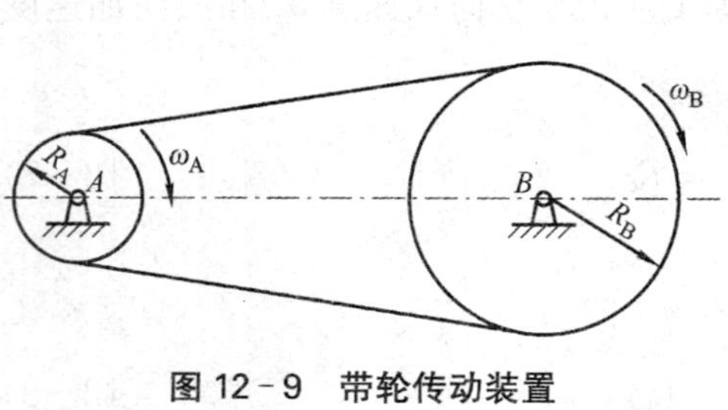

图 12-9 带轮传动装置

例 12-2 如图 12-9 所示为带轮传动装置。带轮的半径分别为 $R_A=200\,\text{mm}$，$R_B=400\,\text{mm}$，角速度分别为 ω_A 和 ω_B，试求两带轮的角速度的比值 ω_A/ω_B。

解　设带与带轮之间没有相对滑动。因此带轮边缘上的点与带上的点速度相等，两轮边缘上各点的速度大小也相等，即

$$v_A = v_B$$

而

$$v_A = R_A\omega_A \qquad v_B = R_B\omega_B$$

得

$$R_A\omega_A = R_B\omega_B \qquad \frac{\omega_A}{\omega_B} = \frac{R_B}{R_A} = \frac{400}{200} = 2$$

由上式可看出，一对带轮传动时，两轮的角速度与两轮半径成反比。

第二节　刚体简单运动的动力学方程

一、平动刚体的动力学方程

刚体平动时，其上各点的轨迹平行且相同。在同一瞬时，各点的速度和加速度也均相同，因此平动刚体的动力学问题，可归纳为质点的动力学问题来研究。把平动刚体看做质量集中于质心的质点，作用在平动刚体上的力系的合力通过质心，由质点的动力学方程得到平动刚体的动力学方程为

$$M\boldsymbol{a}_\tau = \sum \boldsymbol{F} \tag{12-11}$$

式中　M——整个刚体的质量；

a_τ——刚体的质心加速度。

二、刚体定轴转动的动力学方程

设有质量为 m 的刚体，在力系 $\boldsymbol{F}_1$，$\boldsymbol{F}_2$，…，$\boldsymbol{F}_n$ 作用下绕 z 轴作定轴转动，如图 12－10 所示。在任一瞬时，刚体转动的角速度为 ω，角加速度为 ε。若在刚体上任取一质量为 m_i 的质点 M_i 到转轴的距离为 r_i，则此质点将绕转轴作圆周运动。由质点动力学方程知

$$F_{i\tau} = m_i a_{i\tau} = m_i r_i \varepsilon \tag{12-12}$$

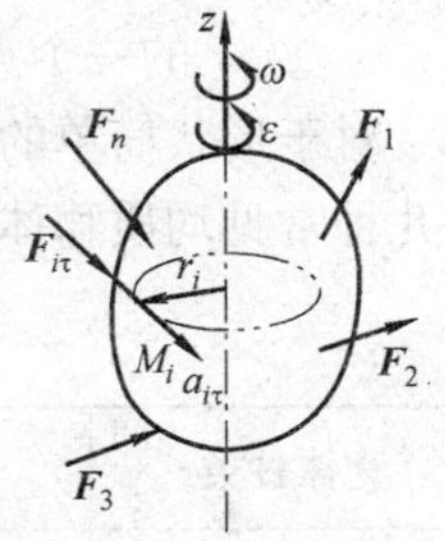

图 12－10　刚体定轴转动

式中　$F_{i\tau}$——作用在该质点的力 F_i 的切向分量的大小；

$a_{i\tau}$——该质点的切向加速度。

将式(12－12)两边都乘以 r_i，有

$$F_{i\tau} r_i = m_i r_i \varepsilon r_i = m_i r_i^2 \varepsilon \tag{12-13}$$

若取整个刚体为研究对象，每个质点都可写出与式(12－13)形式相同的式子，将它们相加得

$$\sum F_{i\tau} r_i = \sum m_i r_i^2 \varepsilon \tag{12-14}$$

$\sum F_{i\tau}r_i$ 为作用在各个质点上的力(外力和内力)对 z 轴力矩的代数和。对整个刚体而言,质点间相互作用的内力总是成对出现的,所以内力对 z 轴力矩的代数和等于零。因此,$\sum F_{i\tau}r_i$ 是指作用在刚体上的外力对 z 轴力矩的代数和,记为 $\sum m_z(F)$。$\sum m_i r_i^2$ 称为刚体对 z 轴的转动惯量,用 J_z 表示。于是式(12-14)可写为

$$\sum m_z(F) = J_z \varepsilon \qquad (12-15)$$

式(12-15)称为刚体绕定轴转动的动力学基本方程。它表明作用在定轴转动刚体上的外力对转轴之矩的代数和等于刚体对转轴的转动惯量与其角加速度的乘积;角加速度的转向与力矩 $\sum m_z(F)$ 的转向相同。

三、转动惯量

转动刚体的转动惯量是构成刚体的各个质点的质量与它到转轴距离平方乘积的总和,其表达式为

$$J_z = \sum m_i r_i^2 \qquad (12-16)$$

由式(12-16)可以看出:转动惯量永远是一个正值标量,其单位为 kg·m²。转动惯量的大小不仅与刚体质量的大小有关,而且与转轴位置和刚体的形状以及质量的分布有关。由式(12-15)可知,不同刚体受相同力矩的作用时,转动惯量大的刚体的角加速度小,转动惯量小的刚体角加速度大;即转动惯量大的刚体不易改变其运动状态,转动惯量小的刚体容易改变其运动状态。因此转动惯量是刚体转动时惯性的度量。例如机器中的飞轮常做成边缘厚且中间挖空,就是为了将大部材料分布在远离转轴的地方,以增大转动惯量,使机器运转平稳。

工程上,常将刚体的转动惯量表示为整个刚体的质量 m 与某一长度 ρ 的平方的乘积,即

$$J_z = m\rho^2 \qquad (12-17)$$

式中 ρ——刚体对转轴的回转半径。它的含义为假想把刚体的全部质量集中在离转轴为 ρ 的一个点上。

对于形状简单的均质物体,转动惯量的计算公式可在有关手册中查到。表 12-1 中列出了几种常见均质物体对其质心轴 z 的转动惯量的计算公式,以备查用。

表 12-1 均质物体的转动惯量

物体种类	简 图	J_z	回转半径
细直杆	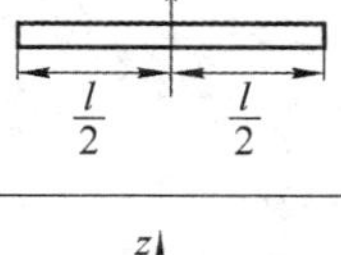	$\frac{1}{12}ml^2$	$\frac{1}{2\sqrt{3}}l$
薄圆板	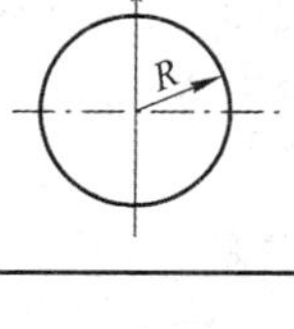	$\frac{1}{4}mR^2$	$0.5R$

（续表）

物体种类	简　图	J_z	回转半径
矩形六面体	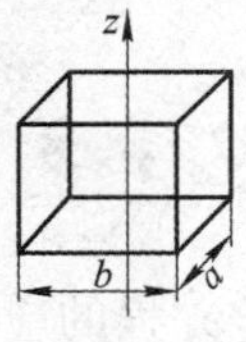	$\frac{1}{12}m(a^2+b^2)$	$\frac{\sqrt{a^2+b^2}}{2\sqrt{3}}$
薄壁空心球		$\frac{2}{3}mR^2$	$\sqrt{\frac{2}{3}}R$
圆柱	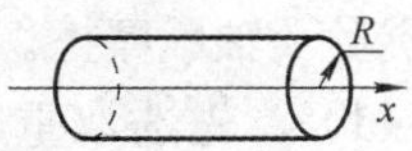	$\frac{1}{2}mR^2$	$\frac{1}{\sqrt{2}}R$
	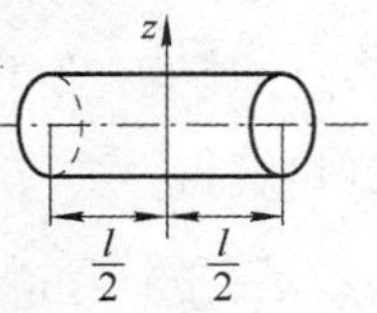	$\frac{1}{12}m(l^2+3R^2)$	$\sqrt{\frac{l^2+3R^2}{12}}$

四、平行轴定理

设刚体的质量为 m，对质心轴 z 的转动惯量为 J_z，如图 12－11 所示，而对另一与质心轴 z 平行且相距为 d 的轴 z' 的转动惯量为 $J_{z'}$，可以证明（从略）

$$J_{z'} = J_z + md^2 \tag{12-18}$$

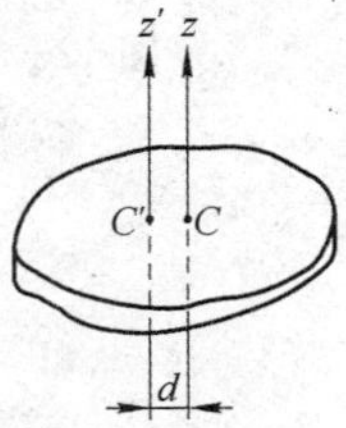

图 12－11　平行轴定理

式（12－18）表明：刚体对任意轴 z' 的转动惯量 $J_{z'}$ 等于刚体对通过质心且与 z' 轴平行的 z 轴的转动惯量，加上物体的总质量 m 与两轴垂直距离 d 的平方之乘积。这一关系称为转动惯量的平行轴定理。

利用平行轴定理可以计算与质心轴平行的轴的转动惯量。

例 12－3　有一均质细杆长 l，质量为 m，如图 12－12 所示，求该直杆对 z' 轴的转动惯量。

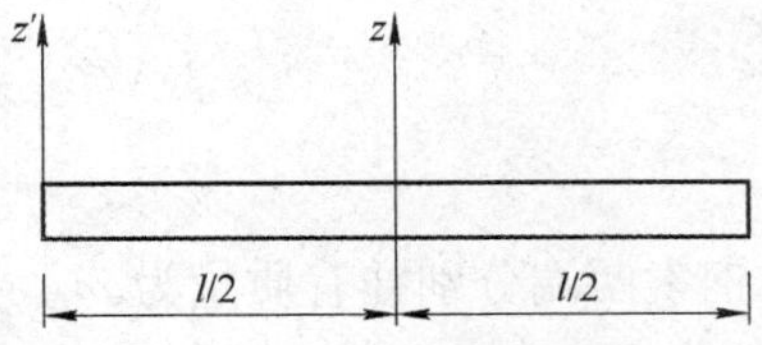

图 12－12　均质细长杆

解　查表 12－1 得，细杆对其质心轴 z 的转动惯量为

$$J_z = \frac{1}{12}ml^2$$

应用平行轴定理，可求得细杆绕 z' 轴的转动惯量为

$$J_{z'} = J_z + m\left(\frac{l}{2}\right)^2 = \frac{1}{12}ml^2 + m\left(\frac{l}{2}\right)^2 = \frac{1}{3}ml^2$$

第三节　刚体简单运动动力学方程的应用

平动刚体动力学方程的应用，可归纳到质点动力学方程的应用中去。本节只研究刚体定轴转动动力学方程的应用。刚体定轴转动动力学基本方程，可以解决刚体转动时动力学的两类问题。

一、已知刚体的转动规律，求作用于刚体上的外力(或外力矩)

例 12-4　如图 12-13a 所示提升设备，跨过滑轮的钢索吊起质量为 $m_A = 50$ kg 的物体 A。已知物体 A 的加速度 $a = 1\ \text{m/s}^2$，滑轮为实心圆柱形鼓轮，质量 $m = 20$ kg，半径 $R = 250$ mm。试求加在滑轮上的力矩 M_O。不计钢索的质量及轴承摩擦。

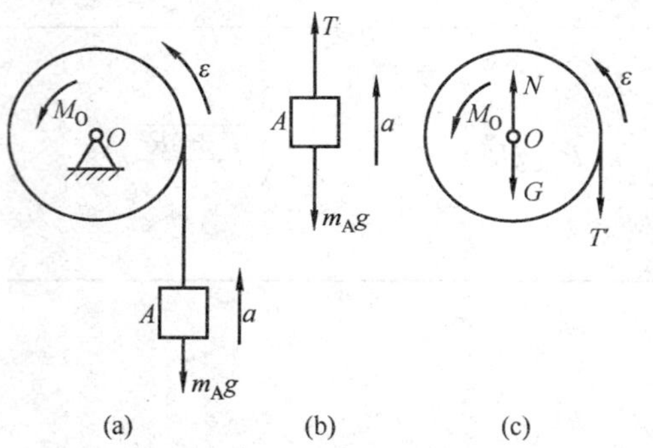

图 12-13　提升设备

解　(1) 首先选取重物 A 为研究对象，画受力图，如图 12-13b 所示。根据质点动力方程得

$$T - m_A g = m_A a \tag{1}$$

由式(1)解得

$$T = m_A(a+g) = 50 \times (1+9.8) = 540\ \text{N} \tag{2}$$

(2) 再取滑轮为研究对象并画受力图，如图 12-13c 所示。滑轮在力矩 M_O 和绳的拉力 T' 所产生的阻力矩共同作用下，沿逆时针方向加速转动。根据定轴转动刚体的动力学方程得

$$M_O - T'R = J_O \varepsilon$$

因　$T' = T \qquad a = a_\tau = R\varepsilon \qquad J_O = \frac{1}{2}mR^2$

则

$$M_O = J_O\varepsilon + TR = \frac{1}{2}mR^2 \cdot \frac{a}{R} + TR = R\left(\frac{1}{2}ma + T\right)$$

$$= 0.25 \times \left(\frac{1}{2} \times 20 \times 1 + 540\right) = 137.5\ \text{N} \cdot \text{m}$$

二、已知作用于刚体上的外力矩，求转动规律

例 12-5　视为均质圆盘的鼓轮上绕有不计质量的钢索，钢索两端分别挂有质量为 m_A，m_B 的物块 A 和 B，如图 12-14a 所示。已知 $m_B > m_A$，鼓轮的质量为 m_O，半径为 R，试求鼓轮转动的角加速度 ε。

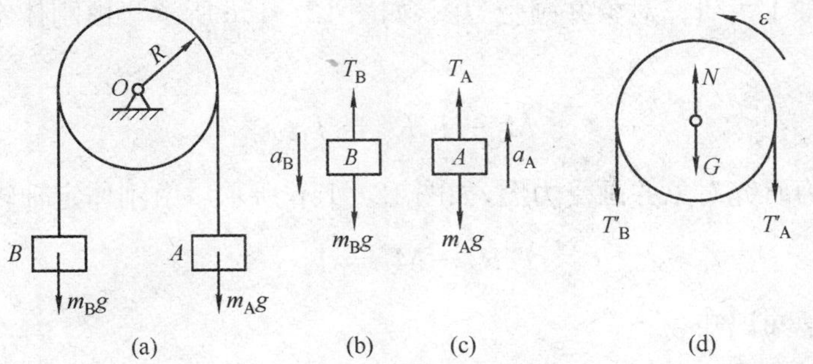

图 12-14　均质圆盘鼓轮系统

解　(1) 分别选取物块 B 和物块 A 为研究对象，并画受力图，如图 12-14b、c 所示。根据质点动力学方程得

$$m_B g - T_B = m_B a_B \tag{1}$$

$$T_A - m_A g = m_A a_A \tag{2}$$

(2) 再取鼓轮为研究对象，并画受力图，如图 12-14d 所示。由刚体定轴转动的动力学方程得

$$T'_B R - T'_A R = J_O \varepsilon \tag{3}$$

因

$$a_B = a_A = R\varepsilon \tag{4}$$

且

$$T_A = T'_A \qquad T_B = T'_B \qquad J_O = \frac{1}{2} m_O R^2$$

解方程组(1)～(4)得

$$\varepsilon = \frac{2g(m_B - m_A)}{R(m_O + 2m_B + 2m_A)}$$

例 12-6　传动轮系如图 12-15 所示。齿轮 Z_1 的啮合半径为 R_1，并固装于轴Ⅰ上，其转动惯量为 J_1。半径为 R_2 的齿轮 Z_2 与带轮 C 固装于轴Ⅱ上，其转动惯量为 J_2。现在轴Ⅰ上加一主动力矩 M_1，轴Ⅱ受阻力矩 M_2 作用。各处的摩擦阻力忽略不计，求轴Ⅰ的角加速度 ε_1。

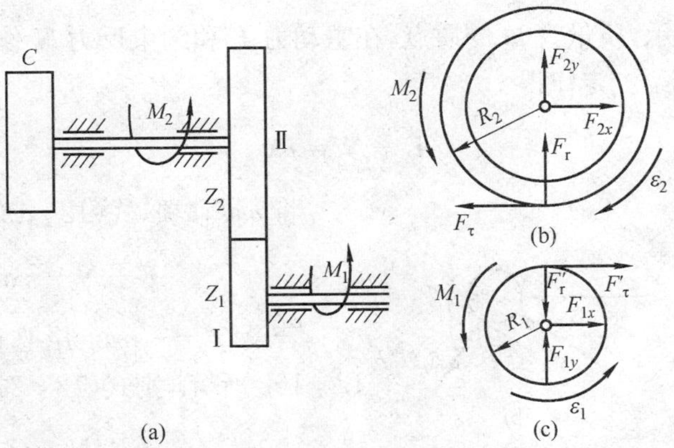

图 12-15　齿轮传动系统

解 (1) 取轴Ⅰ为研究对象并画受力图，如图 12－15c 所示。由刚体定轴转动动力学方程得

$$M_1 - F_\tau' R_1 = J_1 \varepsilon_1 \tag{1}$$

(2) 取轴Ⅱ为研究对象并画受力图，如图 12－15b 所示。由刚体定轴转动动力学方程得

$$F_\tau R_2 - M_2 = J_2 \varepsilon_2 \tag{2}$$

(3) 由运动学知识知

$$\frac{\varepsilon_1}{\varepsilon_2} = \frac{R_2}{R_1} \tag{3}$$

因 $F_\tau = F_\tau'$，代入已知量，解方程组(1)(2)和(3)得

$$\varepsilon_1 = \frac{M_1 - \dfrac{M_2}{R_2/R_1}}{J_1 + \dfrac{J_2}{(R_2/R_1)^2}}$$

通过以上例题的分析，可总结出解决刚体定轴转动动力学两类问题的解题步骤：

(1) 选取研究对象，并注意在解决多体构成的系统问题时，必须分别取单体为研究对象，该方法又称为分离法；

(2) 进行受力分析和运动分析，并画受力图，注意作用力与反作用力及运动方向；

(3) 建立刚体定轴转动的动力学方程，同时注意外力矩与角加速度的正、负；

(4) 求解未知量。

第四节　动静法

动静法是将动力学问题在形式上转化为静力学问题来进行求解的一种方法。它以达朗伯原理为基础，在工程实际中有广泛的应用。

一、质点的达朗伯原理

如图 12－16a 所示，质量为 m 的质点，在主动力 $\boldsymbol{F}$ 和约束反力 $\boldsymbol{N}$ 作用下，沿斜面产生向上的加速度。由牛顿第二定律得

$$\boldsymbol{F} + \boldsymbol{N} = m\boldsymbol{a} \tag{12-19}$$

将 $m\boldsymbol{a}$ 移项，式(12－19)可写为

$$\boldsymbol{F} + \boldsymbol{N} - m\boldsymbol{a} = 0 \tag{12-20}$$

若设 $\boldsymbol{Q} = -m\boldsymbol{a}$，并把 $\boldsymbol{Q}$ 称为惯性力，如图 12－16b 所示，则式(12－20)为

$$\boldsymbol{F} + \boldsymbol{N} + \boldsymbol{Q} = 0 \tag{12-21}$$

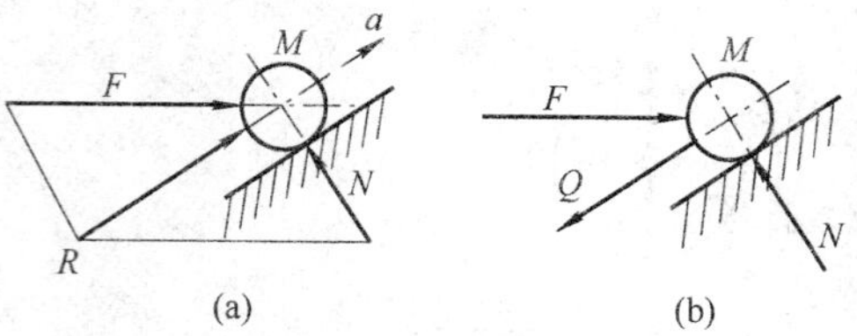

图 12－16　质点的运动与受力

由式(12－21)可知：**在任一瞬时，若在变速运动的质点上假想地加上惯性力，则作用在质点上的主动力、约束反力与惯性力在形式上就构成平衡力系**。这就是质点的达朗伯原理。

惯性力是物体受外力作用而使运动状态发生改变时，由于其惯性而引起运动物体对施力物体的反作用力。惯性力的大小等于运动物体的质量乘以其加速度，方向与加速度方向相反，作用对象是施力物体。

若在运动物体上虚加上惯性力，则可使动力学问题在形式上变成静力学问题，这样就能运用静力学平衡方程来求解。

例 12－7 如图 12－17a 所示，在机车车厢顶上悬挂一动力摆，摆锤质量为 m，当车厢以加速度 a 水平向右运动时，摆将偏向左方与铅垂线成不变的角 φ。试求：①车厢的加速度 a 与 φ 的关系；②悬线的拉力 T 值。

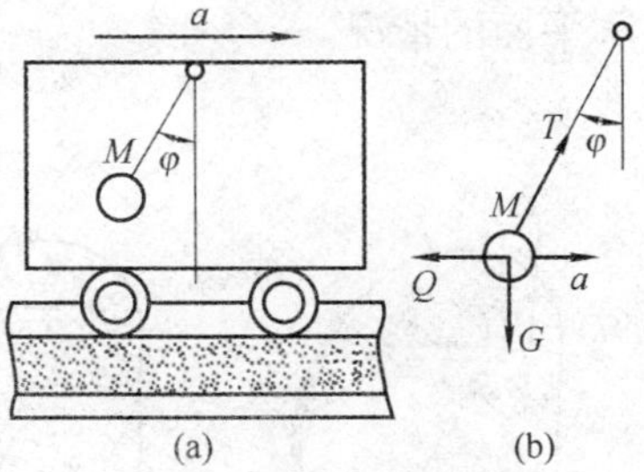

图 12－17 机车车厢内动力摆

解 (1) 取质点 M 为研究对象，如图 12－7b 所示。该质点受重力 G 和悬线拉力 T 作用。质点 M 与车厢保持相对静止，故质点也有水平向右的加速度 a，质点的惯性力 $Q=-ma$，水平向左。因此作用在质点 M 上的重力 G、悬线拉力 T 和惯性力 Q 构成平衡力系。

(2) 列平衡方程：

$$\sum F_x = 0 \qquad T\sin\varphi - Q = 0 \tag{1}$$

$$\sum F_y = 0 \qquad T\cos\varphi - G = 0 \tag{2}$$

(3) 求解式(1)和式(2)可得

$$\tan\varphi = \frac{Q}{G} = \frac{ma}{mg} = \frac{a}{g} \quad 即 \quad a = g\tan\varphi$$

$$T = G/\cos\varphi = mg/\cos\varphi$$

二、质点系的达朗伯原理

设质点系由 n 个质点组成，由质点的达朗伯原理知，每一质点在其主动力、约束反力和假想惯性力作用下，在形式上处于平衡。因此在**任一瞬时，作用在质点系上的主动力系、约束反力系和虚加的惯性力系，在形式上也组成平衡力系**。这便是质点系的达朗伯原理，对于平面力系问题，可用下列平衡方程来表达：

$$\left.\begin{aligned} &\sum F_x + \sum N_x + \sum Q_x = 0 \\ &\sum F_y + \sum N_y + \sum Q_y = 0 \\ &\sum M_O(F_i) + \sum M_O(N_i) + \sum M_O(Q_i) = 0 \end{aligned}\right\} \tag{12-22}$$

下面仅就刚体平动和绕定轴转动这两种情形，来讨论动静法的应用。

1. 刚体的平动

刚体平动时，因其上各质点的加速度均相同，故各质点的惯性力组成的是一个同向平行力系。该平行力系的合力 Q_C 应通过质心 C，若以 m_K 和 Q_K 分别表示任一点的质量和惯性力，a_C 表示质心的加速度，则

$$Q_C=\sum Q_K=\sum(-m_K a)=-\left(\sum m_K\right)a_C=-ma_C \tag{12-23}$$

即刚体平动时其惯性力系可简化为通过质心的一个合力，此合力的方向与加速度方向相反，其值等于刚体质量与加速度的乘积。

2. 刚体的定轴转动

一般情况下，刚体绕定轴转动时的惯性力系为一定向力系。但是，工程上的许多定轴转动零件，往往具有垂直于转轴的质量对称平面，这里，仅讨论刚体具有垂直于转轴的质量对称平面的情况。

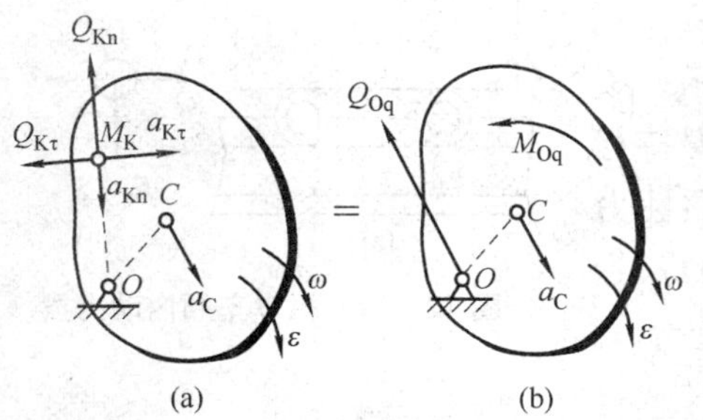

图 12-18 定轴转动刚体的惯性力

图 12-18a 中的平面图形代表刚体的对称平面，转轴通过 O 点，刚体转动角速度为 ω，角加速度为 ε，刚体上任一点 K 的质量为 M_K，加速度为 $\boldsymbol{a}_K$，此质量的惯性力 $Q_K=-M_K a_K$，刚体上无数个质点的惯性力组成一个平面任意力系，将这任意力系向转轴 O 点简化，可得到惯性力系的主矢 Q_{Oq} 和主矩 M_{Oq}。

惯性力系的主矢 $\boldsymbol{Q}_{Oq}$ 由静力学可知，它应等于各质点惯性力的矢量和，同时可以证明

$$Q_{Oq}=-m\boldsymbol{a}_C \tag{12-24}$$

即惯性力系主矢的值等于刚体质量和质心加速度的乘积，方向与质心加速度相反，位置作用在简化中心上，如图 12-18b 所示。

刚体惯性力系的主矩 M_{Oq} 可这样分析，因刚体上任一点作圆周运动，其加速度 $\boldsymbol{a}_K$ 可分解为切向加速度 $\boldsymbol{a}_{K\tau}$ 和法向加速度 $\boldsymbol{a}_{Kn}$，其相应的惯性力为 $\boldsymbol{Q}_{K\tau}$ 和 $\boldsymbol{Q}_{Kn}$，如图 12-18a 所示，质点 M_K 离转轴距离为 r_K，则

$$Q_{K\tau}=-M_K a_{K\tau}=-M_K r_K\varepsilon$$
$$Q_{Kn}=-M_K a_{Kn}=-M_K r_K\omega^2$$

惯性力系对 O 点取矩，因各法向惯性力 $\boldsymbol{Q}_{Kn}$ 均通过 O 点，对 O 点之矩为零。故可得

$$\begin{aligned}M_{Oq}&=\sum Q_{K\tau}r_K=\sum-(M_K r_K^2\varepsilon)\\&=-\left(\sum M_K r_K^2\right)\varepsilon=-J_O\varepsilon\end{aligned} \tag{12-25}$$

M_{Oq} 的方向与角加速度 ε 的转向相反。

例 12-8 电动绞车如图 12-19 所示，已知鼓轮半径为 R，质量为 m_O，起吊重物 A 的质量为 m_A，作用在鼓轮上的驱动力矩为 M_O。求

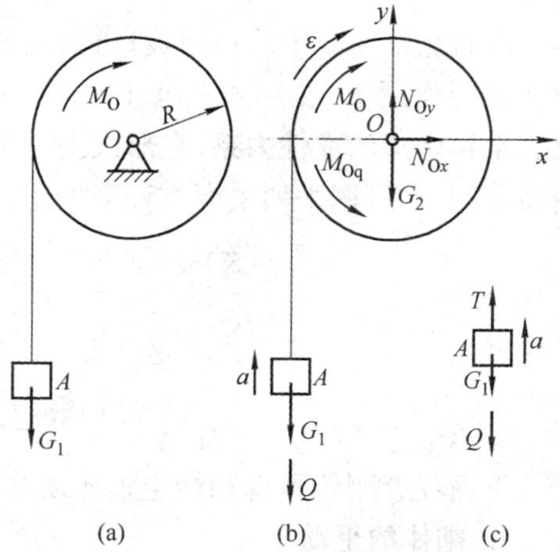

图 12-19 电动绞车

重物上升的加速度 a、钢绳的拉力 T 和轴承 O 的反力(鼓轮可视为均质圆盘)。

解 (1) 取整体为研究对象画受力图,其上受力有:重力 G_1、G_2,驱动力矩 M_O 和轴承反力 N_{Ox} 和 N_{Oy},如图 12-19b 所示。

(2) 分析运动并加惯性力。鼓轮作定轴转动,角加速度为 ε,顺时针转向。转轴通过质心,故主矢 $Q_{Oq}=0$,主矩 M_{Oq} 的转向与 ε 相反,逆时针转向。重物作直线平动,其加速度 a 方向向上,故惯性力 Q 方向向下,如图 12-19b 所示。

(3) 列平衡方程求未知量:

$$\sum M_O(F)=0 \qquad QR+G_1R+M_{Oq}-M_O=0$$

$$\sum F_x=0 \qquad N_{Ox}=0$$

$$\sum F_y=0 \qquad N_{Oy}-G_1-G_2-Q=0$$

因 $G_1=m_Ag$, $G_2=m_Og$, $M_{Oq}=J_O\varepsilon$, $Q=m_Aa$, $J_O=\frac{1}{2}m_OR^2$, $a=R\varepsilon$,代入以上各式得

$$a=\frac{2(M_O-m_AgR)}{(2m_A+m_O)R}$$

$$N_{Oy}=(m_A+m_O)g+\frac{2m_A(M_O-m_AgR)}{(2m_A+m_O)R}$$

(4) 再取重物为研究对象,求钢绳拉力 T,如图 12-19c 所示,列平衡方程:

$$\sum F_y=0 \qquad T-G_1-Q=0$$

所以 $$T=G_1+Q=m_Ag+m_Aa=m_Ag+\frac{2m_A(M_O-m_AgR)}{(2m_A+m_O)R}$$

例 12-9 叶轮的质量为 m,质心的偏心量为 e,安装在轴 AB 的中点,如图 12-20 所示。当叶轮以匀角速度 ω 转动时,求轴承反力。

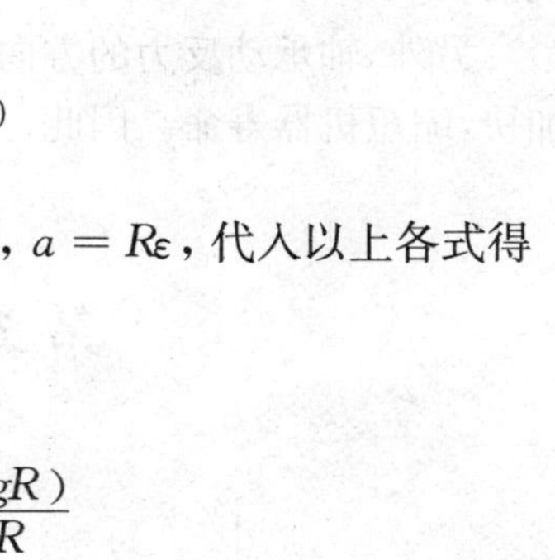

图 12-20 叶轮

解 (1) 取轮与轴整体为研究对象,画受力图。某瞬时,质心转至图示位置,此时作用在轮与轴上的力有:叶轮重力 G,轴承反力 N_A 和 N_B。

(2) 分析运动,加惯性力。叶轮以匀角速度 ω 转动。因 $\varepsilon=0$,故 $M_{Cq}=0$。因为 $a_n=e\omega^2$,故惯性力的大小为 $Q_C=me\omega^2$,方向与法向加速度 a_n 方向相反,如图 12-20 所示。

(3) 列平衡方程,求未知量:

$$\sum F_y=0 \qquad -G+N_A+N_B-Q_C=0 \tag{1}$$

$$\sum m_B(F)=0 \qquad G\frac{l}{2}-N_Al+Q_C\frac{l}{2}=0 \tag{2}$$

由式(1)和式(2)可解得轴承反力为 $N_A=N_B=\frac{mg}{2}+\frac{me\omega^2}{2}$。

(4) 分析讨论。轴承反力由两部分组成,其中一部分是由重力引起的,称为静反力;另一

部分是由转子的惯性力引起的，它与角速度的平方成正比，称为动反力(或称附加动反力)。

若已知叶轮的质量为 $m=50\,\text{kg}$，偏心量 $e=0.02\,\text{mm}$，转速 $n=12\,000\,\text{r/min}$，代入轴承反力的计算式中得

$$N_A = N_B = 245 + 789 \approx 1\,034\,\text{N}$$

如果叶轮静止，则 $N'_A = N'_B = \dfrac{mg}{2} = 245\,\text{N}$。可见，由于叶轮质心有 0.02 mm 的偏心距，可引起轴承的反力 $N'_A = N'_B = \dfrac{me\omega^2}{2} = 789\,\text{N}$，因此在高速旋转机械中，这个动反力是不可忽视的。

另外，轴承动反力的方向随叶轮的转向时刻在变化，因而会引起机器振动，使轴承磨损加快，缩短机器寿命。因此，工程上必须注意"消除"偏心，使质心 C 精确地位于转动轴上。

第五节　点的复合运动分析

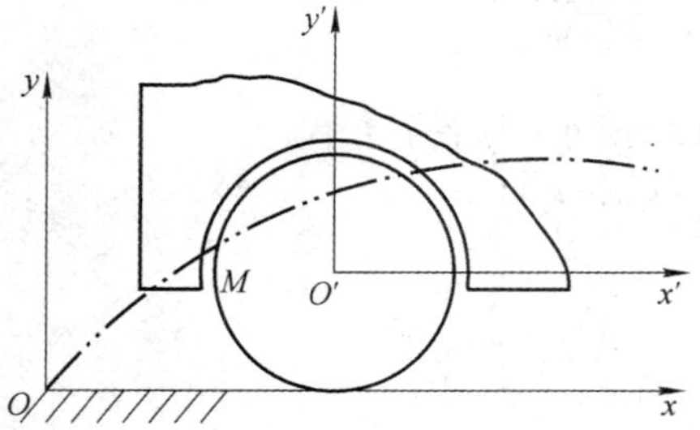

图 12-21　车轮沿直线轨道运动

前面所研究的点和刚体的运动，都是以地面为参考体的，但在工程实际中，有时还要研究动点相对于两个不同参考系的运动，而其中一个参考系相对于另一个参考系又有一定的运动联系。显然，动点相对于上述两个参考系所表现出的运动特征是不同的。例如图 12-21 所示沿直线轨道滚动的车轮，对于固连在地面上的参考系 Oxy 来说，其轮缘上点 M 的轨迹是旋轮线，而对于固连在车厢上的参考系 $O'x'y'$ 来说，其轨迹则是一个圆。

同一个点相对于两个不同参考系的运动之间有何关系呢？这是本节要研究的问题。

研究动点相对于两个不同参考系的运动时，为了便于区别，习惯上把固连在地面上的坐标系称为静参考系，简称静系；固连在其他相对于地面运动的参考体上的坐标系称为动参考系，简称动系。相应地把动点相对于静系的运动称为绝对运动；动点相对于动系的运动称为相对运动；动系相对于静系的运动称为牵连运动。如图 12-22 所示桥式起重机起吊重物，重物在小车运动的同时由 M 位置吊运到 M' 位置。若把重物视为动点，把静系固连在地面上，动系固连在小车上，则在地面上看到重物沿曲线 $\overset{\frown}{MM'}$ 的运动是绝对运动，在小车上看到重物沿铅直方向向上的直线运动是相对运动，小车相对于地面的水平直线平动是牵连运动。

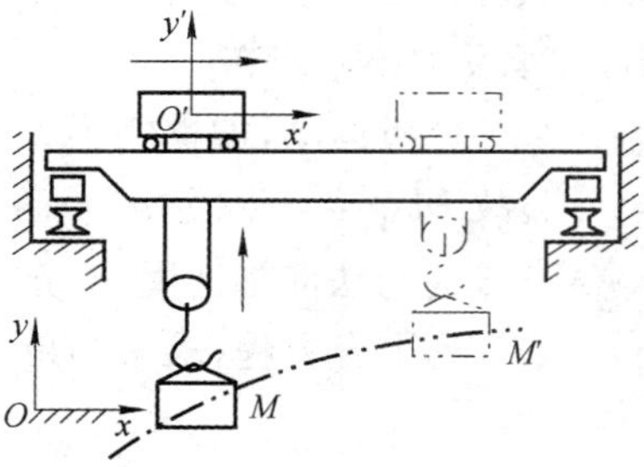

图 12-22　桥式起重机

从上面例子的分析可知，动点的绝对运动是动点相对于动系的运动(相对运动)和动点随同动系一起的运动(牵连运动)两者合成的结果。点的这种由几个运动组合而成的运动，称为点的合成运动或复合运动。

必须指出，为了研究动点的运动，选择的动系不能和动点在同一体上，否则，相对运动将不存在。绝对运动和相对运动都是指点的运动，它可能是直线运动或曲线运动，而牵连运动则是指动系的运动，也就是与动系固连着的刚体的运动。它可能是平动、转动或其他较复杂的运动。

动点在复合运动中，把动点相对于静系运动的速度，称为动点的绝对速度，以 $\boldsymbol{v}_a$ 表示；动点相对于动系运动的速度，称为动点的相对速度，以 $\boldsymbol{v}_r$ 表示。动点在动系上的瞬时重合点相对于静系运动的速度，称为动点在该瞬时的牵连速度，以 $\boldsymbol{v}_e$ 表示。因为牵连运动是动系的运动，它代表一个刚体的运动，所以除动系作平动外，动系上各点的速度都是不相同的。由于动系带动动点参加牵连运动的只是在所研究的瞬时动系上与动点相重合的那一点，这个点称为动点的瞬时重合点。

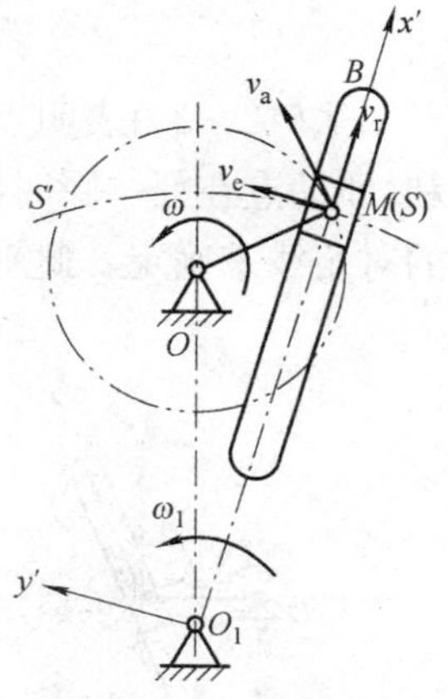

图 12-23 摆动导杆机构

如图 12-23 所示摆动导杆机构，如果把主动件曲柄 OM 与从动件导杆 O_1B 的“连接点”M(滑块)看成动点，导杆看成动系，地面看成静系，则动点的绝对运动是逆时针的圆周运动，半径为$\overline{OM}$，绝对速度 $v_a=\overline{OM}\cdot\omega$，且 $v_a\perp\overline{OM}$。相对运动是沿 O_1B 的直线运动，相对速度 $\boldsymbol{v}_r$。牵连运动是绕 O_1 轴的定轴转动。O_1B 上的 S 点即是动点 M 在此瞬时的牵连点，因牵连点 S 作逆时针圆周运动，半径$\overline{O_1S}$，故 $v_e=\overline{O_1S}\cdot\omega_1$，且 $v_e\perp\overline{O_1S}$，如图 12-23 所示。

注意：牵连运动不是牵连点的运动，而牵连速度必须是牵连点的速度。

$\boldsymbol{v}_a$、$\boldsymbol{v}_e$、$\boldsymbol{v}_r$ 之间关系分析如下：

设动点以一定的规律沿动参考系 $O'x'y'$ 上的曲线 C 运动，而曲线 C 又随同动参考系 $O'x'y'$ 一起相对于静参考系 Oxy 以任意规律运动，如图 12-24 所示。设在瞬时 t，曲线 C 位于 AB 位置，动点位于曲线上的 M 点；经 Δt 后，曲线 C 随同动参考系运动到 $A'B'$ 位置，而动点则沿曲线 C 运动到 M' 位置，对这个运动过程，可设想动点先相对于动参考系不动，即动点固定于曲线 C 的 M 点位置(M 点为瞬时 t 的牵连点)随同曲线 C 运动至 M_1 点的位置。然后，动点沿曲线 C 从 M_1 运动到 M' 位置。曲线 $\overset{\frown}{MM'}$ 为动点的绝对轨迹；$\overset{\frown}{M_1M'}$ 为动点的相对轨迹，$\overset{\frown}{MM_1}$ 为瞬时 t 的牵连点的轨迹，如以 $\overline{MM'}$，$\overline{M_1M'}$，$\overline{MM_1}$ 分别表示动点的绝对位移、相对位移和牵连位移，可得出上述各位移合成关系，即

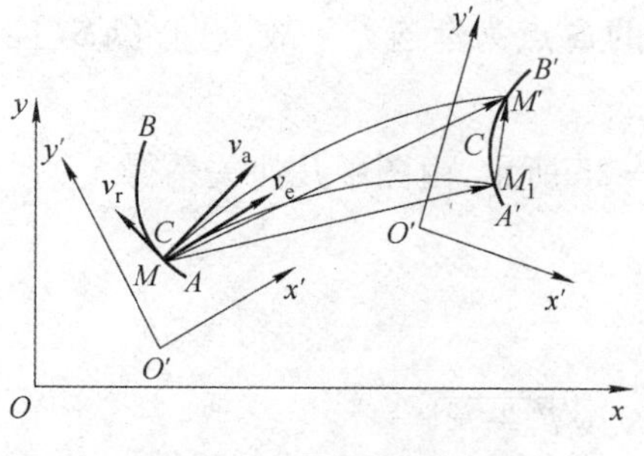

图 12-24 点的复合运动

$$\overline{MM'}=\overline{MM_1}+\overline{M_1M'} \tag{12-26}$$

由于这些位移是在同一时间间隔 Δt 内进行的，将式(12-26)两边除以 Δt 并取极限，则

$$\lim_{\Delta t\to 0}\frac{\overline{MM'}}{\Delta t}=\lim_{\Delta t\to 0}\frac{\overline{MM_1}}{\Delta t}+\lim_{\Delta t\to 0}\frac{\overline{M_1M'}}{\Delta t}$$

式中 $\lim\limits_{\Delta t \to 0} \dfrac{\overline{MM'}}{\Delta t}$ ——动点在瞬时 t 的绝对速度 $\boldsymbol{v}_a$，其方向沿绝对轨迹 $\widehat{MM'}$ 的切线方向；

$\lim\limits_{\Delta t \to 0} \dfrac{\overline{MM_1}}{\Delta t}$ ——在瞬时 t 动参考系上牵连点的速度 $\boldsymbol{v}_e$，称为牵连速度，其方向沿牵连点轨迹 $\widehat{MM_1}$ 的切线方向；

$\lim\limits_{\Delta t \to 0} \dfrac{\overline{M_1M'}}{\Delta t}$ ——动点在瞬时 t 的相对速度 $\boldsymbol{v}_r$，其方向沿动点的相对轨迹 $\widehat{M_1M'}$ 的切线方向，即

$$\boldsymbol{v}_a = \boldsymbol{v}_e + \boldsymbol{v}_r \tag{12-27}$$

式(12-27)表明点的速度合成定理：动点的绝对速度等于牵连速度与相对速度的矢量和，即动点在任一瞬时的绝对速度可由以牵连速度和相对速度为邻边所构成的平行四边形的对角线来确定。此平行四边形称为速度平行四边形。

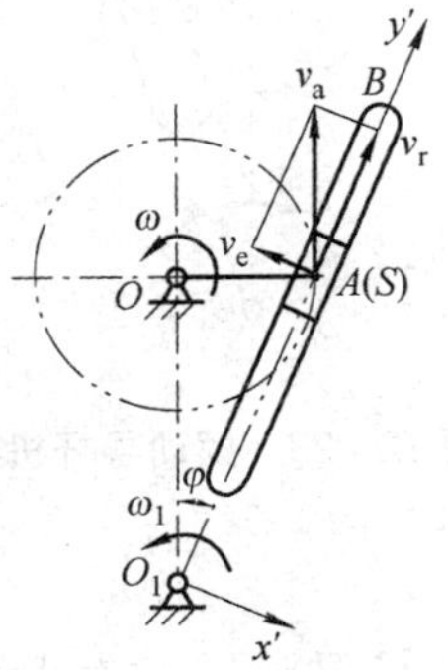

图 12-25 摆动导杆机构

例 12-10 摆动导杆机构如图 12-25 所示。曲柄 OA 以角速度 ω 绕轴 O 转动，并通过滑块 A 带动导杆 O_1B 绕轴 O_1 摆动。已知 $OA=r$，$OO_1=l$，试求曲柄在水平位置时，滑块相对于导杆的速度 v_r 和导杆绕 O_1 摆动的角速度 ω_1。

解 (1) 选动点和动系。

因传递运动的“连接点”是滑块 A，且滑块与导杆之间有相对滑动，故选滑块 A 为动点；动系固连在导杆上，如图 12-25 所示，地面为静系。

(2) 分析运动。

绝对运动：动点 A 绕 O 点的逆时针圆周运动。半径 OA，绝对速度 $v_a \perp OA$，且 $v_a = r\omega$。

相对运动：动点 A 沿滑道的直线运动。相对速度 v_r 方向沿 O_1B，其大小为未知量。

牵连运动：导杆绕轴 O_1 的转动。导杆上与 A 相重合的 S 点为牵连点。故 $v_e \perp O_1S$，且 $v_e = \overline{O_1S} \cdot \omega_1$。

(3) 根据速度合成定理，作速度平行四边形，如图 12-25 所示，由图中几何关系得

$$v_r = v_a\cos\varphi = r\omega\cos\varphi$$
$$v_e = v_a\sin\varphi = r\omega\sin\varphi$$

因 $\sin\varphi = r/\sqrt{l^2+r^2} \qquad \cos\varphi = l/\sqrt{l^2+r^2}$

所以

$$v_r = rl\omega/\sqrt{l^2+r^2}$$
$$v_e = r^2\omega/\sqrt{l^2+r^2}$$

则 $$\omega_1 = v_e/\overline{O_1S} = v_e/\sqrt{l^2+r^2} = r^2\omega/(l^2+r^2)$$

例 12-11 如图 12-26 所示为一凸轮机构，凸轮以角速度 ω 绕轴 O 转动，从动杆 AB 可沿铅直槽上下滑动，杆端 A 始终与凸轮接触。已知 $OA=R$，凸轮轮缘在 A 点的法线与

OA成α角。试求图示位置杆AB的速度。

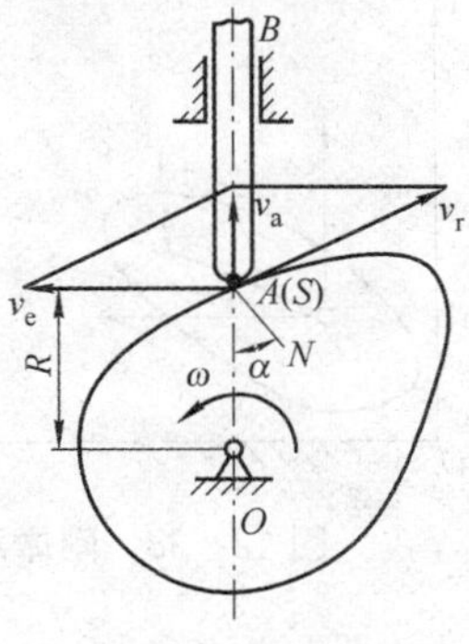

图 12-26　凸轮机构

解　(1) 选动点及动系。取凸轮与从动杆AB的运动"连接点"A为动点。动系固连在凸轮上,地面为静系。

(2) 分析运动。

绝对运动:A点沿铅垂方向的直线运动。绝对速度v_a的方向铅垂向上,大小未知。

相对运动:A点沿凸轮轮廓线的运动。相对速度v_r的方向沿凸轮轮廓线在A点的切线且垂直于AN,大小未知。

牵连运动:即凸轮绕轴O的转动。牵连速度v_e的方向垂直于OS,且$v_e = R\omega$。

(3) 根据速度合成定理作出速度平行四边形,如图 12-26 所示。由几何关系解得

$$v_a = v_e \tan\alpha = R\omega \tan\alpha$$

通过以上例题,可将解题步骤归纳如下:

(1) 选取动点、动系和静系。所选动点和动系之间应有相对运动,因此两者不能选在同一物体上,且相对运动轨迹应是能够直接观察确定的。

在机构的传动问题上,主动件和从动件之间的运动传递是通过二者的接触点(或连接点)来实现的。因此当接触点处有相对滑动时,一般可选取接触点(或连接点)为动点,动系取在与动点有相对滑动的构件上,静系取在机架或地面上。

(2) 分析三种运动和三个速度。应特别注意的是:牵连运动是动系的运动,也就是与动系固连的刚体的运动;牵连速度是动系上与动点瞬时重合点对静系的速度。

(3) 作速度平行四边形。必须注意,作图时要使绝对速度成为平行四边形的对角线。

(4) 利用速度平行四边形中的几何关系求解未知量。

第六节　刚体的复杂运动分析

刚体的运动,除了前面已研究过的两种基本运动(平动和定轴转动)外,常见的还有一种较复杂的运动——刚体的平面运动。如图12-27 所示,沿直线轨道滚动的车轮和曲柄连杆机构中的连杆AB,它们在运动时体内既不存在一条固定不动的轴线,也没有任何一条直线始终与其初始位置保持平行,因此它们的运动既不是定轴转动,也不是平动。但是它们却具有一个共同的特点,即在运动过程中,体内任一点到某一固定平面的距离始终保持不变,也就是说体内任一点始终在与这一固定平面平行的某一平面内运动。这种运动称为刚体的平面平行运动,简称平面运动。

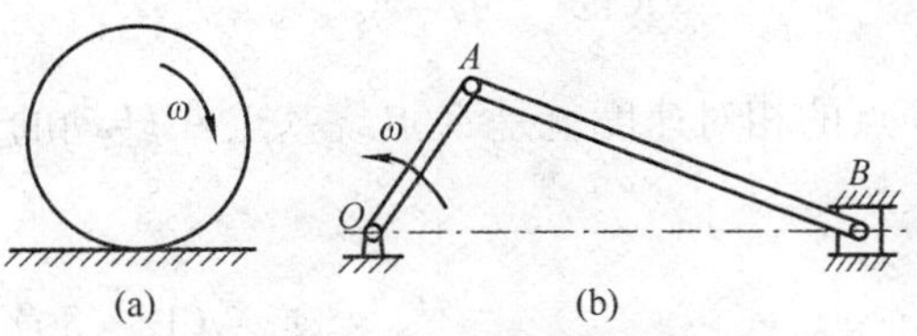

图 12-27　刚体平面运动实例

一般情况下,由于任何复杂的运动都可以看成若干简单运动的合成,那么刚体的平面运动是由哪些运动合成的呢? 分析如下。

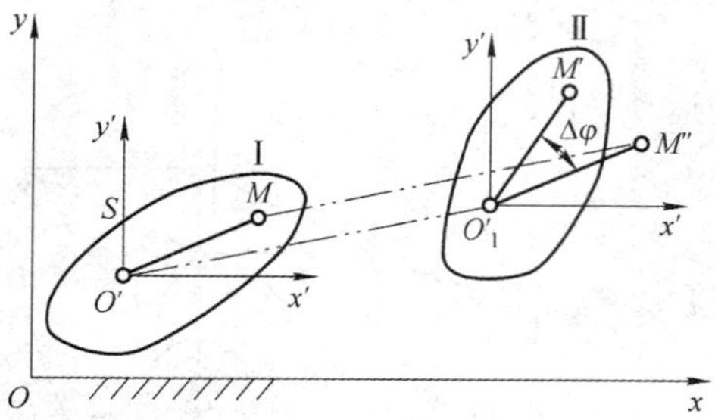

图 12-28 刚体平面运动合成

设图形 S 在固定平面 Oxy 内作平面运动,如图 12-28 所示,在图形上任取一线段 $O'M$,此线段的位置可以代表图形的位置。选点 O 为基点,并以它为原点作动坐标系 $O'x'y'$。当图形运动时,动坐标系随同基点 O'运动,并令动坐标系在运动过程中作平动。若在时间间隔 Δt 内,图形由位置Ⅰ运动到位置Ⅱ,分别以线段 $O'M$ 和 $O_1'M'$表示图形的相应位置,则此运动过程可视为线段 $O'M$ 先随基点平移至 $O'M''$位置,然后又相对动坐标系绕基点 O_1'转过角度 $\Delta\varphi$ 而到达 $O_1'M'$位置。当然,实际上上述两种运动(平动和转动)是同时进行的。如果选取 Δt 非常短,在极限情况下 Δt 趋近于零,则位置Ⅱ就无限接近于位置Ⅰ。这样,在任一瞬时图形的平面运动(绝对运动)都可看成是随同基点(即随同平动坐标系)的平动(牵连运动)和绕基点的转动(相对运动)的合成。因此,平面运动总可分解为平动和转动。

平面运动分解为平动和转动时,基点的选取可以是任意的。但由于作平面运动的图形上各点的运动情况一般是不同的,所以选取不同的点为基点时,平面图形平动部分的速度和加速度是不同的,因此平动部分与基点的选取有关。而转动部分的角速度和角加速度,则与基点的选取无关。

刚体作平面运动时,体内任一点的速度可用以下几种方法来求得。

一、基点法

已知平面图形 S 内一点 A 瞬时的速度 $\boldsymbol{v}_A$ 和该瞬时平面图形的角速度 ω,如图 12-29 所示。求该瞬时平面图形内任一点 B 的速度 $\boldsymbol{v}_B$。因 A 点的速度已知,故选 A 点为基点,这样任一点 B 的运动可以看成是随基点 A 一起的平动(牵连运动)和绕基点 A 的转动(相对运动)的合成。因此可用速度合成定理求 B 点的速度,即

$$\boldsymbol{v}_B = \boldsymbol{v}_r + \boldsymbol{v}_e \tag{12-28}$$

因为 B 点的牵连运动是随基点 A 平动,故 B 点的牵连速度 $\boldsymbol{v}_e$ 就等于基点 A 的速度 $\boldsymbol{v}_A$,即

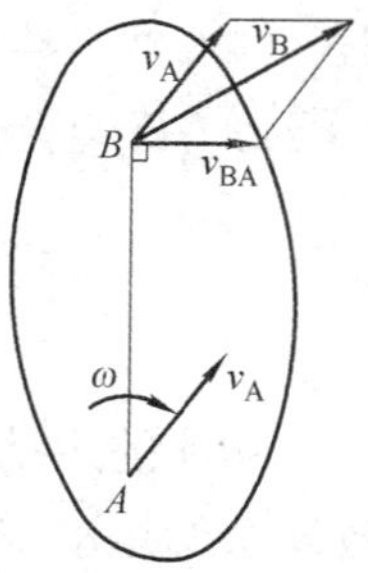

图 12-29 基点法

$$\boldsymbol{v}_e = \boldsymbol{v}_A \tag{12-29}$$

又因 B 点的相对运动是绕基点 A 的转动,故 B 点的相对速度就是 B 点绕基点 A 转动的速度,用 $\boldsymbol{v}_{BA}$表示,即

$$\boldsymbol{v}_r = \boldsymbol{v}_{BA} \tag{12-30}$$

显然,$\boldsymbol{v}_{BA}$的大小为 $v_{BA}=\omega \cdot AB$,$\boldsymbol{v}_{BA}$的方向与 AB 垂直且指向转动的一方。

将式(12-29)和式(12-30)代入式(12-28),得

$$\boldsymbol{v}_B = \boldsymbol{v}_A + \boldsymbol{v}_{BA} \tag{12-31}$$

即平面图形上任一点的速度等于基点的速度与该点绕基点转动速度的矢量和。这就是基点法，是求速度的最基本方法，其他方法也都是以基点法为基础的。

例 12－12　如图 12－30 所示椭圆规尺的 A 端以速度 $\boldsymbol{v}_A$ 沿 x 轴反向运动，连杆长 $AB=L$，试求连杆与水平线成 φ 角时 B 端的速度 $\boldsymbol{v}_B$ 及连杆 AB 的角速度 ω。

解　连杆 AB 作平面运动。因其上 A 点的速度已知，故选 A 点为基点，根据基点法的速度合成公式(12－31)有

$$\boldsymbol{v}_B=\boldsymbol{v}_A+\boldsymbol{v}_{BA}$$

作速度平行四边形，如图 12－30 所示，由图可得

$$v_B=v_A/\tan\varphi$$

$$v_{BA}=v_A/\sin\varphi$$

因　$$v_{BA}=AB\cdot\omega=L\omega$$

故得　$$\omega=v_A/L\sin\varphi$$

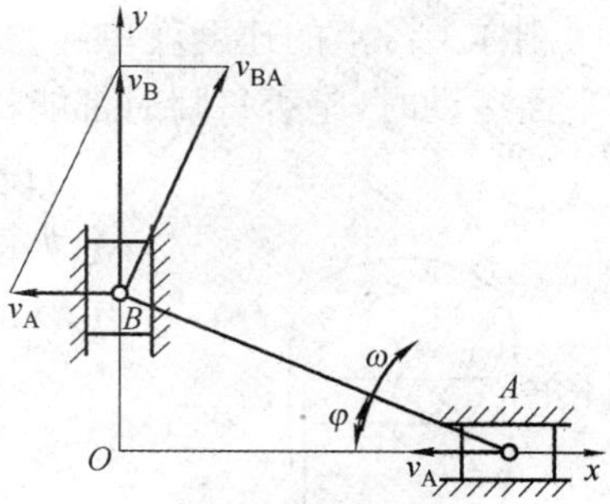

图 12－30　椭圆规

$\boldsymbol{v}_B$ 的方向及 ω 的转向如图所示。

二、速度投影法

由基点法可知，平面图形上任意两点间的速度总存在着如下关系，如图 12－31 所示：

$$\boldsymbol{v}_B=\boldsymbol{v}_A+\boldsymbol{v}_{BA}$$

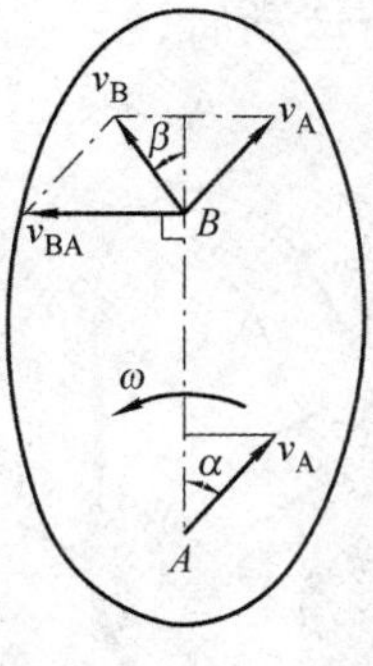

图 12－31　速度平行四边形

根据矢量投影定理，将式(12－31)投影到直线 AB 上，可得

$$[v_B]_{AB}=[v_A]_{AB}+[v_{BA}]_{AB}$$

因 $\boldsymbol{v}_{BA}$必垂直于 AB，则 $[v_{BA}]_{AB}=0$，故有

$$[v_B]_{AB}=[v_A]_{AB} \tag{12-32}$$

即　$$v_B\cos\beta=v_A\cos\alpha$$

式(12－32)即为速度投影定理：**同一平面图形上任意两点的速度在其连线上的投影相等**。应用速度投影定理求速度称为速度投影法。用这种方法可方便地求得图形中某一点的速度。

例 12－13　曲柄连杆机构如图 12－32 所示。曲柄 OA 长 $L_1=0.3\,\text{m}$，以等角速度 $\omega=3\,\text{rad/s}$绕O点转动；连杆 AB 长$L_2=0.4\,\text{m}$，试求图示位置滑块 B 的速度。

解　如图 12－32 所示，因为在平面运动的构件(连杆)AB 上 A 点的速度 $v_A=L_1\omega=0.9\,\text{m/s}$，而 B 点速度 v_B 沿水平方向，故可用速度投影法。因

$$[v_B]_{AB}=[v_A]_{AB}$$

故　$$v_B\cos\alpha=v_A\cos 0^\circ$$

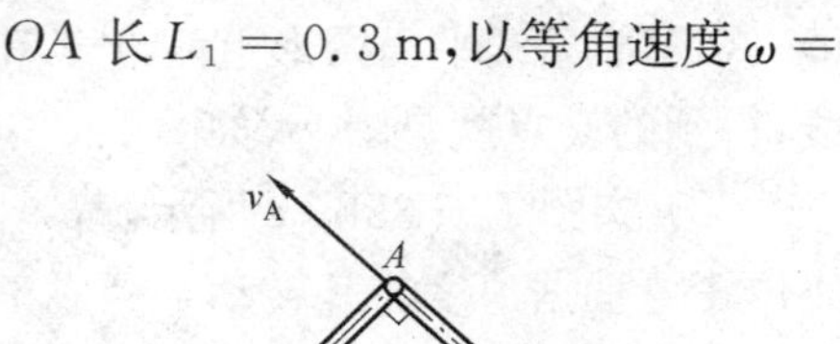

图 12－32　曲柄连杆机构

$$v_B = \frac{v_A}{\cos\alpha} = 0.9 \times \frac{5}{4} = 1.13\ \text{m/s}$$

三、速度瞬心法

由基点法可以看出：如果在平面图形上每一瞬时都能找到一速度为零的点作为基点，这时刚体上各点的速度就单纯的等于绕基点转动的速度，这样就使问题得到简化。那么，刚体平面运动时，是否每瞬时都能找到速度为零的点呢？

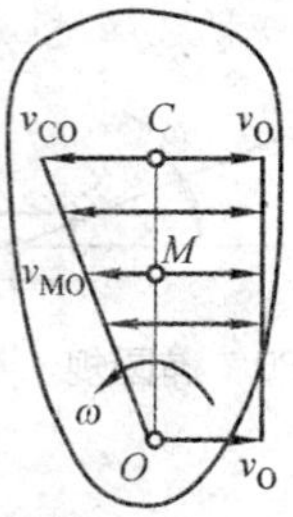

图 12-33 瞬心的存在

设某一瞬时，平面图形的角速度为 ω，图形内某点 O 的速度为 $\boldsymbol{v}_O$，如图 12-33 所示，若以 O 点为基点，则在与 $\boldsymbol{v}_O$ 垂直的直线上任一点 M 的速度为

$$\boldsymbol{v}_M = \boldsymbol{v}_O + \boldsymbol{v}_{MO}$$

由于 $\boldsymbol{v}_O$ 与 $\boldsymbol{v}_{MO}$ 在同一直线上但方向相反，故 $\boldsymbol{v}_M$ 的大小为

$$v_M = v_O - OM \cdot \omega$$

因 $\boldsymbol{v}_O$ 与 ω 大小一定，$\boldsymbol{v}_{MO}$ 的大小随 OM 的改变而改变，故可找到一点 C 使它满足 $OC = v_O/\omega$，于是 C 点的速度为

$$v_C = v_O - OC \cdot \omega = v_O - \frac{v_O}{\omega} \cdot \omega = 0$$

以上分析表明，每一瞬时都能而且只能找到一点速度为零，即刚体平面运动时，每一瞬时必有一点速度为零。该点称为瞬时速度中心，简称速度瞬心或瞬心。

若取速度瞬心 C 为基点，如图 12-34 所示，则平面图形上任一点的速度就等于该点绕瞬心转动的线速度。图中 A 和 B 点的速度分别为

$$v_A = CA \cdot \omega \qquad 且\ v_A \perp CA$$
$$v_B = CB \cdot \omega \qquad 且\ v_B \perp CB$$

即刚体作平面运动时，某瞬时任一点的速度都等于该点绕瞬心转动的速度。由此可见，刚体平面运动实际上是绕一系列瞬心轴作瞬时转动。所以瞬时速度中心也可称为瞬时转动中心。

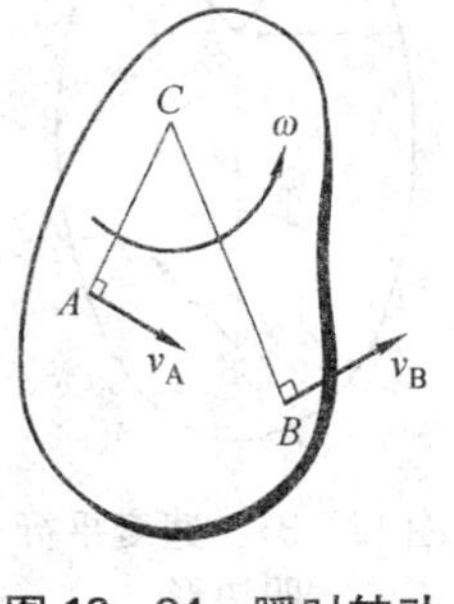

图 12-34 瞬时转动

下面介绍几种确定瞬心位置的方法：

(1) 如已知平面图形上两点 A 和 B 速度的方向，则通过这两点分别作速度 $\boldsymbol{v}_A$ 及 $\boldsymbol{v}_B$ 的垂线，得到的交点就是瞬心，如图 12-35a 所示。

(2) 如图 12-35b、c 所示，若 A、B 两点速度大小不等，其方向与 A、B 连线垂直，则瞬心位置可根据速度与其转动半径成正比的关系确定。

(3) 当平面图形沿一固定平面作无滑动的滚动时，如图 12-35d 所示，接触点 C 的速度为零，所以瞬心位置就是接触点 C。

必须指出，瞬心位置是不固定的，它的位置随时间变化而改变，即平面运动在不同的瞬时有不同的瞬心。瞬心的瞬时速度为零，瞬时加速度并不为零。

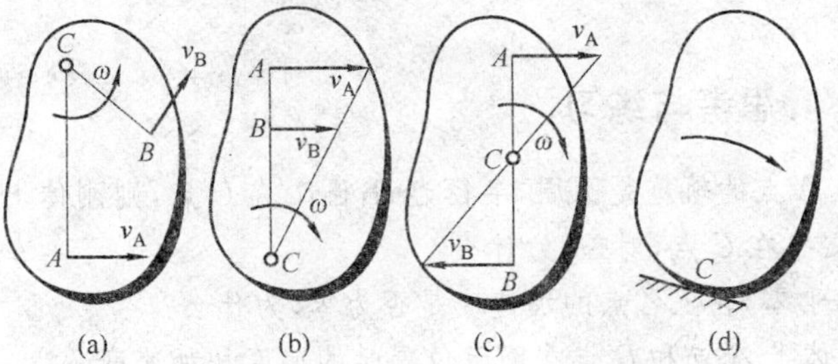

图 12-35　瞬心的确定

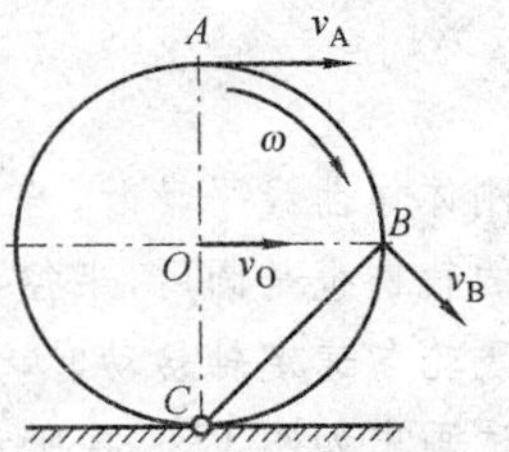

图 12-36　纯滚动的轮子

例 12-14　如图 12-36 所示车轮沿直线滚动而不滑动，车的速度为 $v_O = 20$ m/s，车轮的半径 $R = 0.5$ m，试求车轮的角速度 ω 以及 A 和 B 点的速度。

解　由于车轮只滚动不滑动，所以轮与轨道的接触点 C 就是瞬心。因

$$v_O = R \cdot \omega$$

所以

$$\omega = \frac{v_O}{R} = \frac{20}{0.5} = 40 \text{ rad/s} \quad (\text{顺时针转向})$$

轮缘上 A 和 B 点的速度分别为

$$v_A = CA \cdot \omega = 2R \cdot \omega = 2 \times 0.5 \times 40 = 40 \text{ m/s} \quad (\text{与 } OA \text{ 垂直})$$

$$v_B = CB \cdot \omega = \sqrt{2}R \cdot \omega = 1.41 \times 0.5 \times 40 \approx 28.3 \text{ m/s} \quad (\text{与 } CB \text{ 垂直})$$

例 12-15　如图 12-37 所示机构中，曲柄 OA 以角速度 ω_O 作顺时针方向转动。设 $OA = AB = r$，$BD = \sqrt{3}r$，试求当 O、B、C 在同一铅直线上时 B 点和 C 点的速度。

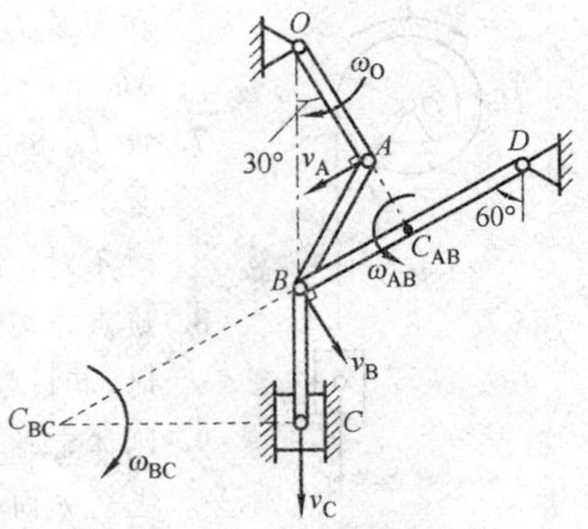

图 12-37　运动机构

解　(1) 分析运动。OA 杆和 BD 杆为定轴转动，$v_A \perp OA$，$v_B \perp BD$，AB 杆和 BC 杆作平面运动。

(2) 分别求 AB 杆和 BC 杆的瞬心。作 v_A 和 v_B 的垂线，其交点 C_{AB} 即为 AB 杆的瞬心。再作 v_B 和 v_C 的垂线，其交点 C_{BC} 即为 BC 杆的瞬心。

(3) 用速度瞬心法求解未知量。

① 求 B 点的速度，由图可知

$$C_{AB}A = AB \cdot \sin 30° = \frac{r}{2}$$

而杆 AB 的角速度为　$\omega_{AB} = \dfrac{v_A}{C_{AB}A} = \dfrac{r\omega_O}{r/2} = 2\omega_O$　(转向如图示)

由瞬心法得　$v_B = C_{AB}B \cdot \omega_{AB} = AB \cdot \cos 30° \cdot \omega_{AB} = r \times \dfrac{\sqrt{3}}{2} \times 2\omega_O = \sqrt{3}r\omega_O$　(方向如图示)

② 求 C 点的速度，由瞬心法得　$\omega_{BC} = \dfrac{v_B}{C_{BC}B}$

故 $v_C = C_{BC}C \cdot \omega_{BC} = \dfrac{C_{BC}C}{C_{BC}B}v_B = v_B \cdot \cos 30° = \sqrt{3}r\omega_O \times \dfrac{\sqrt{3}}{2} = \dfrac{3}{2}r\omega_O$　(方向如图示)

思考与练习

1. 刚体作曲线平动时，若已知刚体上A点的轨迹是圆周，半径为R，圆心在C点，则刚体上B点的轨迹也是圆周，半径也是R，圆心也在C点，对吗，为什么？

2. 飞轮匀速定轴转动时，角加速度等于零，轮上各点的加速度是否为零，为什么？

3. 试画出如图12－38所示各转动物体上A点和B点在图示位置时的速度和加速度。

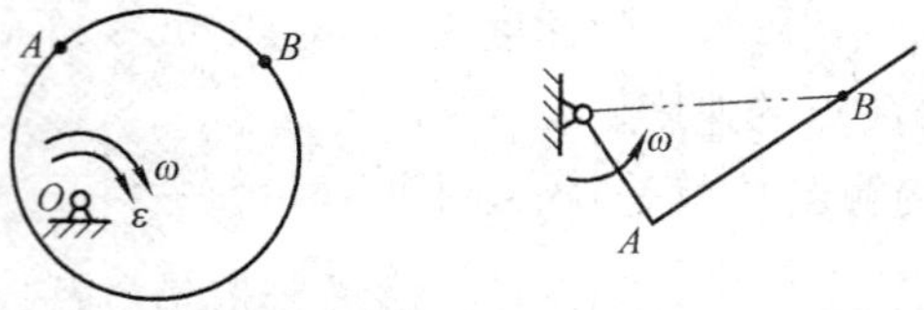

图12－38 转动物体

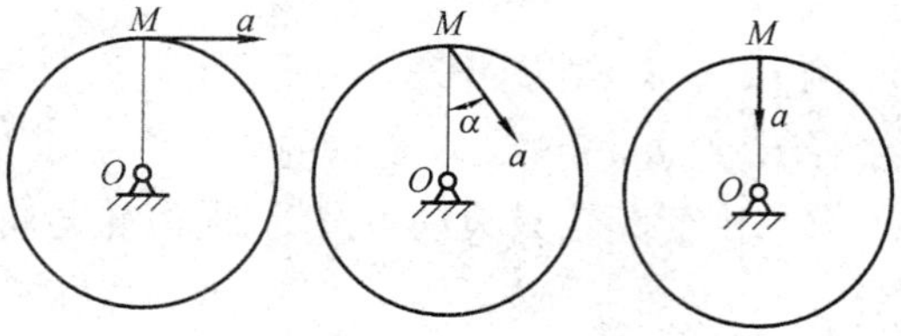

图12－39 定轴转动圆盘

4. 圆盘绕O作定轴转动。其边缘上一点M的加速度a如图12－39所示。试问三种情况圆盘的角速度ω和角加速度ε，哪个等于零，哪个不等于零？

5. 飞轮匀速转动时，若轮半径增大一倍，轮缘上点的速度和加速度是否都增大一倍；若转速增大一倍，边缘上点的速度和加速度是否增大一倍？

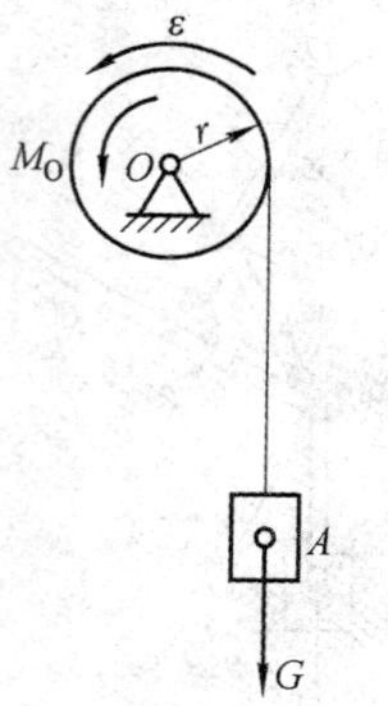

图12－40 提升重物的鼓轮

6. 鼓轮提升重物如图12－40所示。已知重物重量G，鼓轮对转轴O的转动惯量J_O，角加速度ε，鼓轮上作用转矩M_O，试问动力学方程能否写成$M_O - Gr = J_O\varepsilon$？

7. 设J_A和J_B分别是物体对通过A、B两点且互相平行的两轴的转动惯量。若物体质量为m，两轴相距为l，则$J_A = J_B + ml^2$（或$J_B = J_A + ml^2$），对不对，为什么？

8. 质点作匀速直线运动时，是否有惯性力？质点作匀速和变速圆周运动时，其惯性力如何确定？

9. 刚体定轴转动时，其惯性主矢应标注在什么位置（是重心上，还是转轴O上），方向如何确定，其惯性主矩的方向如何确定？

10. 选择动点和动系应注意哪些问题？

11. 判断下列说法是否正确：

(1) 牵连速度是动系相对静系的速度。

(2) 牵连速度是动系上任一点相对于静系的速度。

12. 点的速度合成定理公式$\boldsymbol{v}_a = \boldsymbol{v}_r + \boldsymbol{v}_e$，是否表示点的绝对速度的数值一定大于点的牵连速度和相对速度的数值，为什么？

13. 为什么平面运动刚体的转动角速度与基点的选择无关，而平面平动速度与基点的选择有关？

14. 平面图形绕瞬心的转动与定轴转动有何区别？

15. 判断如图12－41所示各平面图形上各点速度的分布是否可能。

16. 试分析如图12－42所示各连杆的瞬心。

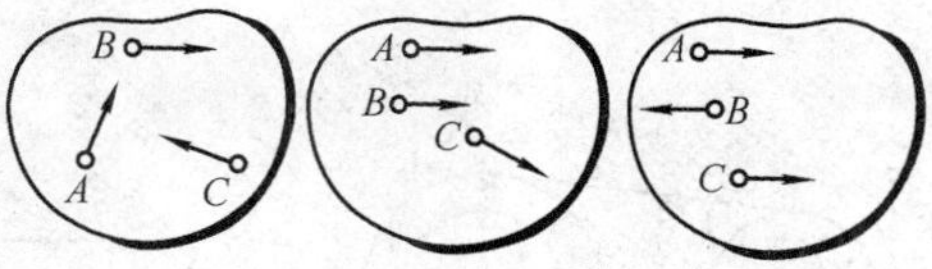

图 12-41 平面图形

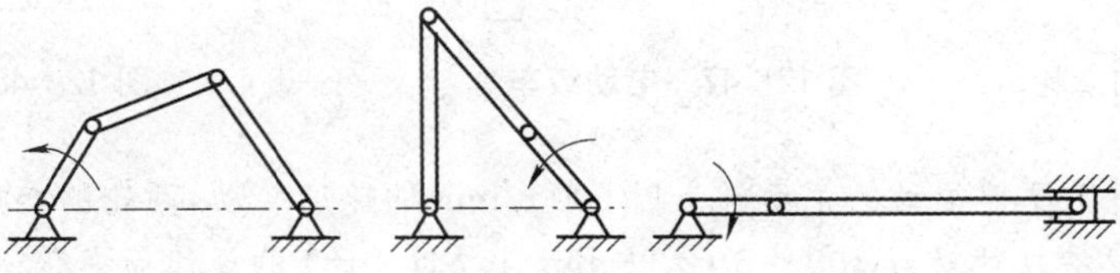

图 12-42 平面运动机构

17. 电动机在启动过程中,转子的转动方程为 $\varphi = 2\pi t^3$,其中 t 以 s 计,φ 以 rad 计。试求 $t = 3$ s 时转子的角速度和角加速度。

18. 车床最大切削速度 $v = 200$ m/s。如果车削工件的直径 $D_1 = 15$ mm,试问车床的最大转速是多少?又如工件直径 $D_2 = 1\ 200$ mm,则最大转速又是多少?

19. 如图 12-43 所示带轮边缘上一点 A 的速度 $v_A = 500$ mm/s,在轮缘内与 A 点在同一半径上的 B 点的速度 $v_B = 100$ mm/s,两点距离为 20 mm,试求带轮的角速度和直径。

20. 如图 12-44 所示四杆机构的尺寸为 $\overline{O_1A} = \overline{O_2B} = r = 0.2$ m,$\overline{O_1O_2} = \overline{AB}$。如 O_1 轮按 $\varphi = 10\pi t$ rad 的规律转动,试求当 $t = 0.5$ s 时杆 AB 上点 M 的速度和加速度。

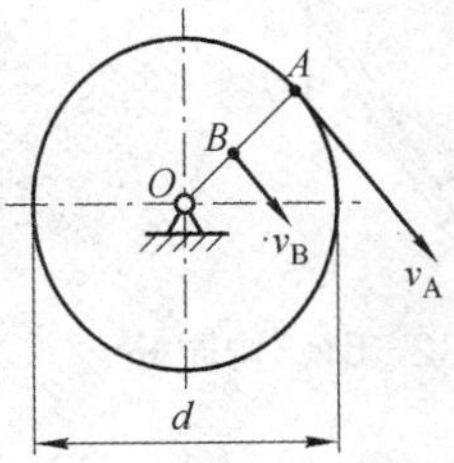

图 12-43 带轮

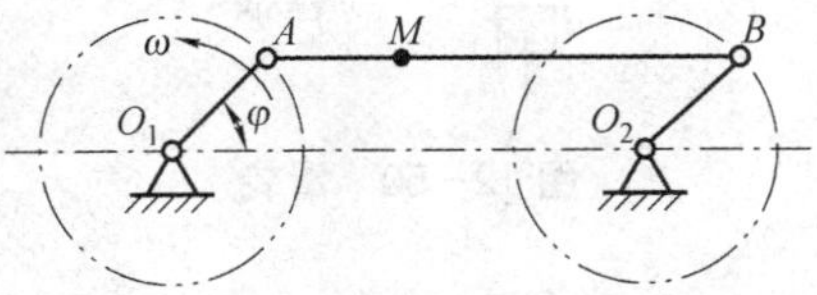

图 12-44 四杆机构

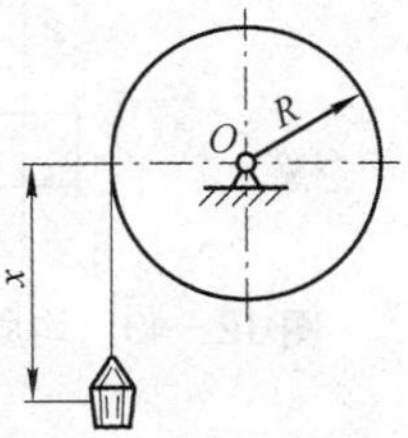

图 12-45 升降机装置

21. 如图 12-45 所示升降机装置由半径 $R = 0.5$ m 的鼓轮带动,被升降物体的运动方程为 $x = 6t^2$,式中 t 以 s 计,x 以 m 计。试求鼓轮的角速度和角加速度,并求任一瞬时轮缘上一点的全加速度。

22. 如图 12-46 所示两滑轮固结在一起,其半径分别为 $r = 100$ mm,$R = 200$ mm,A 和 B 两物体与滑轮以绳相连。设物体 A 按运动方程 $S = 500t^2$ 向下运动(S 以 mm 计,t 以 s 计),试求:①滑轮的转动方程及第二秒末大滑轮轮缘上一点的速度和加速度;②物体 B 的运动方程。

23. 如图 12-47 所示电动绞车由带轮Ⅰ、Ⅱ和鼓轮Ⅲ组成,鼓轮Ⅲ和带轮Ⅱ刚性地固连在同一轴上。已知 $r_1 = 0.3$ m,$r_2 = 0.9$ m 和 $r_3 = 0.5$ m。求当轮 Ⅰ 的转速 $n_1 = 200$ r/min 时重物 Q 上升的速度。

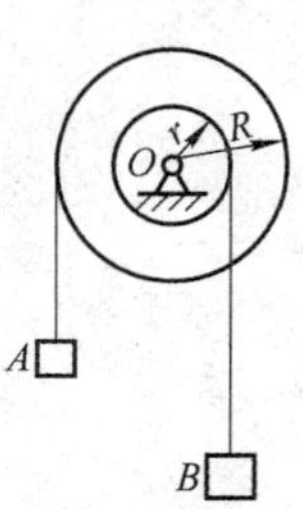

图 12-46 两固结的滑轮

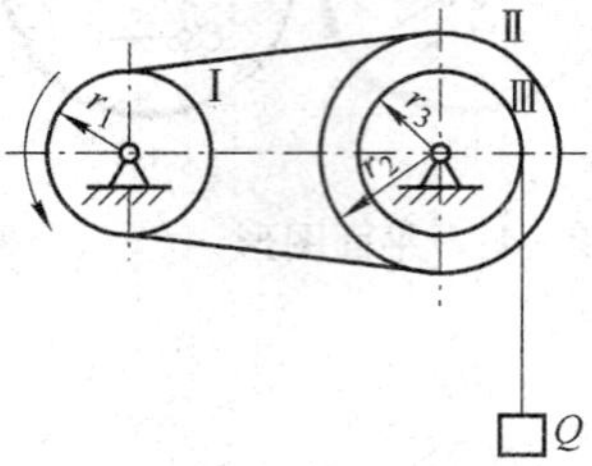

图 12-47 电动绞车

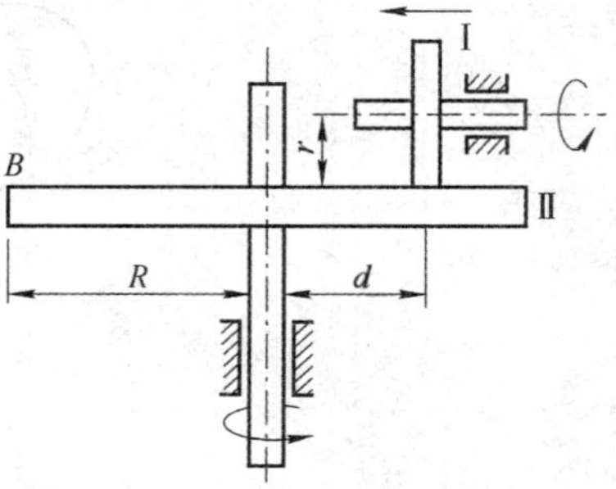

图 12-48 摩擦传动

24. 如图 12-48 所示摩擦传动的主动轴Ⅰ以 600 r/min 的速度转动，两轮的接触点按箭头所指方向移动，距离 d 按规律 $d=100-5t$(d 以 mm 计，t 以 s 计) 的规律而变化。已知两轮的半径分别是 $r=50$ mm 和 $R=150$ mm，求：①以距离的函数表示的轮Ⅱ的角加速度；②当 $d=r$ 时，轮Ⅱ边缘上一点 B 的全加速度。

25. 如图 12-49 所示均质圆盘质量 $m_1=30$ kg，直径 $d=600$ mm，用绳悬挂质量 $m_2=20$ kg 的物体 A。试求重物下落时的加速度。

26. 如图 12-50 所示均质圆盘形滑轮的质量为 10 kg，半径为 0.25 m，其上作用转矩 $M=10$ N·m。绳两端悬挂重物 A 和 B，其质量分别为 $m_A=20$ kg，$m_B=10$ kg。不计轴承的摩擦和绳的质量，试求滑轮的角加速度及重物 B 的加速度。

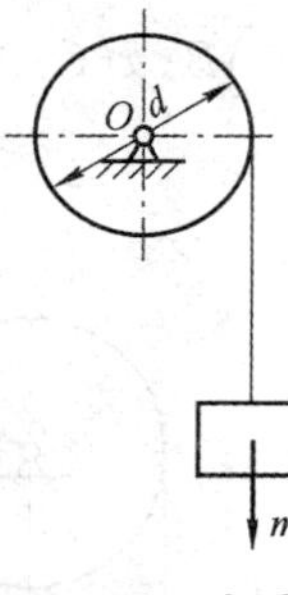

图 12-49 均质圆盘

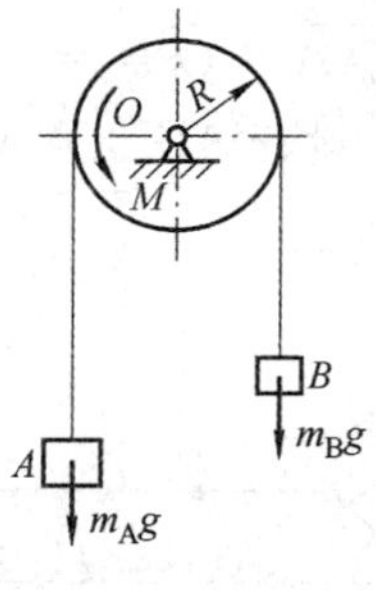

图 12-50 滑轮

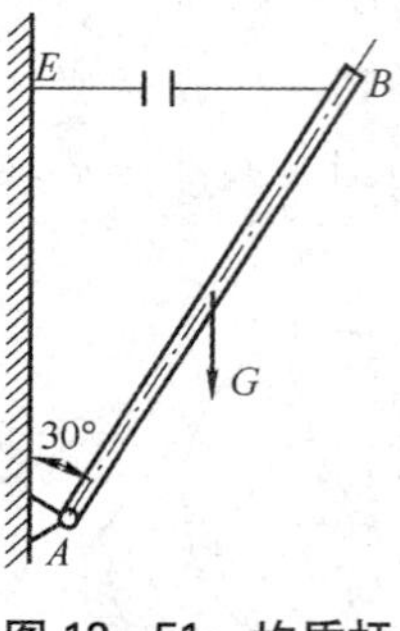

图 12-51 均质杆

27. 如图 12-51 所示匀质杆 AB 长为 l，重为 G，A 点为固定铰链，AB 与铅直墙成 30°角。求当绳 BE 被割断的瞬时，杆 AB 的角加速度。

28. 卷扬机如图 12-52 所示，轮 B、C 的半径分别为 R 和 r，对水平转动轴的转动惯量分别为 J_1 和 J_2，物体 A 重 G。设在轮 C 上作用一常力矩 M，试求物体 A 上升的加速度。

29. 如图 12-53 所示电动绞车提升一质量为 m 的物体，在其主动轴上有一不变的力矩 M。已知主动轴与从动轴和连同装在这两轴上的齿轮对转动轴的转动惯量分别为 J_1 和 J_2，转速比 $z_2/z_1=i$，吊索缠在半径为 R 的鼓轮上。设轴承摩擦以及吊索质量均略去不计，求重物的加速度。

30. 如图 12-54 所示摆锤在竖直平面内绕 O 点自由摆动。摆杆 OA 重 G，长 l，在摆杆端点 A 刚性连接着圆盘，圆盘重 $4G$、半径为 r，已知 $l=3r$。试求图示位置 $\theta=45°$ 时，摆杆的角加速度 ε。

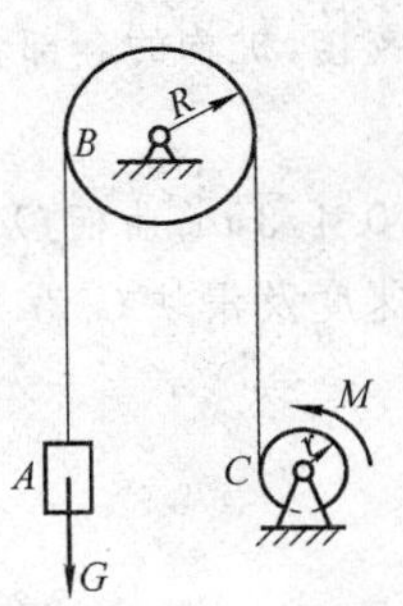

图 12-52　卷扬机

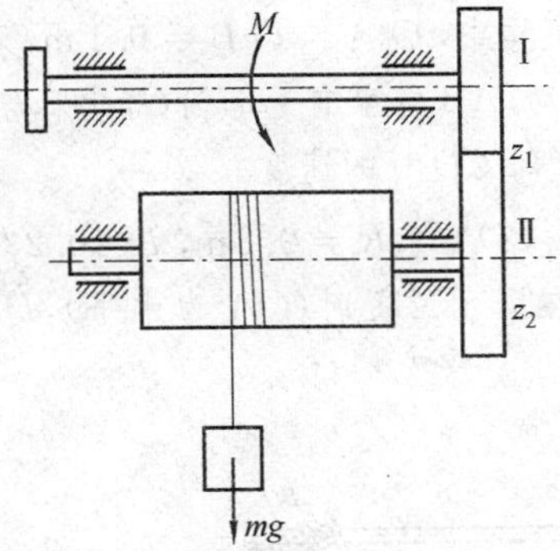

图 12-53　电动绞车

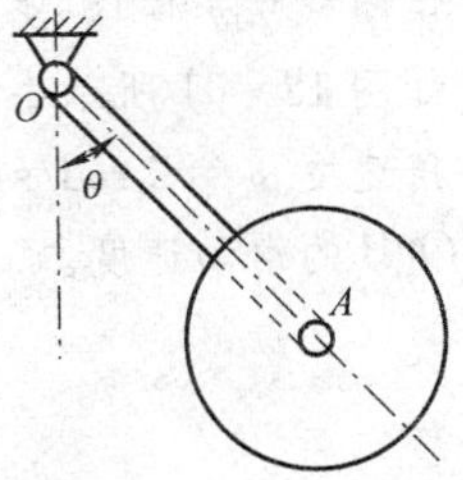

图 12-54　摆锤

31. 如图 12-55 所示物体的质量为 m，放在匀速转动的水平台上，它与转台表面的摩擦系数为 f，物体距转轴的距离为 r。求转台转动时，物体不会滑动的最大转速。

32. 如图 12-56 所示质量为 20 kg 的砂轮，因安装不正，使重心偏离转轴 $e=0.2$ mm。试求当转速 $n=3\,000$ r/min 时作用于轴承 A 和 B 的附加动反力。

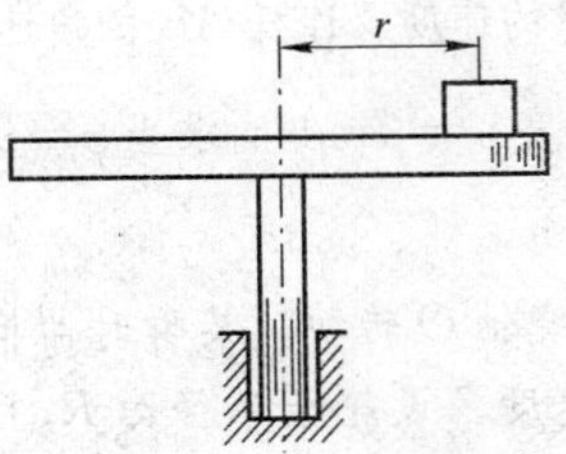

图 12-55　转台

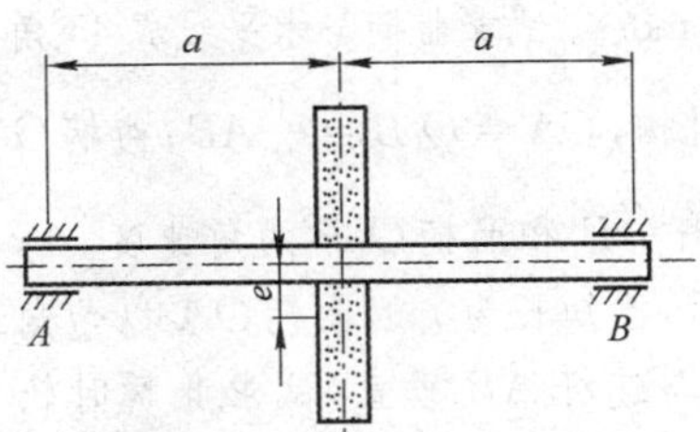

图 12-56　偏心砂轮

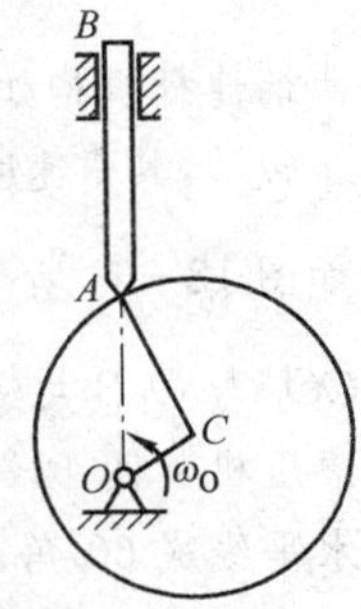

图 12-57　偏心凸轮

33. 如图 12-57 所示偏心凸轮的偏心 $OC=e$，半径 $AC=R=\sqrt{3}e$，以匀角速度 ω_0 绕 O 轴转动。图示位置时，$OC\perp CA$，求从动杆的速度。

34. 如图 12-58 所示杆 OA 长 l，由推杆 BCD 推动而在图面内绕点 O 转动。假定推杆的速度 v 向左，弯头的高度是 b。求当 $OC=x$ 时杆端 A 的速度大小(可表示为距离 x 的函数)。

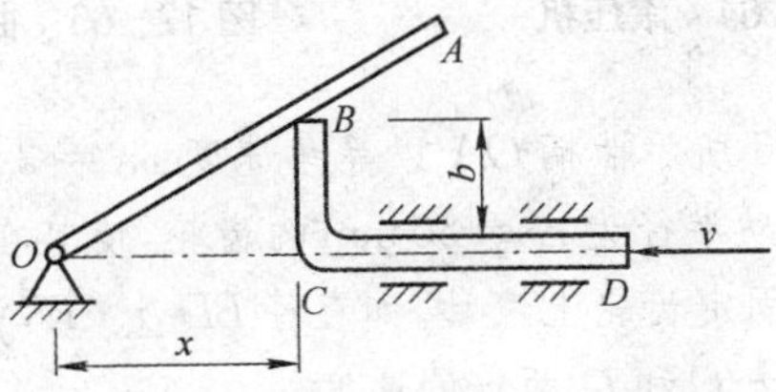

图 12-58　推杆

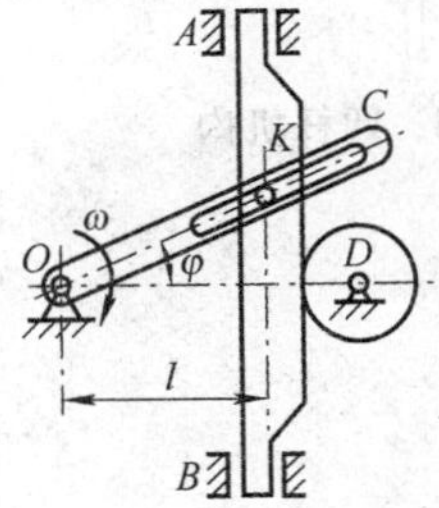

图 12-59　摇杆

35. 如图 12-59 所示摇杆 OC 绕 O 轴转动，经过固定在齿条 AB 上的销子 K 带动齿条上下平动，而齿条又带动半径为 0.1 m 的齿轮 D 绕固定轴转动。如 l 等于 0.4 m，摇杆的角速度 $\omega=0.5$ rad/s，求当 $\varphi=30^\circ$ 时齿轮的角速度。

36. 如图 12-60 所示铰接四边形机构中，$O_1A = O_2B = 0.1\ \text{m}$，又 $O_1O_2 = AB$，并且杆 O_1A 以等角速度 $\omega = 2\ \text{rad/s}$ 绕 O_1 轴转动。AB 杆上有一套筒 C，此筒与 CD 杆相铰接，机构的各部件都在同一铅垂面内。求当 $\varphi = 60°$ 时 CD 杆的速度。

37. 如图 12-61 所示牛头刨床机构，$OA = R = 0.2\ \text{m}$，$l = 0.2\sqrt{3}\ \text{m}$，$L = 0.4\sqrt{3}\ \text{m}$；曲柄 OA 以角速度 $\omega = 2\ \text{rad/s}$ 转动。求在图示位置时（OA 为水平），DE 的移动速度及滑块 C 沿导杆 O_1B 的滑动速度。

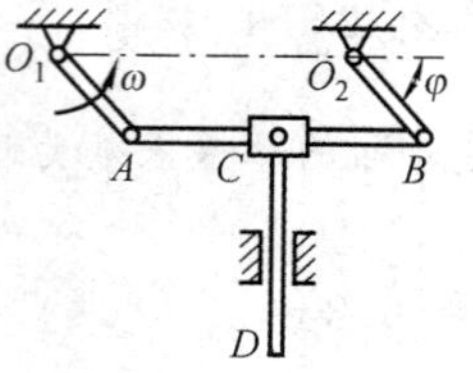

图 12-60 铰接四杆机构

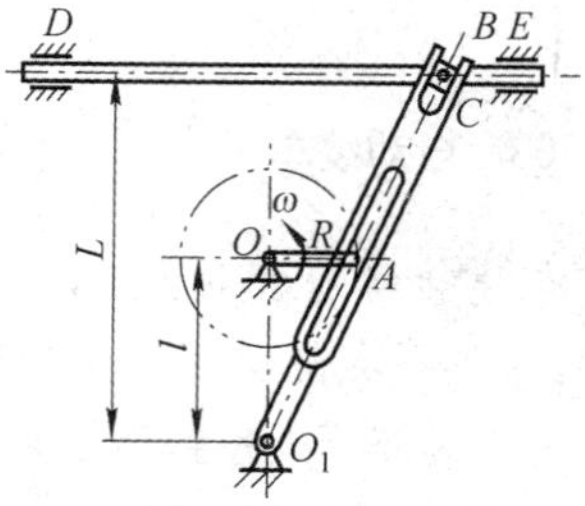

图 12-61 牛头刨床

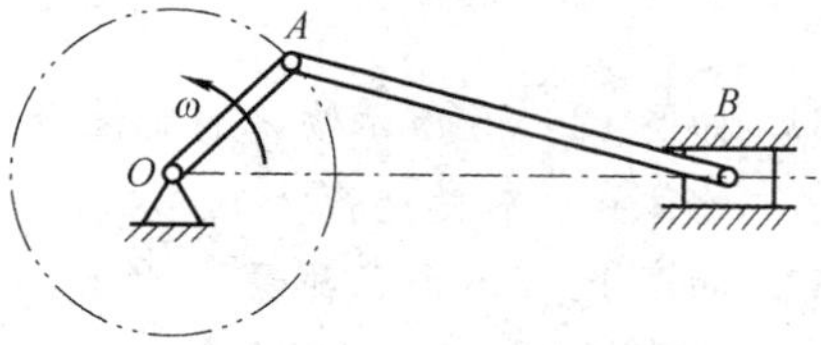

图 12-62 曲柄连杆机构

38. 曲柄连杆机构如图 12-62 所示，已知曲柄 $OA = 400\ \text{mm}$，连杆 $AB = 1\,000\ \text{mm}$。曲柄绕 O 轴匀速转动，其角速度 $\omega = 4\ \text{rad/s}$。试求曲柄与水平线成 45°角时滑块 B 的速度及连杆 AB 的角速度。

39. 如图 12-63 所示四杆机构，$OA = O_1B = \dfrac{1}{2}AB$；曲柄 OA 的角速度 $\omega = 3\ \text{rad/s}$。求当 $\varphi = 90°$，OO_1 与 O_1B 共线时，连杆 AB 和曲柄 O_1B 的角速度。

40. 滚压机如图 12-64 所示，已知长为 r 的曲柄 OA 以匀角速度 ω_O 绕轴 O 转动。某瞬时曲柄与水平线成 60°角，且正好与连杆 AB 垂直，试求此瞬时轮子的角速度。设轮子半径为 R，且在水平直线上作无滑动的滚动。

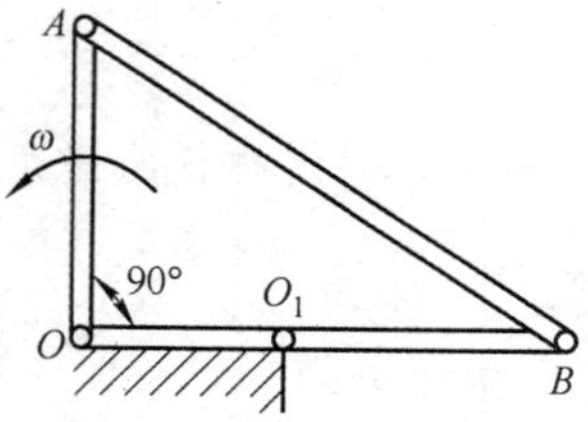

图 12-63 四杆机构

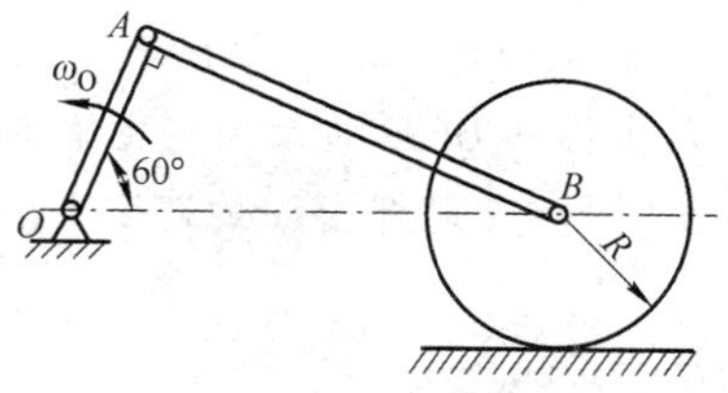

图 12-64 滚压机

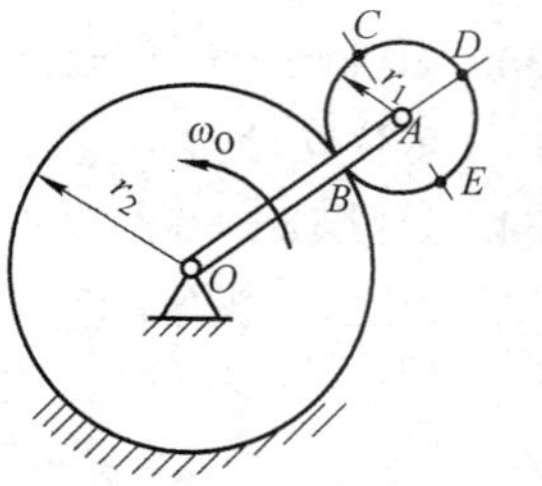

图 12-65 曲柄、齿轮机构

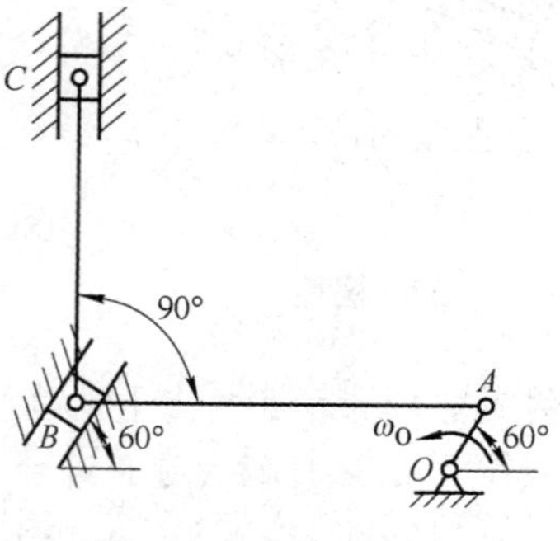

图 12-66 配气机构

41. 如图 12-65 所示曲柄 OA 以等角速度 $\omega_O = 3\ \text{rad/s}$ 绕 O 轴转动，并带动半径为 $r_1 = 50\ \text{mm}$ 的齿轮，使其在半径为 $r_2 = 150\ \text{mm}$ 的固定齿轮上滚动。如直径 $BD \perp CE$，BD 与 OA 共线，求齿轮上 C 和 D 两点的速度。

42. 配气机构如图 12-66 所示，已知曲柄 OA 长为 r，以匀角速度 ω_O 绕轴 O 转动，$AB = 6r$，$BC = 3\sqrt{3}r$，试求此机构在图示位置时滑块 C 的速度。

第十三章 动能定理

【学习目标】

1. 掌握常见力功的计算方法。
2. 理解质点及质点系的动能，应用动能定理解决实际问题。
3. 了解功率概念并会计算功率。

为了解决工程上的动力学问题，前面讨论了动力学基本定律；质点运动微分方程；以及刚体绕定轴转动的动力学基本方程。对某些工程动力学问题，用以上方法可以方便地解决。在动力学分析中可知，物体运动状态的变化和外力的机械作用是分不开的，它们之间的转换关系可用动能定理来揭示。动能定理不仅能揭示机械运动转化为其他运动形式的规律，而且动能定理也是解决动力学问题的另外一种行之有效的计算方法。

第一节 常见力的功

一、不变力的功

设质点 M 在不变力(大小和方向都不变的力)$\boldsymbol{F}$ 作用下沿直线运动，如图 13-1 所示。α 表示力和运动方向的夹角，$\boldsymbol{S}$ 表示位移。将力 $\boldsymbol{F}$ 沿速度方向和垂直于速度方向分解为分力 $\boldsymbol{F}_x$ 和 $\boldsymbol{F}_y$，因质点是沿水平方向运动，故只有水平分力 $\boldsymbol{F}_x$ 才使质点改变运动状态，垂直分力 $\boldsymbol{F}_y$ 对质点的水平运动没有影响。因此，把力 $\boldsymbol{F}$ 在速度方向的投影 $F\cos\alpha$ 与位移 S 的乘积，称为力 $\boldsymbol{F}$ 在位移 $\boldsymbol{S}$ 上对质点所作的功。以 W 表示，即

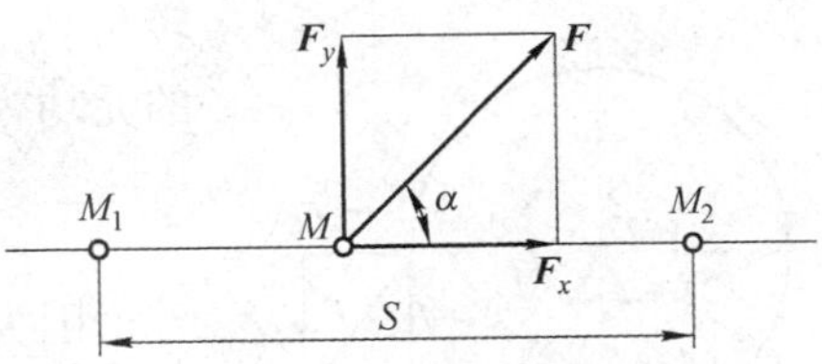

图 13-1 不变力作功

$$W = F\cos\alpha \cdot S \tag{13-1}$$

由式(13-1)可以看出：当 $\alpha < 90^\circ$ 时，力作正功；当 $\alpha > 90^\circ$ 时，力作负功；$\alpha = 90^\circ$ 时，力不作功。可见，功是代数量。

功的单位是力的单位与长度单位的乘积，在我国《量和单位》国家标准中为牛[顿]米(N·m)，称为焦耳(J)。

物理学中讨论过重力的功可视为不变力的功。如重为 G 的物体沿曲线由位置 A 运动到

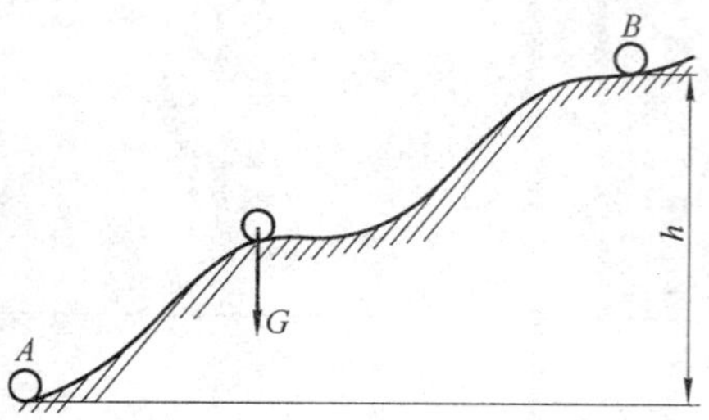

图 13-2 重力作功

位置B，其位置高度差为h，如图 13-2 所示，重力G在这段路程上所作的功为

$$W = \pm Gh \tag{13-2}$$

式(13-2)说明：重力的功等于物体重力与重心始末位置高度差的乘积，与物体运动的轨迹无关。重物由高至低作正功；反之，由低至高作负功。

二、变力的功

设质点M在变力$\boldsymbol{F}$（大小变化或方向变化或两者都变化的力）作用下沿曲线M_1M_2运动，如图 13-3 所示。若求力$\boldsymbol{F}$在路程$S=\widehat{M_1M_2}$上所作的功，可将路程S分成无限多个小微段dS，可以视dS为直线且在微段内近似地把F看做常力。于是，力在此微段路程上所作的功称为元功，即

$$dW = F\cos\alpha dS$$

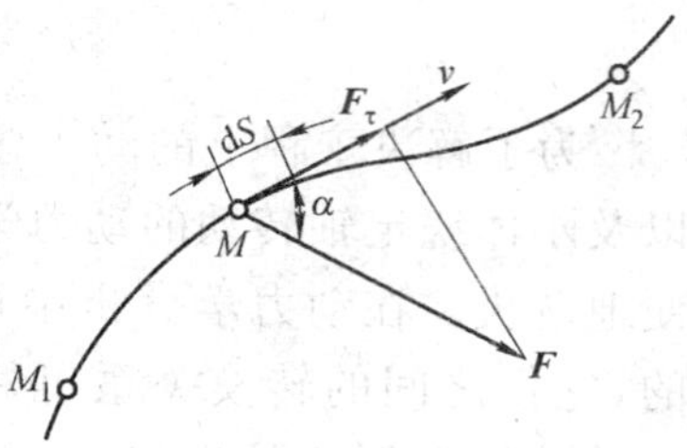

图 13-3 变力作功

式中 α——力F与轨迹切线方向的夹角。

变力$\boldsymbol{F}$在整个路程S上对质点所作的功等于此路程内所有元功的总和，即

$$W = \int_0^S F\cos\alpha dS \tag{13-3}$$

式(13-3)表明，变力在曲线路程上所作的功等于其切向分力的元功沿路程的积分。

工程上经常遇到变力作功的问题，分述如下。

1. 作用在定轴转动刚体上力的功

如图 13-4 所示，设刚体绕定轴O转动，力$\boldsymbol{F}$作用于刚体上的A点，若刚体转动一微小转角$d\varphi$时，则点A有微小位移$dS=rd\varphi$，于是力$\boldsymbol{F}$在位移dS中的元功为

$$dW = F_\tau \cdot dS = F\cos\alpha dS = F_\tau \cdot r \cdot d\varphi$$

因为$F_\tau \cdot r$等于力F对于转轴O的力矩M_O，所以$dW = M_O d\varphi$当物体绕O轴转过φ角时，力F的总功为

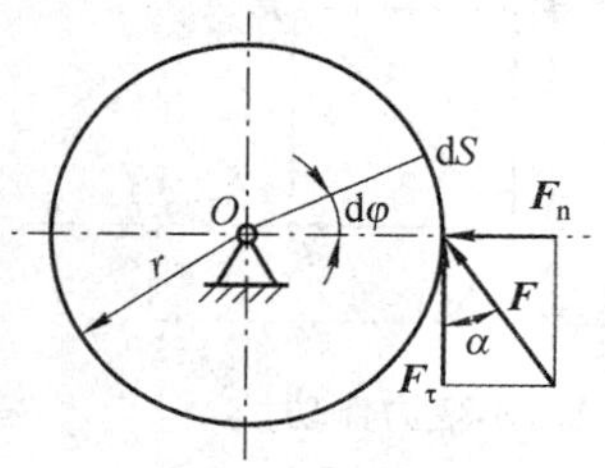

图 13-4 力矩的功

$$W = \int_0^\varphi M_O d\varphi \tag{13-4}$$

于是可得结论：**当物体绕定轴转动时，作用在物体上的力所作的功，等于该力对转轴之矩对物体转角的积分。**

若力矩M_O为常量时，则

$$W = M_O\varphi \tag{13-5}$$

当力矩与物体转向相同时，力矩作正功；反之为负功。式中φ的单位为弧度(rad)，力矩

功的单位也是焦耳(J)。

2. 弹性力的功

如图 13-5 所示弹簧，一端固定，另一端系住作水平直线运动的物块 M(可简化为质点)。设弹簧原长为 l_O，刚性系数为 C(N/m)。弹簧处于原长时质点所在的位置 O 称为平衡位置。当质点偏离平衡位置使弹簧产生拉伸或压缩时，弹簧将对质点作用一弹性力 $\boldsymbol{F}$，此力企图使质点回复到平衡位置，因此弹性力的方向恒指向平衡位置 O，即弹性力的方向与伸长(或缩短)的方向总是相反。当弹簧的变形在弹性范围内时，由物理学知，弹性力的大小与弹簧的变形量成正比，即

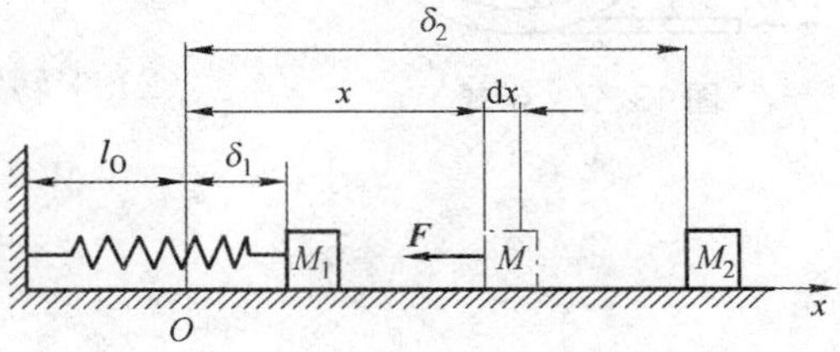

图 13-5　弹性力作功

$$F = -Cx$$

若求质点从 M_1 位置运动到 M_2 位置时弹性力 F 所作的功，可取弹簧的平衡位置 O 为坐标原点，在距原点 x 处取微段 $\mathrm{d}x$，则弹性力在微小位移 $\mathrm{d}x$ 内的元功为

$$\mathrm{d}W = -Cx \cdot \mathrm{d}x$$

因此，质点从 M_1 位置到 M_2 位置，弹性力所作的功为

$$W = \int_{\delta_1}^{\delta_2} -Cx \cdot \mathrm{d}x = \frac{1}{2}C(\delta_1^2 - \delta_2^2) \tag{13-6}$$

故弹性力的功等于弹簧初变形平方与末变形平方之差乘以弹簧刚性系数一半。当初变形大于末变形时，功为正；当初变形小于末变形时，功为负。弹性力的功只与弹簧的始末变形有关，而与质点运动的轨迹形状和路程长度无关。

例 13-1　原长 $l_O = 200$ mm，刚性系数 $C = 5$ N/mm 的弹簧，一端固定在 O 点，另一端在 B 点，如图 13-6 所示，且 $AC \perp BC$，$R = 200$ mm。若把该弹簧由 B 点拉至 A 点，求弹性恢复力所作的功。

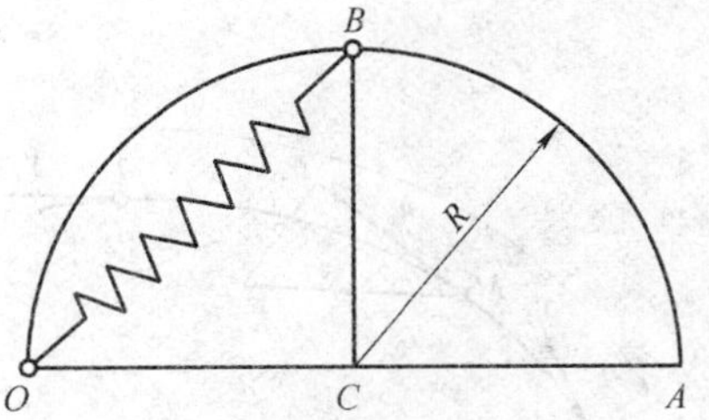

图 13-6　弹簧变形

解　因弹簧原长为 l_O，故弹簧在 B 位置时的变形量即为初变形 δ_1，由 B 拉至 A 位置时，其变形为末变形 δ_2。注意初、末变形均相对于原长 l_O 而言的。

(1) 求 δ_1 和 δ_2，由几何关系知：

$$\delta_1 = OB - l_O = 200\sqrt{2} - 200 = 82.8 \text{ mm}$$
$$\delta_2 = OA - l_O = 400 - 200 = 200 \text{ mm}$$

(2) 求弹簧由 B 拉至 A 时恢复力所作的功：

$$W = \frac{1}{2}C(\delta_1^2 - \delta_2^2) = \frac{1}{2} \times 5 \times (82.8^2 - 200^2) \approx -82\,860.4 \text{ N}\cdot\text{mm} \approx -82.86 \text{ J}$$

例 13-2　如图 13-7 所示带轮半径 $R = 200$ mm，两边带的拉力分别为 $T_1 = 1\,000$ N，

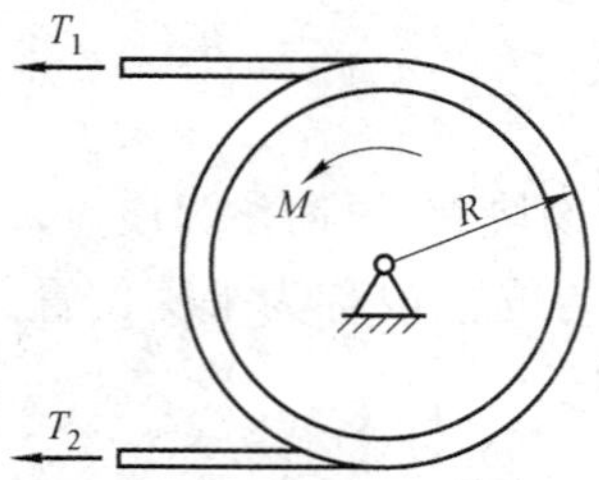

图 13-7　带轮

$T_2=500$ N。试求作用在带轮上的转矩使轮子转动一圈时所作的功。

解　(1) 求作用在带轮上的转矩：

$$M=(T_1-T_2)R=(1\,000-500)\times 200$$
$$=10^5\ \text{N}\cdot\text{mm}=10^2\ \text{N}\cdot\text{m}$$

(2) 求转矩使轮子转动一周所作的功：

$$W=M\varphi=M2\pi=10^2\times 2\times 3.14=628\ \text{J}$$

第二节　质点的动能定理

一、质点的动能

由物理学知，一切运动着的物体都具有一定的能量。例如，高速飞行的子弹能击穿钢板而作功；运动的汽锤能改变锻件的形状而作功。这种由于物体以一定速度运动而具有的能量称为动能。实践表明，物体的质量越大，速度越高，其动能就越大。可见，动能是一个与质量和速度有关的物理量。它的大小等于质点的质量与其速度平方乘积的一半，若用 T 表示动能，则

$$T=\frac{1}{2}mv^2 \tag{13-7}$$

动能是恒为正值的标量，其单位与功的单位相同。即

千克·米²/秒²($\text{kg}\cdot\text{m}^2/\text{s}^2$)＝牛[顿]·米($\text{N}\cdot\text{m}$)＝焦耳(J)

二、质点的动能定理

设质量为 m 的质点 M，在力 $\boldsymbol{F}$ 作用下沿曲线运动，如图 13-8 所示。t_1 时刻，质点在 M_1 位置，速度为 $\boldsymbol{v}_1$；t_2 时刻，质点运动到 M_2，速度为 $\boldsymbol{v}_2$，质点沿曲线走过的路程 $S=\widehat{M_1M_2}$。

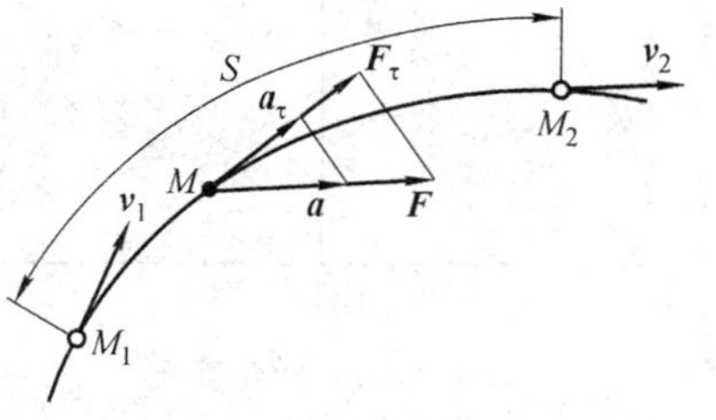

图 13-8　质点的动能定理

根据动力学基本方程

$$m\boldsymbol{a}=\boldsymbol{F}$$

将此矢量式向轨迹的切线方向投影得

$$ma_\tau=F_\tau$$

即
$$m\frac{\mathrm{d}v}{\mathrm{d}t}=F_\tau$$

两侧同乘以 dS 得　$m\dfrac{\mathrm{d}v}{\mathrm{d}t}\cdot\mathrm{d}S=F_\tau\cdot\mathrm{d}S$　或写成　$mv\mathrm{d}v=F_\tau\cdot\mathrm{d}S$

因
$$mv\mathrm{d}v=\mathrm{d}\left(\frac{1}{2}mv^2\right)\qquad F_\tau \mathrm{d}S=\mathrm{d}W$$

所以
$$\int_{v_1}^{v_2}\mathrm{d}\left(\frac{1}{2}mv^2\right)=\int_0^W \mathrm{d}W \tag{13-8}$$

将式(13-8)两边积分得

$$\frac{1}{2}mv_2^2-\frac{1}{2}mv_1^2=W \tag{13-9}$$

式(13-9)表明，**在任一路程中质点动能的变化，等于作用在质点上的力在同一段路程上所作的功**。这就是质点的动能定理，它表明了质点机械运动中，功与动能相互转化的关系。

由式(13-9)可知，力作正功，则使质点的动能增加；力作负功，则使质点的动能减少；力不作功，则质点的动能保持不变。

例 13-3　如图 13-9 所示摆锤重 $G=500$ N，摆杆 OM 长 $l=1$ m，不计摆杆的重量和摩擦，试求要使摆锤摆动的最大角 $\theta=60°$，摆锤在最低点 M 位置时应具有多大的速度。

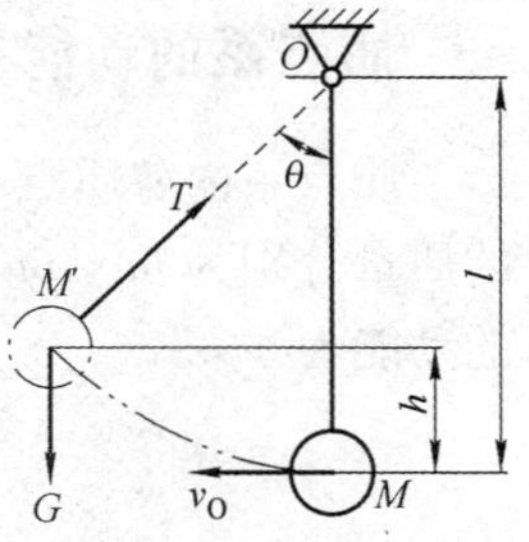

图 13-9　摆锤

解　取摆锤为研究对象。它在运动过程中受重力 G 和拉力 T 作用。因摆锤运动时拉力 T 方向无位移，故力 T 不作功，只有重力 G 才作功。设摆锤在最低点时的速度为 v_O，到达最高点时速度为零。因此，由质点的动能定理 $\frac{1}{2}mv_2^2-\frac{1}{2}mv_1^2=W$，可得

$$0-\frac{1}{2}\frac{G}{g}v_O^2=-Gh$$

由图可知
$$h=l-l\cos\theta=1-1\times\cos 60°=0.5\ \mathrm{m}$$

所以
$$v_O=\sqrt{2gh}=\sqrt{2\times 9.8\times 0.5}=3.13\ \mathrm{m/s}$$

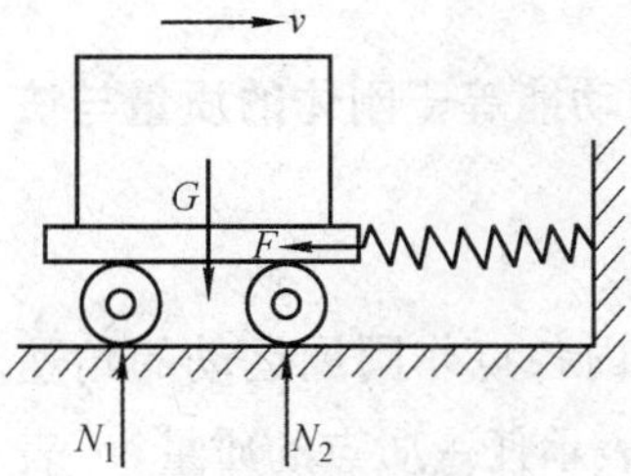

图 13-10　小车撞击弹簧

例 13-4　重力为 $G=1\,000$ N 的小车，以 $v=3$ m/s 的速度碰到缓冲弹簧上，如图 13-10 所示。设弹簧的刚性系数 $C=100$ N/mm，不计车轮与地面的摩擦，试求弹簧的最大压缩变形及其所受的最大冲击力 $F_{\max}$。

解　取小车为研究对象。作用于小车上的力有重力 G，地面的法向反力 N_1 与 N_2 和弹性力 F。

小车刚碰到缓冲器时，车速为 $v_1=3$ m/s，动能为 $\frac{1}{2}mv_1^2$，弹簧未受压缩，$\delta_1=0$。到终了位置时，车速减为零 $v_2=0$，动能亦为零，弹簧压缩量最大，记作 $\delta_{\max}$。

重力 G、支反力 N_1 和 N_2 与小车运动方向垂直，故不作功，只有弹性力作功，其值为

$$W=\frac{1}{2}C(\delta_1^2-\delta_{\max}^2)=-\frac{C}{2}\delta_{\max}^2$$

由质点的动能定理可得
$$0-\frac{1}{2}\frac{G}{g}v_1^2=-\frac{1}{2}C\delta_{\max}^2$$

由此求得 $$\delta_{max}=v_1\sqrt{\frac{G}{Cg}}=3\,000\sqrt{\frac{1\,000}{100\times 9\,800}}=95.8\ \text{mm}$$

$$F_{max}=C\delta_{max}=100\times 95.8=9\,580\ \text{N}$$

由冲击力的计算式 $F_{max}=C\delta_{max}=v\sqrt{\frac{CG}{g}}$ 可以看出，当物重 G 和冲击速度 v 保持不变时，弹簧的刚性系数越小(即弹簧越软)，它所受的冲击力越小，反之则越大。因此，在工程中，常采用刚性系数较小的弹簧作为缓冲弹簧使用。

第三节　质点系的动能和动能定理

一、质点系的动能

质点系内各质点动能的总和，称为质点系的动能。若一质点系由 n 个质点组成，各质点的质量分别为 m_1，m_2，…，m_n，在某瞬时的速度分别为 v_1，v_2，…，v_n，则此质点系在该瞬时的动能为

$$T=\frac{1}{2}m_1v_1^2+\frac{1}{2}m_2v_2^2+\cdots+\frac{1}{2}m_nv_n^2=\sum\frac{1}{2}m_iv_i^2 \tag{13-10}$$

刚体是不变质点系，下面分别来计算刚体平动、定轴转动和平面运动时的动能。

1. 刚体平动时的动能

刚体平动时，因同一瞬时体内各点的速度均相同，若以 v_C 表示质心速度，则其动能为

$$T=\sum\frac{1}{2}m_iv_i^2=\frac{1}{2}v_C^2\sum m_i=\frac{1}{2}Mv_C^2 \tag{13-11}$$

式中　M——整个刚体的质量。

式(13-11)表明：**平动刚体某瞬时的动能等于刚体的质量与该瞬时质心速度平方乘积的一半。**

2. 定轴转动刚体的动能

刚体绕定轴转动时，在同一瞬时，体内各点作圆周运动的角速度 ω 均相同，如图 13-11 所示，若以 m_i 表示任一质点的质量，v_i 表示质点该瞬时的速度，质点至转轴 z 的距离为 r_i。因 $v_i=r_i\omega$，则刚体在该瞬时的动能为

$$T=\sum\frac{1}{2}m_iv_i^2=\frac{1}{2}\sum m_i(r_i\omega)^2=\frac{1}{2}\sum m_ir_i^2\omega^2=\frac{1}{2}J_z\omega^2$$

式中　J_z——刚体对 z 轴的转动惯量，其值等于 $\sum m_ir_i^2$，故

$$T=\frac{1}{2}J_z\omega^2 \tag{13-12}$$

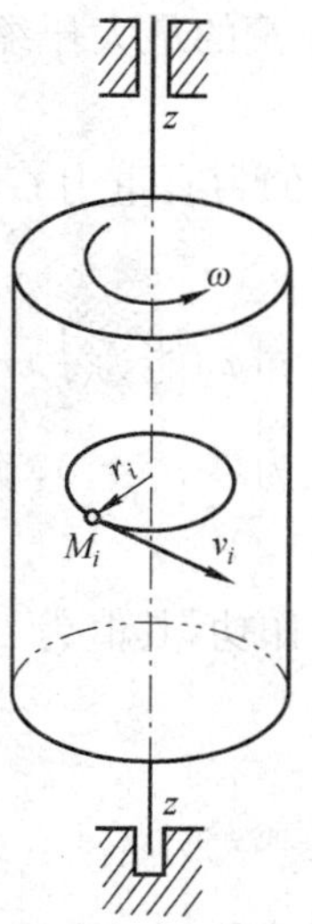

图13-11　定轴转动刚体

式(13-12)表明，**定轴转动刚体的动能等于刚体对转轴的转动惯量与该瞬时角速度平方乘积的一半。**

3. 平面运动刚体的动能

由刚体平面运动分析可知，刚体作平面运动时，可视为刚体以瞬时角速度 ω 绕速度瞬心转动，如图 13-12 所示。若已知平面运动刚体某瞬时的速度瞬心 P 和绕瞬心转动的角速度为 ω，则刚体平面运动的动能

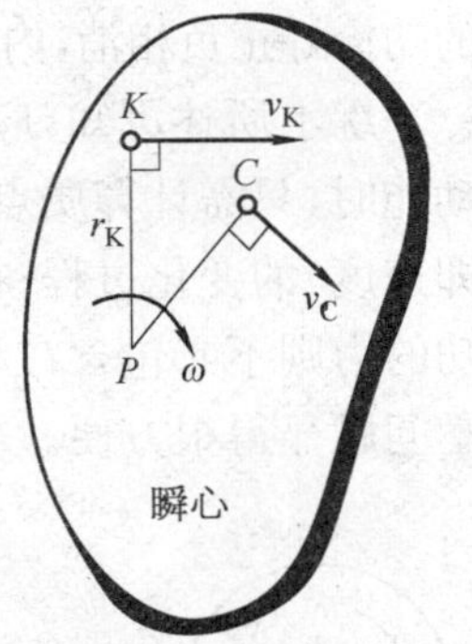

图 13-12　平面运动刚体

$$T=\frac{1}{2}J_P\omega^2 \tag{13-13}$$

式中　J_P——刚体对瞬轴(通过瞬心并与运动平面相垂直的轴)的转动惯量。

因速度瞬心的位置随时间而变，J_P 不易直接计算，通常将式(13-13)改写为另一形式。根据转动惯量的平行轴定理，则有

$$J_P=J_C+Mr_C^2 \tag{13-14}$$

代入式(13-13)得

$$T=\frac{1}{2}J_P\omega^2=\frac{1}{2}(J_C+Mr_C^2)\omega^2=\frac{1}{2}J_C\omega^2+\frac{1}{2}M(r_C\omega)^2$$

因 $r_C\omega=v_C$，故得

$$T=\frac{1}{2}Mv_C^2+\frac{1}{2}J_C\omega^2 \tag{13-15}$$

即平面运动刚体的动能等于刚体随同质心平动的动能和绕质心转动的动能之和。

二、质点系的动能定理

质点的动能定理对于质点系中每个质点都适用。设一质点系在力系作用下由位置 1 运动到位置 2，取其中任一质点 M_i 来研究，由式(13-9)可得

$$\frac{1}{2}m_iv_{i2}^2-\frac{1}{2}m_iv_{i1}^2=W_i$$

将质点系中所有质点的上述方程相加可得

$$\sum\frac{1}{2}m_iv_{i2}^2-\sum\frac{1}{2}m_iv_{i1}^2=\sum W_i$$

或

$$T_2-T_1=\sum W_i \tag{13-16}$$

式中　T_1 和 T_2——分别为质点系在位置 1 和位置 2 时的动能；

$\sum W_i$——作用在质点系上所有力作功的代数和。

式(13-16)表明，**在某一路程上质点系动能的变化量等于作用在质点系上所有力在同一路程上作功的代数和。**此即质点系的动能定理。

必须指出，对于质点系来说，作用在其上的力有外力和内力，因此式(13-16)中的 $\sum W_i$ 应

包括外力所作的功和内力所作的功。当质点系内各质点之间距离可变时，虽内力成对出现，但内力的功的代数和不等于零。但在刚体内，任意两个质点的距离保持不变，因而成对出现内力的功恰好正负相消，内力的功之和恒为零。所以，动能定理应用于刚体时，只须考虑外力的功。

综上所述可知，应用质点系动能定理求解动力学问题的关键是计算动能和功。在计算动能时，只需计算质点系在运动的某一过程中始末位置时的动能，而完全不必考虑动能（亦即速度）的变化过程；在计算作用于质点系上所有力的功时，只需涉及那些作功的力，而不作功的力则不必包含在动能定理方程中。这是动能定理的特点，此特点往往使求解某些动力学问题显得很方便。

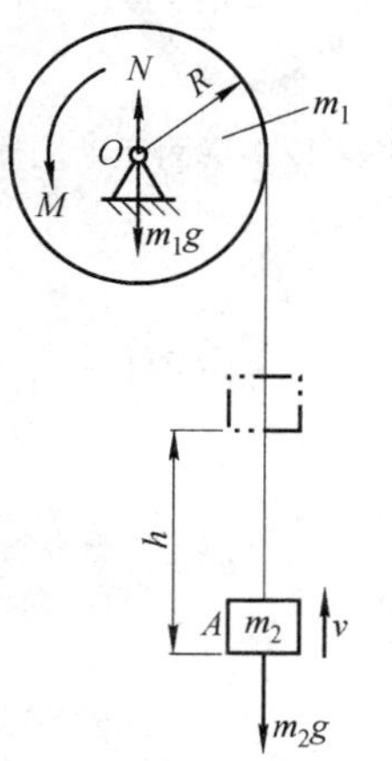

图 13-13 滑轮系统

例 13-5 已知滑轮的质量为 m_1，可看成半径为 R 的均质圆盘，其上作用一矩为 M 的力偶，如图 13-13 所示；物体 A 的质量为 m_2。假设系统从静止开始运动，试求物体上升距离 h 时的加速度。绳索的质量和摩擦不计。

解 取整个系统为研究对象，其受力如图 13-13 所示。该系统由重物 A、滑轮 O 和绳索构成，绳索看做是不可伸长的，故该系统可视为刚体系统。

（1）计算系统的动能。在初始位置，系统静止，动能 $T_1=0$。在终了位置，系统动能为滑轮动能和重物动能之和，故

$$T_2=\frac{1}{2}J_O\omega^2+\frac{1}{2}m_2v^2$$

（2）计算主动力的功。重物上升 h，滑轮转角设为 φ，则

$$\sum W=M\varphi-m_2gh$$

（3）应用动能定理：

$$T_2-T_1=\sum W$$

$$\frac{1}{2}J_O\omega^2+\frac{1}{2}m_2v^2-0=M\varphi-m_2gh \tag{1}$$

因 ω、v、φ、h 都随时间而变，故将式(1)两边对时间求导得

$$J_O\omega\frac{d\omega}{dt}+m_2v\frac{d\omega}{dt}=M\frac{d\varphi}{dt}-m_2g\frac{dh}{dt}$$

$$J_O\omega\varepsilon+m_2va_\tau=M\omega-m_2gv \tag{2}$$

由于 $a_\tau=R\varepsilon$，$v=R\omega$，$J_O=\frac{1}{2}m_1R^2$，代入式(2)并化简得

$$m_1Ra_\tau+2m_2Ra_\tau=2M-2m_2gR$$

$$a_\tau=\frac{2(M-m_2gR)}{R(m_1+2m_2)}$$

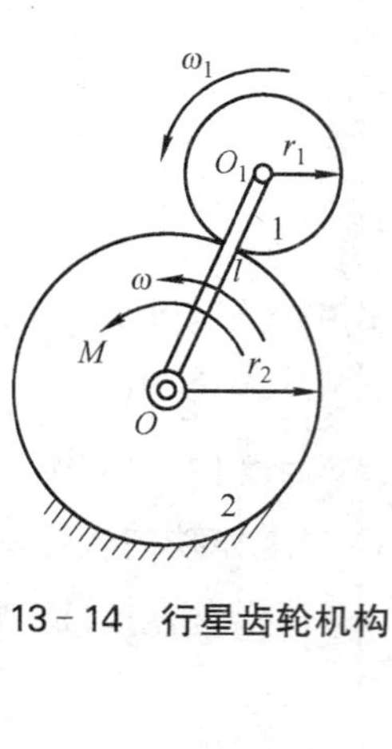

图 13-14 行星齿轮机构

例 13-6 水平面内的行星齿轮机构如图 13-14 所示，系杆 OO_1 在不变转矩 M 作用下绕定轴 O 转动，并带动行星齿轮 1 在固定

齿轮 2 上作纯滚动。设系杆 OO_1 长为 l，质量为 m，并视为均质细杆；齿轮 1 的节圆半径为 r_1，质量为 m_1，并视为均质圆盘。试求细杆由静止开始转过角位移 φ 时的角速度和角加速度。

解 取整个系统为研究对象，其中系杆作定轴转动，齿轮 1 作平面运动，两齿轮接触点为其速度瞬心。分析 O_1 点的速度，可知系杆的角速度 ω 和齿轮 1 的角速度 ω_1 的关系为 $v_{O1} = r_1\omega_1 = l\omega$。

(1) 计算系统的动能。初始位置，系统静止，动能 $T_1 = 0$；系杆转过角位移 φ 时的动能 T_2，应为系杆定轴转动的动能与齿轮 1 作平面运动的动能之和，即

$$
\begin{aligned}
T_2 &= \frac{1}{2}J_O\omega^2 + \frac{1}{2}m_1 v_{O1}^2 + \frac{1}{2}J_{O1}\omega_1^2 \\
&= \frac{1}{2}\times\frac{ml^2}{3}\omega^2 + \frac{1}{2}m_1(l\omega)^2 + \frac{1}{2}\times\frac{m_1 r_1^2}{2}\left(\frac{l\omega}{r_1}\right)^2 \\
&= \frac{1}{2}\left(\frac{m}{3}+\frac{3m_1}{2}\right)l^2\omega^2
\end{aligned}
$$

(2) 计算主动力的功。由于系统在水平面内运动，故重力不作功。整个系统只有不变转矩 M 作功，即

$$\sum W = M\varphi$$

(3) 应用动能定理求解：

$$T_2 - T_1 = \sum W$$

$$\frac{1}{2}\left(\frac{m}{3}+\frac{3m_1}{2}\right)l^2\omega^2 - 0 = M\varphi$$

$$\omega = \sqrt{\frac{12M}{(2m+9m_1)l^2}\varphi}$$

将上式两边平方后对时间求导，则有

$$2\omega\frac{\mathrm{d}\omega}{\mathrm{d}t} = \frac{12M}{(2m+9m_1)l^2}\cdot\frac{\mathrm{d}\varphi}{\mathrm{d}t}$$

$$2\varepsilon = \frac{12M}{(2m+9m_1)l^2}$$

$$\varepsilon = \frac{6M}{(2m+9m_1)l^2}$$

第四节 功 率

一、功率

由物理学知，力在单位时间内所作的功称为功率，功率表示力作功快慢的程度。若以 W 表示功，P 表示功率，则平均功率为

$$P = \frac{W}{t} \tag{13-17}$$

若作功的快慢是非均匀的,其瞬时功率可用元功 $\mathrm{d}W$ 与对应的微小时间间隔 $\mathrm{d}t$ 的比值表示,即

$$P = \frac{\mathrm{d}W}{\mathrm{d}t} \tag{13-18}$$

下面讨论力和转矩的功率。

1. 力的功率

由于力 F 在微小路程 $\mathrm{d}S$ 上所作的元功为

$$\mathrm{d}W = F\cos\alpha \cdot \mathrm{d}S$$

因此,力的瞬时功率为

$$P = \frac{\mathrm{d}W}{\mathrm{d}t} = \frac{F\cos\alpha \cdot \mathrm{d}S}{\mathrm{d}t} = Fv\cos\alpha \tag{13-19}$$

即力的瞬时功率等于该力在其作用点速度方向上的投影与速度的乘积。式中 α 为力与速度方向的夹角,若 $\alpha = 0$,即力的方向与速度方向一致,则

$$P = Fv \tag{13-20}$$

2. 转矩的功率

由于转矩 M 在微小角位移 $\mathrm{d}\varphi$ 中所作的元功为

$$\mathrm{d}W = M\mathrm{d}\varphi$$

因此,转矩的瞬时功率为

$$P = \frac{\mathrm{d}W}{\mathrm{d}t} = \frac{M\mathrm{d}\varphi}{\mathrm{d}t} = M\omega \tag{13-21}$$

即转矩的瞬时功率等于转矩与转动物体角速度的乘积。

由式(13-20)和式(13-21)可以看出,当功率一定时,F 与 v 成反比,或 M 与 ω 成反比。例如汽车上坡时需要较大的驱动力矩 M 或较大的牵引力 F,驾驶员就用低速档,使汽车的速度减小,以便在一定功率的情况下产生较大的牵引力。

功率的单位是焦耳/秒(J/s),称为瓦特,简称瓦(W)。工程中,常以千瓦(kW)作为单位,它们之间的换算关系是

$$1\ \mathrm{kW} = 1\ 000\ \mathrm{W}$$

工程中常给出转动物体的转速 n(r/min),转矩 M(N·m),功率(kW),它们之间的关系可由下式换算:

$$P = M\omega = M\frac{\pi n}{30} \tag{13-22}$$

$$M(\mathrm{N \cdot m}) = 9\ 549\,\frac{P(\mathrm{kW})}{n(\mathrm{r/min})} \tag{13-23}$$

二、机械效率

任何机器工作时，必须输入一定的功率，而工作时要克服一定的阻力而消耗功率。用于克服生产阻力或有用阻力的功率称为有用功率，用于克服摩擦阻力或无用阻力的功率称为无用功率。

在工程上，机器的有用功率与输入功率之比称为机械效率

$$\eta = \frac{P}{P_S} \times 100\% \tag{13-24}$$

式中　P_S——输入功率；

P——有用功率。

由于有用功率总小于输入功率，所以机械效率 η 一定小于 1，机械效率的高低，反映的是机器输入功率的有效利用程度。

例 13－7　如图 13－15 所示单级齿轮减速箱，电动机的功率 $P_S = 7.5$ kW，转速 $n_1 = 1\,450$ r/min，齿轮齿数 $z_1 = 15$，$z_2 = 20$，减速箱的机械效率 $\eta = 0.85$，试求输出轴Ⅱ所传递的转矩和功率。

解　由机械效率公式(13－24)可求得输出轴Ⅱ的功率为

$$P = P_S \eta = 7.5 \times 0.85 = 6.4 \text{ kW}$$

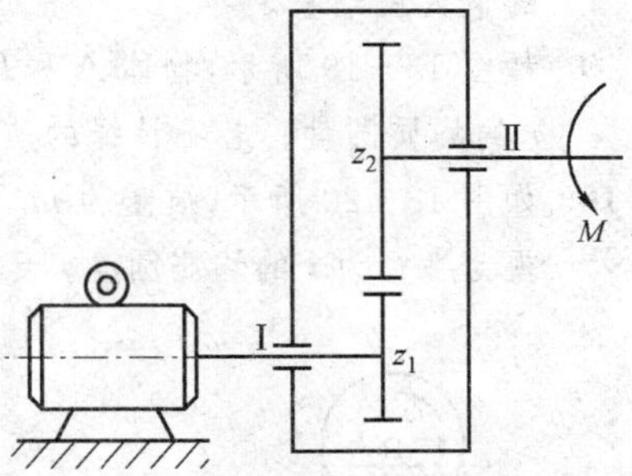

图 13－15　单级齿轮减速箱

输出轴Ⅱ转速

$$n_2 = \frac{z_1}{z_2} n_1 = \frac{15}{20} \times 1\,450 = 1\,087.5 \text{ r/min}$$

根据式(13－23)可得输出轴Ⅱ所传递的转矩

$$M = 9\,549 \frac{P}{n_2} = 9\,549 \times \frac{6.4}{1\,087.5} = 56.2 \text{ N} \cdot \text{m}$$

思考与练习

1. 质量 m 的物体，受力 F 作用沿直线轨迹由静止开始运动经过路程 S 时，其速度达到 v，外力所作的功是多少？

2. 质量 m 的物体，在外力作用下沿半径为 R 的圆周运动，试考虑下面两种情况：①匀速转动一整圈；②加速运动一整圈。外力所作的功分别是多少？

3. 汽车的速度由零增至 5 m/s，再由 5 m/s 增至 10 m/s，这两种情况下汽车发动机所作的功是否相等？

4. “质量大的物体一定比质量小的物体动能大”，这种说法是否正确？

5. 在弹性范围内，把弹簧的伸长加倍，则拉力所作的功是否也加倍？

6. 如图 13－16 所示，摆锤重 $G = 5$ N，摆杆长 $l = 1$ m。试求摆锤由 A 位置运动到最低位置 B 以及由 A 经过 B 到达 C 位置的过程中，摆锤的重力 G 所作的功。

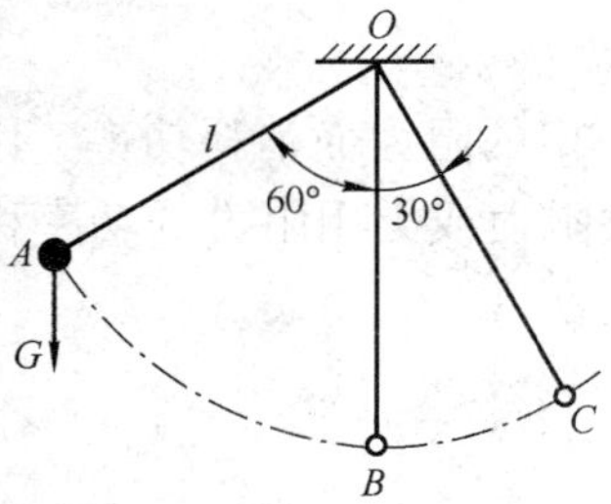

图 13-16 摆锤运动

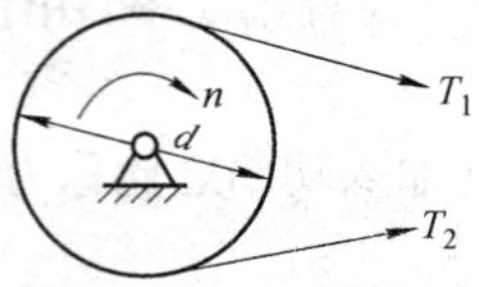

图 13-17 带轮受力作用

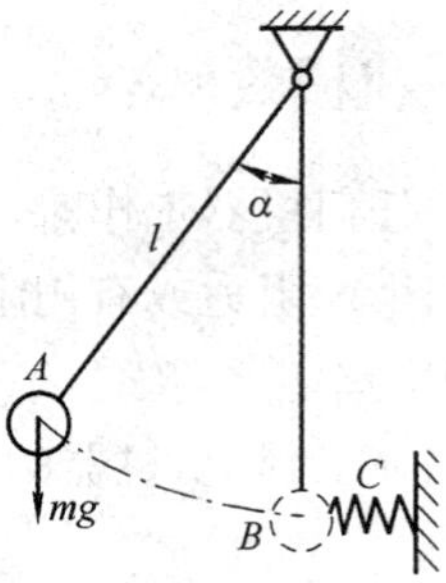

图 13-18 单摆撞击弹簧

7. 如图 13-17 所示，带轮的直径 $d=500\,\text{mm}$，两边带的拉力分别为 $T_1=1\,500\,\text{N}$，$T_2=500\,\text{N}$。若带轮的转速 $n=120\,\text{r/min}$，试求 1 min 内作用在带轮上的转矩所作的功。

8. 如图 13-18 所示，单摆质量为 m，绳长为 l，开始时绳与铅垂线的夹角为 α。摆从位置 A 由静止开始运动，当到达铅垂位置 B 时与刚性系数为 C 的弹簧相碰，若不计绳的质量，试求弹簧的最大压缩量。

9. 如图 13-19 所示，物体 A 和 B 各重为 G_A 和 G_B，且 $G_A>G_B$，滑轮重为 G，可将它视为半径为 r 的均质圆盘。若不计绳的质量，试求当物体 A 的速度为 v 时整个系统的动能。

10. 如图 13-20 所示，质量为 m_1 的车身 A，支承在四个相同的车轮上，每个车轮的质量为 m_2，可视为半径为 r 的均质圆盘。已知车身的速度为 v，车轮沿水平面纯滚动，试求整个系统的动能。

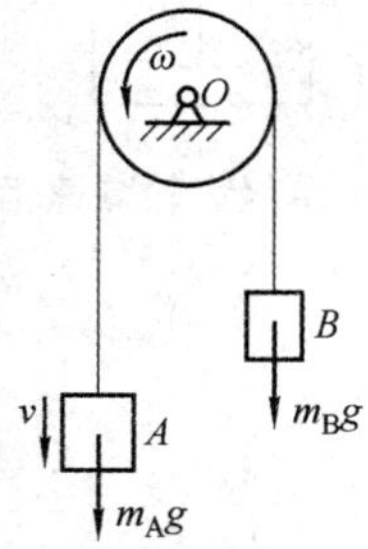

图 13-19 物体系统

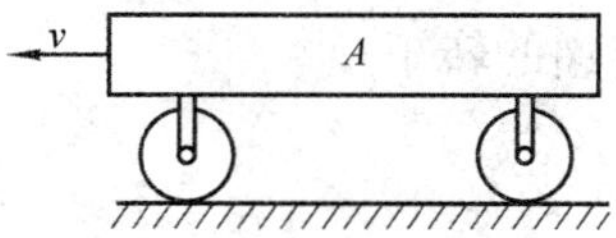

图 13-20 车体运动

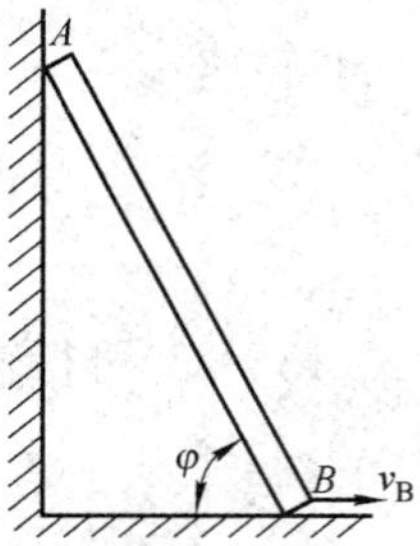

图 13-21 直杆运动

11. 如图 13-21 所示，均质细杆 AB 长为 l，质量 m，放在铅直平面内，其 A 端靠墙壁，B 端沿地面运动，当 $\varphi=60°$，B 端的速度为 v_B，试求此瞬时杆的动能。

12. 如图 13-22 所示，滑轮的质量为 m，并可视为半径为 r 的均质圆盘，质量为 m_A 的物体 A 用绳悬挂在滑轮上。若不计绳的质量和轴承中的摩擦，试求物体 A 由静止开始下降距离 S 时的速度和加速度。

13. 矿山运料车如图 13-23 所示，已知料车的加速度为 a，料车和矿石的质量共为 m_1，斜坡倾角为 α，卷筒 O 的质量为 m_2，可视其为分布在半径为 R 的边缘上，忽略摩擦，试求加在卷筒上的转矩 M。

14. 如图 13-24 所示，两个滑轮固连在一起，总质量 $m=10\,\text{kg}$，对转轴的回转半径 $\rho=300\,\text{mm}$，两滑轮的半径分别为 $r_1=400\,\text{mm}$，$r_2=200\,\text{mm}$，两绳下端悬挂物块 A 和 B 的质量分别是 $m_1=9\,\text{kg}$ 和 $m_2=12\,\text{kg}$。假设系统从静止开始运动，求滑轮转过一整转时的角速度和角加速度（绳索的质量和摩擦都忽略不计）。

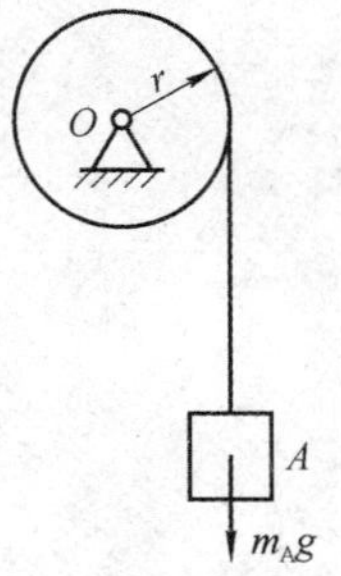

图 13－22 滑轮系统运动

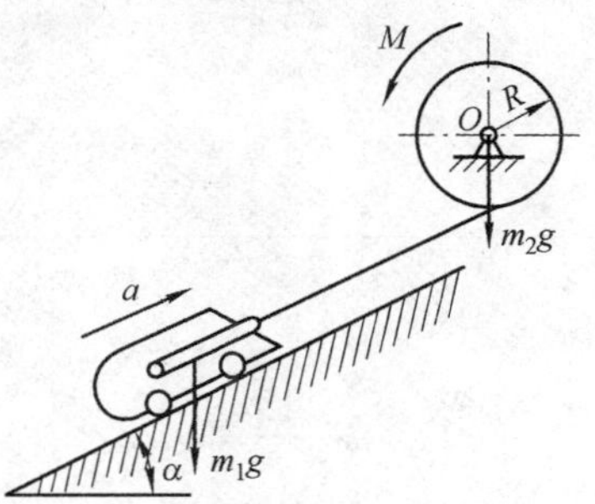

图 13－23 矿山运料车

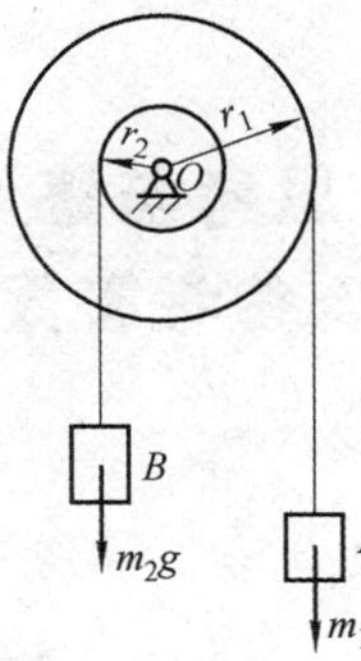

图 13－24 滑轮运动系统

15. 如图 13－25 所示，质量为 m_1 的物体 A，挂在不可伸长的绳索上，绳索跨过定滑轮 B，另一端系在滚子 C 的轴上，滚子 C 沿固定水平面作纯滚动。已知滑轮 B 和滚子 C 的质量均为 m_2，半径均为 r，并可视为均质圆盘。若不计绳索的质量和各处的摩擦，试求物体 A 由静止开始下降距离 S 时的速度和加速度。

16. 如图 13－26 所示，行星齿轮机构在水平平面内运动，O_1 轮固定不动，力偶 M 作用在杆 O_1O_3 上，此杆绕 O_1 作定轴转动，三个齿轮均重 P、半径为 r、杆 O_1O_3 重 Q。机构从静止开始，求杆 O_1O_3 转动 φ 角时的角速度 ω 和角加速度 ε。

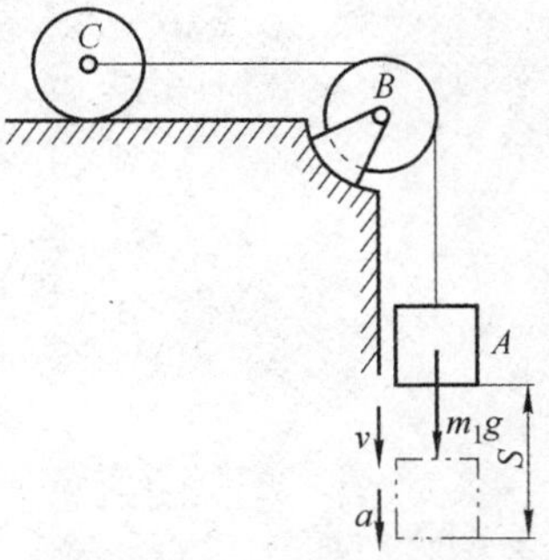

图 13－25 滑轮、辊子系统

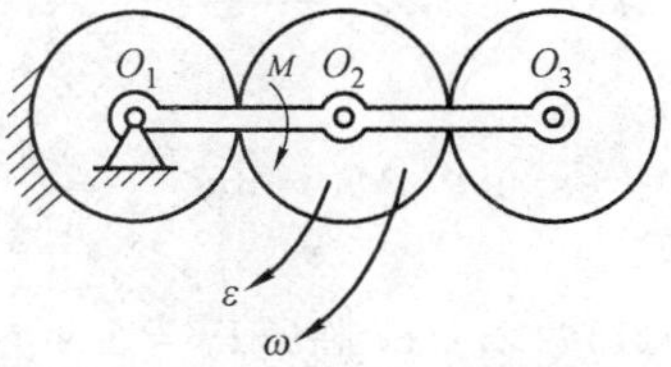

图 13－26 行星齿轮机构

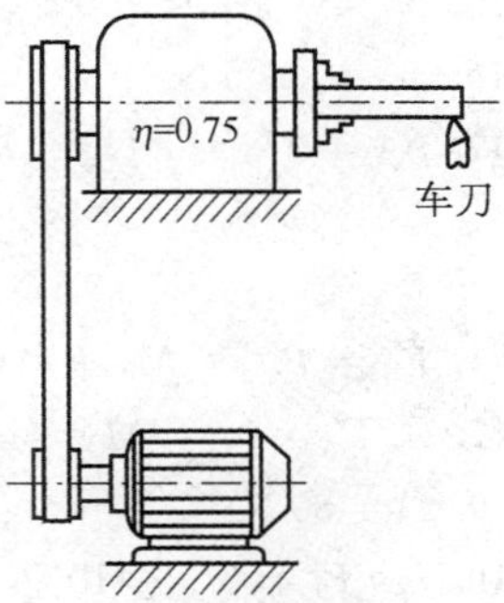

图 13－27 车床切削工件

17. 在车床上车削直径 $d = 48$ mm 的工件如图 13－27 所示，主切削力 $F = 7\,840$ N，主转速为 240 r/min，电动机转速为 1 420 r/min，传动系统效率 $\eta = 0.75$，求机床主轴和电动机轴分别传递的力矩及电动机实际输出功率。

思考与练习参考答案

第二章

7. $T = 25\ \text{N}$　　$N = 43.3\ \text{N}$

8. $N_{AC} = 86.6\ \text{N}$　　$N_{BC} = 50\ \text{N}$

9. $N_{AC} = 6.29\ \text{kN}$　　$N_{AB} = -1.08\ \text{kN}$(压)

10. (a) $Q = P\cot\alpha$　　(b) $Q = \dfrac{P}{2}\cot\alpha$

11. $N_A = -N_B = 0.707P$

12. $\theta_{min} = 10°53'56''$

13. (a) $N_B = -N_A = 1.5\ \text{kN}$　　(b) $N_B = -N_A = \dfrac{1.414Pa}{l}$

14. (a) $M_O(P) = Pl$　　(b) $M_O(P) = 0$　　(c) $M_O(P) = Pl\sin\alpha$

(d) $M_O(P) = -Pa$　　(e) $M_O(P) = P(l + r)$　　(f) $M_O(P) = P\sin\beta\sqrt{l^2 + b^2}$

15. $N_A = -N_B = 100\ \text{kN}$

16. $m_2 = 0.55\ \text{N}\cdot\text{m}$

17. $N_A = N_D = 8\ \text{N}$　　$m_2 = 1.55\ \text{N}\cdot\text{m}$

第三章

1. $F_B = P'$　　$M_B(P) = -Pa\sin\alpha$

2. ① $F'_R = 0$　　$M_O = 3Fl$　　② $F'_R = 0$　　$M_D = 3Fl$

9. $F = 80\ \text{N}$

10. (a) $F_f = 0$　　(b) 静止 $F_f = 1.73\ \text{N}$　　(c) 临界 $F_f = 2\ \text{N}$　　(d) $F_f = 2\ \text{N}$

12. (a) $N_A = \dfrac{Fb}{a+b}$　　$N_B = \dfrac{Fa}{a+b}$　　(b) $N_A = -\dfrac{qa^2}{2l}$　　$N_B = qa\left(1 + \dfrac{a}{2l}\right)$

(c) $N_A = -N_B = \dfrac{M}{a+b}$　　(d) $N_{Ax} = 0$　　$N_{Ay} = F$　　$M_A = Fa$

13. (a) $N_{Ax} = N_{Bx} = 34.6\ \text{kN}$　　$N_{Ay} = N_{By} = 60\ \text{kN}$　　$N_C = 69.3\ \text{kN}$　　$M_A = 140\ \text{kN}\cdot\text{m}$

(b) $N_A = -2.5\ \text{kN}$　　$N_B = 15\ \text{kN}$　　$N_D = N_C = 2.5\ \text{kN}$

(c) $F_B = 3F/4$　　$F_1 = \sqrt{2}F/2$　　$F_2 = -F/2$

14. $T_B = 1\,154.7\ \text{N}$　　$N_{Ax} = 2\,577.4\ \text{N}$　　$N_{Ay} = 1\,000\ \text{N}$

15. $N_A = -22\ \text{kN}$　　$N_{Bx} = 22\ \text{kN}$　　$N_{By} = 50\ \text{kN}$

16. $G_{2min} = 333.3\ \text{kN}$　　$x_{min} = 6.75\ \text{m}$

17. (a) $N_{Ax} = 0$　　$N_{Ay} = 8\ \text{kN}$　　$M_A = 16\ \text{kN}\cdot\text{m}$

(b) $N_{Ax} = 0$　　$N_{Ay} = 4\ \text{kN}$　　$M_A = 8.6\ \text{kN}\cdot\text{m}$

(c) $N_{Ax} = 4\ \text{kN}$　　$N_{Ay} = 4\ \text{kN}$　　$M_A = 0$

18. $N_D = \sqrt{2}\,m/a$，　$F_E = \dfrac{1}{2}qa + \dfrac{3}{2}P + 2m/a$　　$F_{Ax} = m/a$　　$F_{Ay} = \dfrac{1}{2}qa - \dfrac{1}{2}P - m/a$

19. $N_{Ax}=333.3$ N(沿斜面向上)　$N_{Ay}=-96.3$ N(垂直斜面向下)　$N_{BC}=192.5$ N

20. $Q=8$ kN

21. $f_B>0.64$

22. 向下滑动，此时摩擦力 $F_f=289.8$ N

23. $T=26.1$ kN(向上)　$T=20.9$ kN(向下)

第四章

5. $F_{1x}=0$　$F_{1y}=0$　$F_{1z}=3$ kN

$F_{2x}=-1.48$ kN　$F_{2y}=1.85$ kN　$F_{2z}=-1.85$ kN

$F_{3x}=0$　$F_{3y}=3.54$ kN　$F_{3z}=-3.54$ kN

6. $F_x=-\dfrac{\sqrt{2}}{4}F$　$F_y=-\dfrac{\sqrt{2}}{4}F$　$F_z=\dfrac{\sqrt{3}}{2}F$

7. $F_2=800$ N　$N_{By}=320$ N　$N_{Bz}=1\,120$ N　$N_{Ay}=480$ N　$N_{Az}=320$ N

8. $F_{t2}=14.32$ kN　$N_{Ay}=-3.42$ kN　$N_{Bx}=2.6$ kN　$N_{By}=-8.48$ kN　$N_{Bz}=-2.55$ kN

第五章

14. $N_1=-20$ kN　$N_2=-10$ kN　$N_3=10$ kN

$\sigma_1=-50$ MPa　$\sigma_2=-25$ MPa　$\sigma_3=25$ MPa

15. ① $\sigma_{AB}=-66.7$ MPa　$\sigma_{BC}=150$ MPa　$\sigma_{CD}=-50$ MPa

② $\Delta l=0.083$ mm

16. $\sigma_{I}=70.1$ MPa　$\sigma_{II}=47.8$ MPa

17. $\sigma_{AC}=31.8$ MPa　$\sigma_{CB}=127.3$ MPa　$\varepsilon_{AC}=1.59\times10^{-4}$　$\varepsilon_{CB}=6.36\times10^{-4}$

18. ① $N_1=30$ kN　$N_2=-20$ kN　$N_3=60$ kN

② $\sigma_1=100$ MPa　$\sigma_2=-100$ MPa　$\sigma_3=200$ MPa （此段强度不够）

③ $\Delta l>1.5$ mm

19. $N=27.22$ kN

20. $d_{AB}=2d_{CD}$

21. $\sigma=76.4$ MPa

22. $A_{AB}\geqslant240.8\ mm^2$　$A_{BC}\geqslant721.8\ mm^2$

23. $G_{max}\leqslant58.1$ kN

24. ① $\sigma=119.7\ MPa<[\sigma]$　安全

② $A\geqslant9.30\times10^2\ mm^2$　选两根 8 号槽钢

25. $a=15.8$ mm　$b=31.6$ mm

26. $A_{BC}\geqslant222.2\ mm^2$　$A_{HL}\geqslant888.9\ mm^2$

27. $P_{max}\leqslant393.5$ kN

28. $F_{max}\leqslant9.6$ kN

29. $\tau=66.3\ MPa<[\tau]$　$\sigma_{jy}=102.1\ MPa<[\sigma_{jy}]$

30. $\tau=88.5\ MPa>[\tau]$　$\sigma_{jy}=41.6\ MPa<[\sigma_{jy}]$

铆钉不满足剪切强度，所以不可用

31. $d\geqslant8.2$ mm

第六章

9. $M_{nI}=600$ N·m　$M_{nII}=-600$ N·m　$M_{nIII}=200$ N·m

10. $M_{AB}=-159.3\ \text{N}\cdot\text{m}$　$M_{BC}=73.2\ \text{N}\cdot\text{m}$　$M_{CD}=63.7\ \text{N}\cdot\text{m}$

AB 对调后　$M_{AB}=318.3\ \text{N}\cdot\text{m}$　$M_{BC}=73.2\ \text{N}\cdot\text{m}$　$M_{CD}=63.7\ \text{N}\cdot\text{m}$

11. ① $\tau_{\text{I}\max}=61.1\ \text{MPa}$　$\tau_{\text{II}\max}=20.4\ \text{MPa}$

② $\tau_{\text{I}20}=48.9\ \text{MPa}$

12. ② $\tau_{AB\max}=7.25\ \text{MPa}$　$\tau_{BC\max}=4.83\ \text{MPa}$　$\tau_{CD\max}=1.21\ \text{MPa}$

③ $\theta_{BC}=0.14°$

13. $\tau_{\max}=110.9\ \text{MPa}<[\tau]$　此轴强度足够

14. $d\geqslant 69.5\ \text{mm}$

15. $P\leqslant 30.8\ \text{kW}$

16. AE 段　$\tau_{\max}=43.78\ \text{MPa}<[\tau]$　$\theta_{\max}=0.44°/m<[\theta]$　安全可用

BC 段　$\tau_{\max}=71.3\ \text{MPa}<[\tau]$　$\theta_{\max}=1.02°/m<[\theta]$　安全可用

17. $d\geqslant 21.6\ \text{mm}$

18. $d\geqslant 45\ \text{mm}$　$d_2\geqslant 46\ \text{mm}$

第七章

9. (a) $F_{q1}=0$　$M_1=0$　$F_{q2}=2P$　$M_2=3Pa$

(b) $F_{q1}=\frac{1}{3}qa$　$M_1=\frac{4}{3}qa^2$　$F_{q2}=\frac{1}{3}qa$　$M_2=\frac{1}{3}qa^2$

(c) $F_{q1}=qa$　$M_1=-\frac{qa^2}{2}$　$F_{q2}=-qa$　$M_2=-\frac{3qa^2}{2}$

(d) $F_{q1}=-\frac{2P}{3}$　$M_1=\frac{Pa}{3}$　$F_{q2}=-\frac{2P}{3}$　$M_2=\frac{2Pa}{3}$

15. $\sigma_A=111\ \text{MPa}$(拉)　$\sigma_B=-111\ \text{MPa}$(压)　$\sigma_C=0$　$\sigma_D=-74.1\ \text{MPa}$(压)

16. $b=73.6\ \text{mm}$　$h=24.6\ \text{mm}$

17. $\sigma_{\max}=40.4\ \text{MPa}<[\sigma]$　安全

18. $W_z=33.3\ \text{cm}^3$　故选 10 号槽钢

19. $q=22.3\ \text{kN/m}$

20. 截面 B　$\sigma_l=24.1\ \text{MPa}<[\sigma_l]$　$\sigma_y=52.4\ \text{MPa}<[\sigma_y]$　截面 C　$\sigma_l=10.5\ \text{MPa}<[\sigma_l]$

21. $q=11\,155.3\ \text{kN/m}$

22. $\sigma_{\max}=68.75\ \text{MPa}<[\sigma]$　安全

23. $b=2\ \text{mm}$　$h=3\ \text{mm}$

24. $22a$　工字钢

25. (a) $y_C=\frac{qa^4}{24EI_z}$　$\theta_B=-\frac{qa^3}{3EI_z}$　(b) $y_D=-\frac{ql^4}{24EI_z}$　$\theta_C=-\frac{ql^3}{24EI_z}$

(c) $y_B=-\frac{P_1l^3}{3EI_z}-\frac{P_2a^2}{6EI_z}(3l-a)$　(d) $y_A=-\frac{5Pl^3}{24EI_z}$　$\theta_B=-\frac{9Pl^2}{8EI_z}$

(e) $y_A=-\frac{Pa^4}{2EI_z}(b^2+ab)$　$\theta_B=\frac{Pab(2b+a)}{3lEI_z}$　(f) $y_B=\frac{ql^4}{4EI_z}$　$\theta_B=\frac{ql^3}{12EI_z}$

第八章

5. (a) $\sigma_{\max}=4\ \text{MPa}$　(b) $\sigma_{\max}=135.3\ \text{MPa}$

6. $P\leqslant 18.8\ \text{kN}$

7. $\sigma_{\max}=158\ \text{MPa}<[\sigma]=160\ \text{MPa}$　安全

8. $[G]=1.06\ \text{kN}$

9. $d \geqslant 60\ \text{mm}$

10. $\sigma_{\max} = 70\ \text{MPa} < [\sigma] = 80\ \text{MPa}$　　安全

11. $d \geqslant 84\ \text{mm}$

第九章

3. $P_{\text{lj}} = 81.8\ \text{kN}$　　$\sigma_{\text{lj}} = 41.7\ \text{MPa}$

4. $P_{\text{lj}} = 285\ \text{kN}$

5. $n = 2.52$

6. $n = 1.58 < [n]$　　不安全

第十一章

13. $x = (l - R)\sin\varphi$　　$y = (l + R)\cos\varphi$　　$\dfrac{x^2}{(l+R)^2} + \dfrac{y^2}{(l+R)^2} = 1$

14. $v = 0$　　$a = 40\ \text{m/s}^2$

15. $v = 31.6\ \text{m/s}$　　$\alpha = 36.9^\circ$　　$a = 25\ \text{m/s}^2$　　$\beta = 36.9^\circ$

16. $v = 1.256\ \text{m/s}$　　$\alpha = 90^\circ$　　$a = 7.89\ \text{m/s}^2$　　$\beta = 180^\circ$

17. ① $v = 500\ \text{m/s}$　　$\alpha = 53.1^\circ$　　$a = 10\ \text{m/s}^2$　　$\beta = 90^\circ$

② $h_{\max} = 800\ \text{m}$　　$L_{\max} = 2\,400\ \text{m}$

18. $x = L\sin\dfrac{kt^2}{2}$　　$y = L\cos\dfrac{kt^2}{2}$

19. $v = 8\ \text{m/s}$　　$a = 32\ \text{m/s}^2$

20. $v = 150\ \text{m/s}$　　$a_{\tau} = 10\ \text{m/s}^2$　　$a_{\text{n}} = 1\,125\ \text{m/s}^2$

21. $T = 19.6\ \text{kN}$　　$v = 210\ \text{mm/s}$

22. $R = 2\ \text{m}$

23. $a_{\text{M1}} \approx 5\ \text{m/s}^2$　　$\theta_1 = 1.15^\circ$　　$a_{\text{M2}} \approx 15\ \text{m/s}^2$　　$\theta_2 = 0.38^\circ$

24. $\rho = 37.2\ \text{m}$

25. $t = 0.21\ \text{s}$　　$a_{\text{B}} = 34\ \text{m/s}^2$

27. $a = 2.45\ \text{m/s}^2$　　$T = 37.5\ \text{N}$

28. $n = \dfrac{30}{\pi}\sqrt{\dfrac{fg}{R}}$

第十二章

17. $\omega = 169.56\ \text{rad/s}$　　$\varepsilon = 113.04\ \text{rad/s}^2$

18. $n_1 \approx 127\,389\ \text{r/min}$　　$n_2 = 1\,592\ \text{r/min}$

19. $\omega = 20\ \text{rad/s}$　　$d = 50\ \text{mm}$

20. $v_{\text{M}} = 6.28\ \text{m/s}\ (\perp O_1A)$　　$a_{\text{M}} = 197.2\ \text{m/s}^2$(沿 O_1A)

21. $\omega = 24\ \text{rad/s}$　　$\varepsilon = 24\ \text{rad/s}^2$　　$a = 12\sqrt{1 + 576\,t^2}$

22. ① $\varphi = 2.5\,t^2$　　$v = 2\ \text{m/s}$　　$a = 20\ \text{m/s}^2$；② $\varphi = 250\,t^2$

23. $v = 3.49\ \text{m/s}$

24. ① $\varepsilon = \dfrac{15\,700}{d^2}(\text{rad/s}^2)$；② $a = 9.47\ \text{m/s}^2$

25. $a = 5.6\ \text{m/s}^2$

26. $a = 9.2\ \text{m/s}^2$　　$\varepsilon = 36.8\ \text{rad/s}^2$

27. $\varepsilon = \frac{3g}{4l}$

28. $a = (M - Gr)R^2 rg / (J_1 r^2 + J_2 R^2)g + GR^2 r^2$

29. $a = (Mi - mgR)R / [mR^2 + (J_1 i^2 + J_2)]$

30. $\varepsilon = \frac{27\sqrt{2}g}{164Gr}$

31. $n = \frac{30}{\pi}\sqrt{\frac{fg}{r}}$

32. $N_A = N_B = 192\ \text{N}$

33. $v_A = \frac{2\sqrt{3}}{3} e\omega_O$

34. $v_A = \frac{lbv}{x^2 + b^2}$

35. $\omega_D = 2.67\ \text{rad/s}$

36. $v = 0.1\ \text{m/s}$

37. $v_{DE} = \frac{0.8\sqrt{3}}{3}\ \text{m/s}$ $v_{Cr} = \frac{0.4\sqrt{3}}{3}\ \text{m/s}$

38. $v_B = 1.85\ \text{m/s}$ $\omega_{AB} = 2.54\ \text{rad/s}$

39. $\omega_{AB} = 3\ \text{rad/s}$ $\omega_{O_1B} = 3\sqrt{3}\ \text{rad/s}$

40. $\omega = 1.14 \frac{r}{R}\omega_O\ (\text{rad/s})$

41. $v_D = 0.6\ \text{m/s}$ $v_C = 0.42\ \text{m/s}$

42. $\omega_C = 3r\omega_O/2$

第十三章

6. $W_{AB} = 2.5\ \text{J}$ $W_{AC} = 1.83\ \text{J}$

7. $W = 188.4\ \text{kJ}$

8. $\delta = \sqrt{2mgl(1 - \cos\alpha)/c}$

9. $T = \frac{v^2}{4g}(2G_A + 2G_B + G)$

10. $T = \left(\frac{m_1}{2} + 3m_2\right)v^2$

11. $T = \frac{2m}{9}v_B^2$

12. $v = 2\sqrt{\frac{m_A gS}{m + 2m_A}}$ $a = \frac{2m_A g}{m + 2m_A}$

13. $M = [m_1 g\sin\alpha + (m_1 + m_2)a]R$

14. $\omega = 7.24\ \text{rad/s}$ $\varepsilon = 4.17\ \text{rad/s}^2$

15. $v = \sqrt{\frac{2m_1 gS}{2m_2 + m_1}}$ $a = \frac{m_1 g}{2m_2 + m_1}$

16. $\omega = \frac{1}{r}\sqrt{\frac{3M\varphi g}{33Q + 8P}}$ $\varepsilon = \frac{3Mg}{2r^2(33Q + 8P)}$

17. $M_{主} = 188\ \text{N}\cdot\text{m}$ $M_{电} = 42.5\ \text{N}\cdot\text{m}$ $P_{出} = 6.3\ \text{kW}$

附　录　　型钢规格表(摘录)

一、热轧等边角钢(摘自 GB 9787—88)

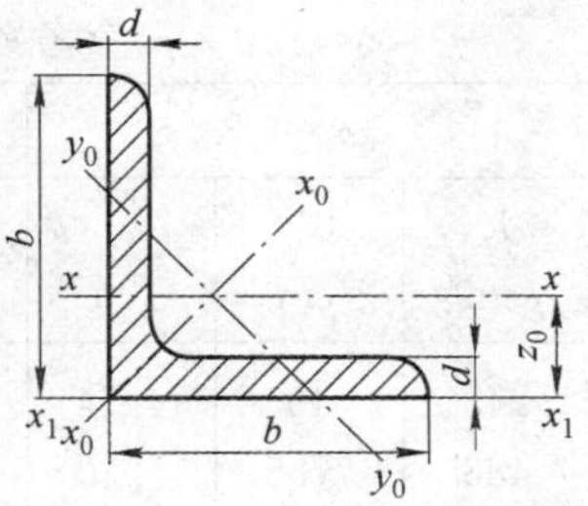

符号意义:

b——边宽

d——边厚

I——惯性矩

i——惯性半径

g_0——重心距离

角钢号数	尺寸/mm		截面面积/cm^2	参考数值							z_0/cm
				$x-x$		x_0-x_0		y_0-y_0		x_1-x_1	
	b	d		I_x/cm^4	i_x/cm	I_{x0}/cm^4	i_{x0}/cm	I_{y0}/cm^4	i_{y0}/cm	I_{x1}/cm^4	
2	20	3	1.132	0.40	0.59	0.63	0.75	0.17	0.39	0.81	0.60
2.5	25	3	1.432	0.82	0.76	1.29	0.95	0.34	0.49	1.57	0.73
2.5	25	4	1.859	1.03	0.74	1.62	0.93	0.43	0.48	2.11	0.76
3	30	4	2.276	1.84	0.90	2.92	1.13	0.77	0.58	3.63	0.89
3.6	36	4	2.756	3.29	1.09	5.22	1.38	1.37	0.70	6.25	1.04
4	40	4	3.086	4.60	1.22	7.29	1.54	1.91	0.79	8.56	1.13
5	50	5	4.803	11.21	1.53	17.79	1.92	4.64	0.98	20.90	1.42
6.3	63	6	7.288	27.12	1.93	43.03	2.43	11.20	1.24	50.14	1.78
7	70	7	9.424	43.09	2.14	68.35	2.69	17.82	1.38	80.29	1.99
8	80	6	9.397	57.35	2.47	90.98	3.11	23.72	1.59	102.50	2.19
8	80		12.303	73.49	2.44	116.60	3.08	30.39	1.57	136.97	2.27
9	90	8	13.944	106.47	2.76	168.97	3.48	43.97	1.78	194.80	2.52
10	100	8	15.638	148.24	3.08	235.07	3.88	61.41	1.98	267.09	2.76
10	100	10	19.261	179.51	3.05	284.68	3.84	74.35	1.96	334.48	2.84
12.5	125	10	24.373	361.67	3.85	573.89	4.85	149.46	2.48	651.93	3.45
12.5	125	12	28.912	423.16	3.83	671.44	4.82	174.88	2.46	783.42	3.53

注: 1. 常用材料:Q235、16Mn、16MnCu 等。

2. 标记示例:边宽 50 mm,边厚 5 mm,长 3 000 mm 的热轧等边角钢:∟50×50×5—3 000。

二、热轧普通工字钢(摘自 GB 706—88)

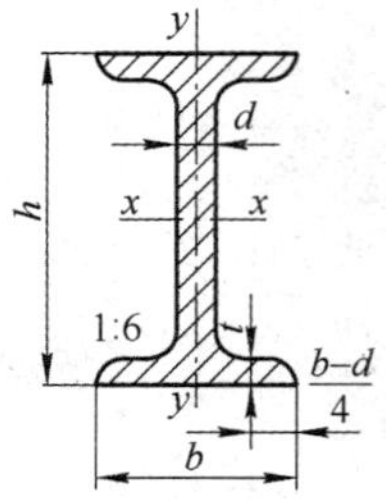

符号意义：

h——高度

b——边宽

d——边厚

t——平均腿厚

I——惯性矩

W——截面系数

i——惯性半径

型号	尺寸/mm				截面面积/cm²	参考数值					
						$x-x$			$y-y$		
	h	b	d	t		I_x /cm⁴	W_x /cm³	i_x /cm	I_y /cm⁴	W_y /cm³	i_y /cm
10*	100	68	4.5	7.6	14.345	245	49	4.14	33.0	9.72	1.52
12.6*	126	74	5.0	8.4	18.118	488	77.5	5.20	46.9	12.7	1.61
14*	140	80	5.5	9.1	21.516	712	102	5.76	64.4	16.1	1.73
16*	160	88	6.0	9.9	26.131	1 130	141	6.58	93.1	21.2	1.89
18*	180	94	6.5	10.7	30.756	1 660	185	7.36	122	26.0	2.00
20a*	200	100	7.0	11.4	35.578	2 370	237	8.15	158	31.5	2.12
20b	200	102	9.0	11.4	39.578	2 500	250	7.96	169	33.1	2.06
22a*	220	110	7.5	12.3	42.128	3 400	309	8.99	225	40.9	2.31
22b	220	112	9.5	12.3	46.528	3 570	325	8.78	239	42.7	2.27
25a*	250	116	8.0	13.0	48.541	5 020	402	10.20	280	48.3	2.40
25b	250	118	10.0	13.0	53.541	5 280	423	9.94	309	52.4	2.40
28a*	280	122	8.5	13.7	55.404	7 110	508	11.3	345	56.6	2.50
28b	280	124	10.5	13.7	61.004	7 480	534	11.1	379	61.2	2.49
32a*	320	130	9.5	15.0	67.156	11 100	692	12.84	460	70.8	2.62
32b	320	132	11.5	15.0	73.556	11 600	726	12.6	502	76.0	2.61

注：1. 常用材料：钢 Q235。

2. 有 * 者为常用规格。

3. 标记示例：工字钢 20a(高 200 mm，腿宽 100 mm，腰厚 7 mm)，长 5 000 mm：20a—5 000。

三、热轧普通槽钢(摘自 GB 707—88)

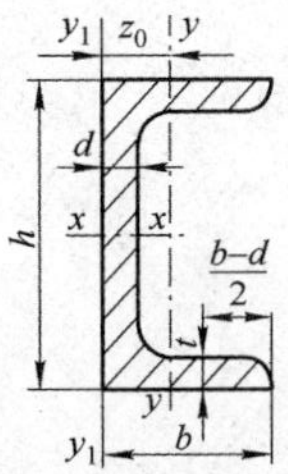

符号意义：

h——高度　　I——惯性矩

b——边宽　　W——截面系数

d——边厚　　i——惯性半径

t——平均腿厚　　z_0——$y-y$ 轴与 y_1-y_1 轴间距离

型号	尺寸/mm				截面面积 /cm²	参考数值							
	高度 h	宽度 b	腰厚 d	平均腿厚 t		$x-x$			$y-y$			y_1-y_1	z_0 /cm
						I_x/cm^4	i_x/cm	W_x/cm^3	I_y/cm^4	i_y/cm	W_y/cm^3	I_y/cm^4	
5	50	37	4.5	7.0	6.928	26.0	1.94	10.4	8.3	1.10	3.55	20.9	1.35
6.3*	63	40	4.8	7.5	8.451	50.8	2.45	16.1	11.9	1.19	4.50	28.4	1.36
8*	80	43	5.0	8.0	10.248	101	3.15	25.3	16.6	1.27	5.79	37.4	1.43
10*	100	48	5.3	8.5	12.748	198	3.95	39.7	25.6	1.41	7.80	54.9	1.52
12.6*	126	53	5.5	9.0	15.692	391	4.95	62.17	38	1.57	10.2	77.1	1.59
14a*	140	58	6.0	9.5	18.516	564	5.52	80.5	53.2	1.70	13.0	107	1.71
14b	140	60	8.0	9.5	21.316	609	5.35	87.1	61.1	1.69	14.1	121	1.67
16a*	160	63	6.5	10.0	21.962	866	6.28	108	73.3	1.83	16.3	144	1.80
16	160	65	8.5	10.0	25.162	935	6.10	117	83.4	1.82	17.6	161	1.75
18a*	180	68	7.0	10.5	25.699	1 270	7.04	141	98.6	1.96	20.0	190	1.88
18	180	70	9.0	10.5	29.299	1 370	6.84	152	111	1.95	21.5	210	1.84
20a*	200	73	7.0	11.0	28.837	1 780	7.86	178	128	2.11	24.2	244	2.01
20	200	75	9.0	11.0	32.837	1 910	7.64	191	144	2.09	25.9	268	1.95
22a*	220	77	7.0	11.5	31.846	2 390	8.67	218	158	2.23	28.2	298	2.10
22	220	79	9.0	11.5	36.246	2 570	8.42	234	176	2.21	30.1	326	2.03
25a*	250	78	7.0	12.0	34.917	3 370	9.82	270	176	2.24	30.6	322	2.07
25b	250	80	9.0	12.0	39.917	3 530	9.41	282	196	2.22	32.7	353	1.98
28a*	280	82	7.5	12.5	40.034	4 760	10.9	340	218	2.33	35.7	388	2.10
28b	280	84	9.5	12.5	45.634	5 130	10.6	366	242	2.30	37.9	428	2.02

注：1. 常用材料：Q235。
2. 有 * 者为常用规格。
3. 标记示例：槽钢 20a(高 200 mm，腿宽 73 mm，腰厚 7 mm)，长 1 000 mm：20a—1 000。

参考文献

[1] 北京科技大学,东北大学.工程力学(材料力学).北京:高等教育出版社,1997.

[2] 田书泽.工程力学.北京:机械工业出版社,2002.

[3] 李龙堂.理论力学.北京:高等教育出版社,1998.

[4] 郝桐生.理论力学.北京:高等教育出版社,2003.

[5] 霍焱.材料力学.北京:高等教育出版社,1993.